国家级职业教育规划教材
全国职业院校艺术设计类专业教材

3ds Max 室内效果图制作

（第二版）

孙一博　主编

中国劳动社会保障出版社

简介

本教材为全国职业院校艺术设计类专业教材，由人力资源社会保障部教材办公室组织编写。教材共分九章，主要内容包括基础建模、二维图形建模、高级建模、材质与贴图、灯光、摄影机、渲染和室内效果图制作实训等。教材在每章后安排了“思考与练习”，帮助学生巩固所学内容。教材内配有演示视频，扫描相应二维码即可观看。

本教材由孙一博任主编，佟伟峰参加编写。

图书在版编目（CIP）数据

3ds Max 室内效果图制作 / 孙一博主编 . --2 版 . --北京：中国劳动社会保障出版社，2023

全国职业院校艺术设计类专业教材

ISBN 978-7-5167-5658-4

Ⅰ. ①3… Ⅱ. ①孙… Ⅲ. ①室内装饰设计－计算机辅助设计－三维动画软件－职业教育－教材 Ⅳ. ①TU238-39

中国国家版本馆 CIP 数据核字（2023）第 005856 号

中国劳动社会保障出版社出版发行

（北京市惠新东街 1 号　邮政编码：100029）

*

北京市艺辉印刷有限公司印刷装订　　新华书店经销

880 毫米 × 1230 毫米　16 开本　18.75 印张　437 千字

2023 年 2 月第 2 版　　2023 年 2 月第 1 次印刷

定价：58.00 元

营销中心电话：400-606-6496

出版社网址：http://www.class.com.cn

http://jg.class.com.cn

前言

艺术设计类专业的研究内容和服务对象有别于传统的艺术门类，它涉及社会、文化、经济、市场、科技等诸多领域，其审美标准也随着时代的变化而改变。2022 年，我们对全国职业院校艺术设计类专业教材进行了修订，重点做了以下几方面的工作。

第一，更新了教材内容。对上版教材中的部分内容进行了调整、补充和更新，使教材更加符合当前职业院校艺术设计类专业的教学理念和实践方法。进一步增加了实践性教学内容的比重，强调运用案例引导教学。这些案例一部分来自企业的真实设计，缩短了课堂教学与实际应用的距离；还有一部分来自优秀学生作品，它们更加贴近学生的思维，容易得到学生的共鸣，增强学生学习的自信心。

第二，提升了教材表现形式。通过选用更优质的纸张材料、更舒适的图书开本及更灵活的版式设计，增加了教材的时代感和亲和力，激发了学生的学习兴趣。同时，加强了图片、表格及色彩的运用，营造出更加直观的认知环境，提高了教材的趣味性和可读性。

第三，加强了教材立体化资源建设。在教材修订的同时，开发了与教材配套的电子课件，包含上机操作内容的教材还提供了相关素材，可登录技工教育网（http://jg.class.com.cn），搜索相应的书目，在相关资源中下载。

本套教材的编写得到了有关学校的大力支持，教材编审人员做了大量工作，在此我们表示衷心的感谢！同时，恳切希望广大读者对教材提出宝贵的意见和建议。

人力资源社会保障部教材办公室

目录

Contents

第一章

概述

学习目标

◆熟悉 3ds Max 的工作界面

◆掌握 3ds Max 界面优化的方法

室内效果图是设计者与业主进行及时、有效交流的艺术语言与手段，也是设计者智慧和审美的体现。早期的室内效果图大多数由设计者手工绘制，耗时长，不易修改。随着计算机技术的广泛应用，通过相关的专业技术软件，如 3ds Max 来制作室内效果图已经成为设计表现的主流方式。

第一节 SECTION 1 认识 3ds Max

3ds Max 是建筑效果图制作中的重要工具，主要用于完成建模、材质调整、灯光控制、动画调节、渲染输出等工作，因为其全面的功能而被广泛运用于各个领域。目前，3ds Max 已经升级到 2022 版本。在实际运用中，基本使用的是相对稳定的 2018 版本。本教材以 3ds Max 2018 简体中文版（以下简称“3ds Max”）为蓝本进行介绍。

3ds Max 的基础认识

一、3ds Max 的启动与退出

在 3ds Max 安装完成后，可以双击桌面上的快捷方式图标，启动 3ds Max 软件。在完成工作后，3ds Max 的退出方式有以下几种：选择菜单栏左上角“文件 / 退出”命令，即可退出软件；确认 3ds Max 软件为当前激活窗口，按“Alt+F4”组合键，即可退出软件；直接单击 3ds Max 窗口右上角的关闭按钮，即可退出软件。

二、3ds Max 的工作界面

3ds Max 启动完成后，其默认界面如图 1-1 所示。

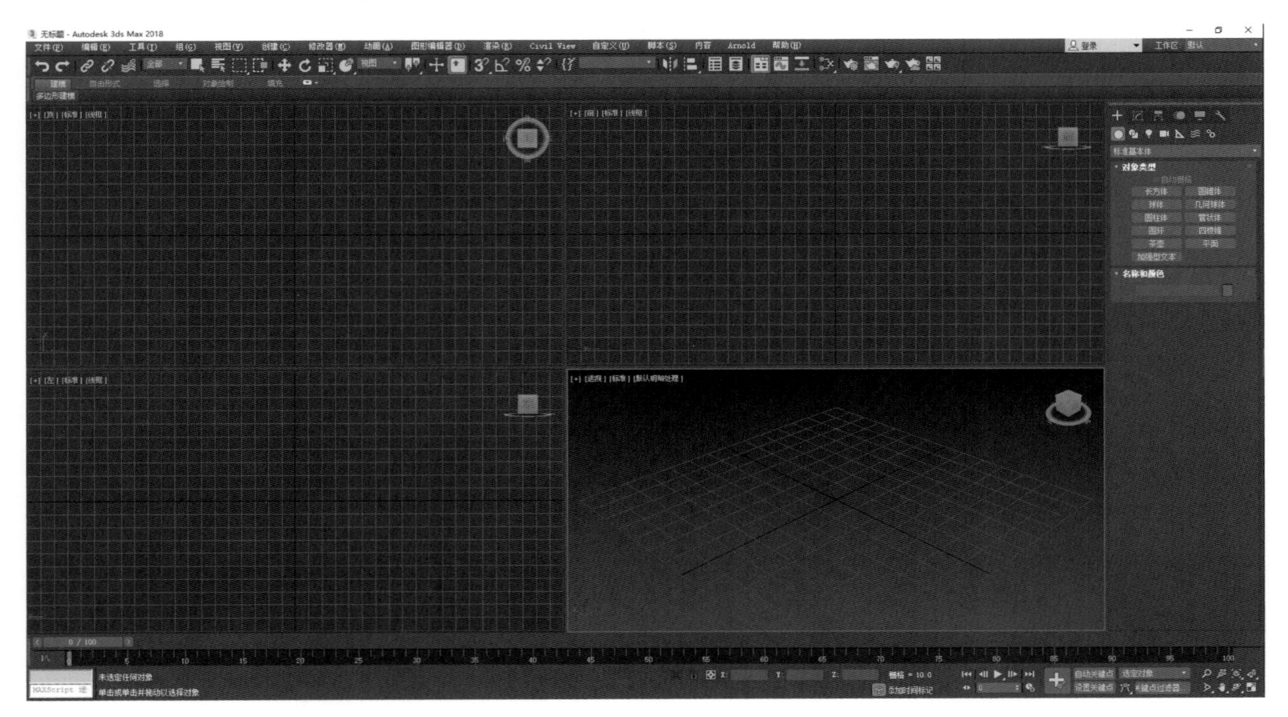

图 1-1

3ds Max 的主界面包括 11 个主要工作区域，各区域的作用如下：

1. 菜单栏

菜单栏属于通用界面元素之一，主要为用户提供文件管理、编辑调整、定制界面、管理窗口及帮助等命令，如图 1-2 所示。

2. 主工具栏

如图 1-3 所示为 3ds Max 默认的主工具栏，包括大部分工具和对话框，用户可以通过“自定义”菜单重置位置。还有一些工具栏在默认情况下是隐藏的，在启用隐藏的工具时，可以在主工具栏的空白区域单击鼠标右键，从弹出的快捷菜单中选择；同样，也可以用这种方法关闭任何工具栏。

主工具栏按钮的功能见表 1-1。

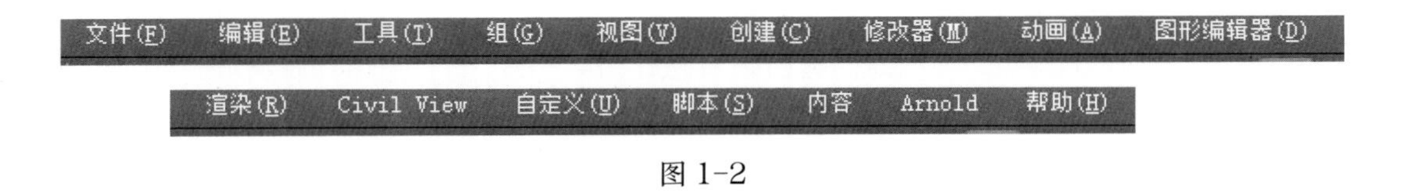

图 1-2

图 1-3

表 1-1 主工具栏按钮的功能

按钮	功能	按钮	功能
	撤销上一次操作结果		矩形选择工具
	取消上一次撤销		窗口 / 交叉选择工具
	将两个物体按父子关系链接		移动工具，快捷键为 W
	断开当前层级链接		旋转工具，快捷键为 E
	绑定到空间扭曲		缩放工具，快捷键为 R
全部	选择过滤器列表		选择并放置
	选择	视图	参考坐标系
	按名称选择		使用轴点中心
	键盘快捷键覆盖切换		选择并操纵
	捕捉开关，快捷键为 S		镜像
	角度捕捉切换		对齐
	百分比捕捉切换		切换场景资源管理器
	微调器捕捉切换		切换层资源管理器
	编辑命名选择集		切换功能区域
	曲线编辑器		渲染窗口帧
	图解视图		渲染产品
	材质编辑器		在云端渲染
	渲染器设置		打开 Autodesk A360 库

3. 工作视图区

工作视图区是3ds Max的主要工作区，默认设置中分成顶视图、前视图、左视图和透视视图，可以从不同的角度观察所建立的模型场景。工作视图区的常见操作主要包括以下几项：

（1）激活视图。默认设置中，透视视图处于激活状态，在任意一个视图上单击鼠标右键都可激活该视图。被激活的视图边框显示为黄色，此时可以在激活视图上进行操作，其余视图则作为参考视图。

（2）调整视图尺寸。将鼠标指针移到视图的中心，即 4 个视图的交点，此时鼠标指针变为双箭头，拖拽鼠标可以改变视图的大小、比例；另外，还可以通过菜单“视图 / 视口配置”中的“布局”来选择不同的视图布局方式，如图 1-4 所示。

（3）切换视图。用户可以将视图设置为底视图、后视图、右视图、用户视图、摄影机视图等，操作时用鼠标右键单击视图左上角的字标来切换视图，系统将弹出一个快捷菜单，从中选择需要的视图即可。

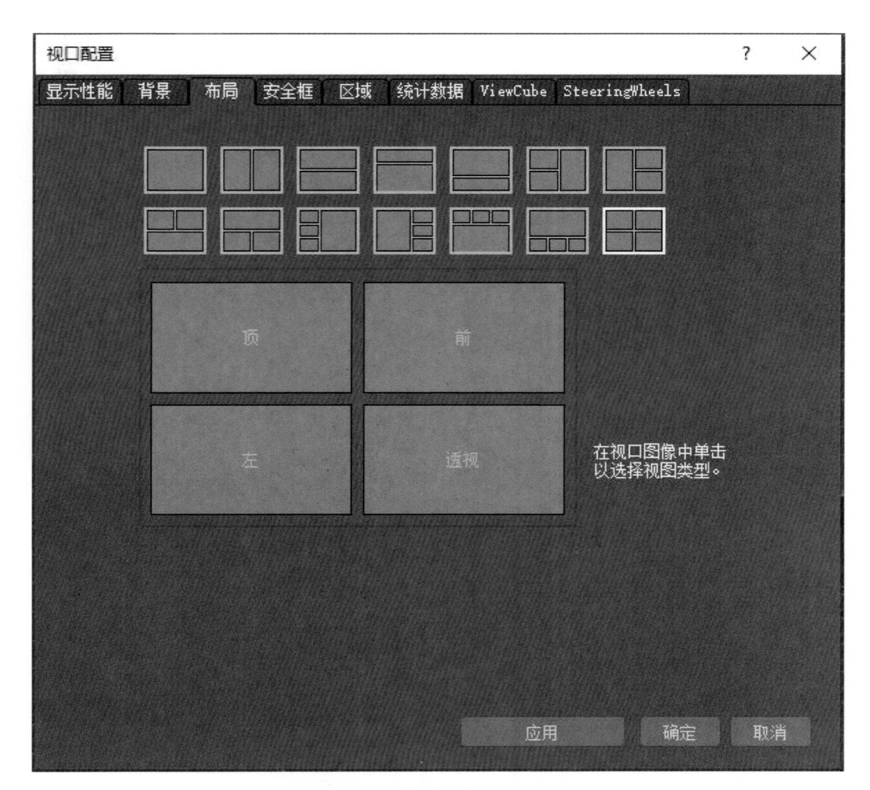

图 1-4

4. 命令控制面板

命令控制面板是 3ds Max 中最主要的功能面板，如图 1-5 所示。命令控制面板包含了丰富的工具和修改命令，在各命令面板下包含许多卷展栏。带有“+”符号表示该卷展栏处于关闭状态，带有“-”符号表示该卷展栏处于展开状态。从左至右依次为创建、修改、层次、运动、显示、工具 6 个部分，其中“创建”和“修改”最为常用，现在先来认识这两个部分。

（1）创建。“创建”命令面板 中的对象类型有 7 种，即创建的物体种类有 7 种，分别是几何体、图形、灯光、摄影机、辅助对象、空间扭曲、系统，每选择一种类型，都将在其下方展开相应的创建、调整参数。

（2）修改。“修改”命令面板 可以改变创建对象的参数，增加各种改动，每次改动都会被记录下来，创建参数位于最底层。“修改”命令面板包括名称和颜色、修改器列表、修改堆栈、通用修改区等几部分，如图 1-6 所示。可以进入任意层调节参数，也可以在不同层之间粘贴和拷贝对象，还可以加入或删除各种加工。

1）名称和颜色。显示修改对象的名称和线框颜色，在“名称和颜色”对话框中可以输入创建物体的名称，3ds Max 一般会自动赋予创建物体一个表示自身类型的名称，如 Box01、Sphere01 等。单击颜色方框可进行颜色的设置，3ds Max 提供了 3ds Max 调色板和 AutoCAD ACI 调色板两种预置的调色板。

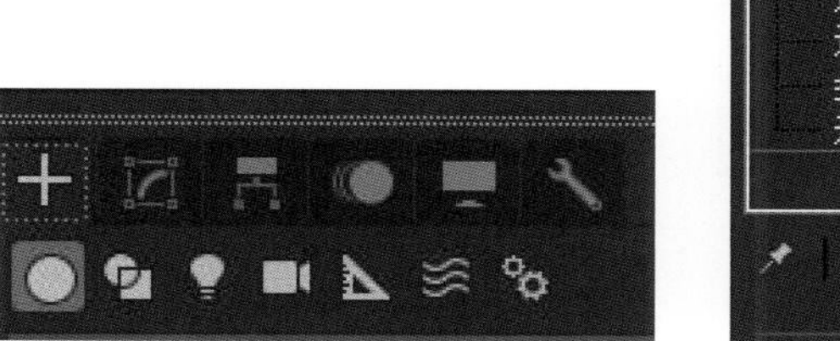

❶

❷

❶ 图 1-5
❷ 图 1-6

在“对象颜色”对话框中可以添加自定义颜色，单击“添加自定义颜色”按钮，在对话框中对颜色进行调节，如图 1-7、图 1-8 所示。

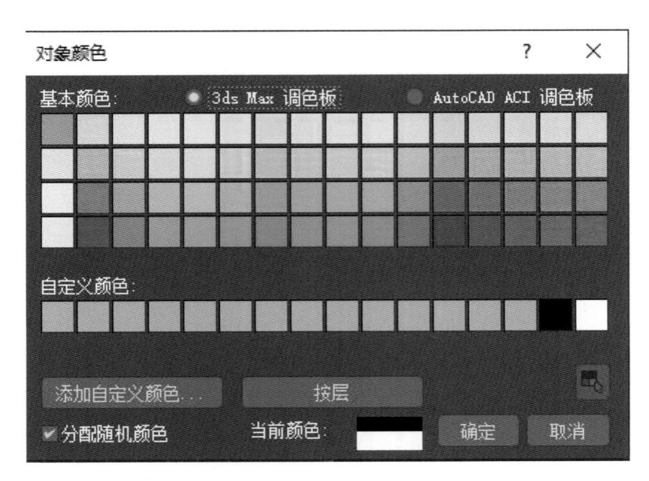

图 1-7

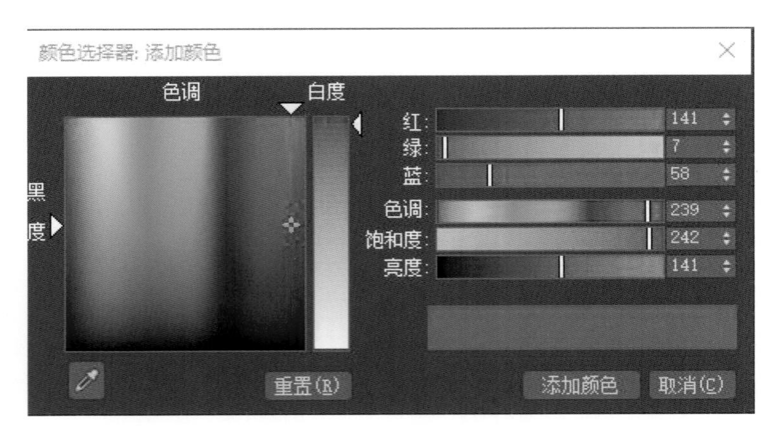

图 1-8

2）修改器列表。显示修改工具按钮，单击左侧的三角按钮会弹出修改工具选择框，如图 1-9 所示。

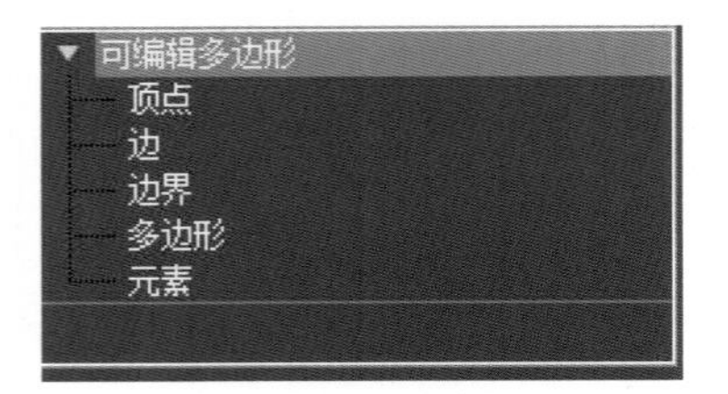

图 1-9

3）修改堆栈。记录所有修改命令信息并以分配缓存的方式保留各项命令的影响效果，以便再次修改。修改命令按使用的先后顺序依次排列在堆栈中，最新使用的修改命令处于堆栈的最上面。在堆栈中单击右键，可以弹出一个快捷菜单，用于后续操作。

知识链接　复制修改命令

按住 Shift 键从修改堆栈中拖拽修改命令的名称到场景中的其他对象上，这个修改会从原始对象上删除并运用到新的对象上；按住 Ctrl 键拖拽修改命令的名称到场景中的其他对象上，会复制这个修改命令的参数设置到新的对象上。

4）通用修改区。提供通用的修改操作命令，对所有修改工具有效，起辅助修改的作用，共有锁定堆栈、显示最终结果、使唯一、从堆栈中移除修改器、配置修改器集 5 个部分。

5. 时间滑块

时间滑块 位于视图区正下方，能够显示当前帧。这是进行动画制作和调节的辅助工具，将光标移至滑块上并按住鼠标左键拖拽滑块可以到达动画的某一帧。

6. 时间栏

时间栏可以显示时间刻度及动画关键帧的设置情况，可以进行关键帧节点、关键帧曲线的设置。

7. 脚本输入栏

用户可以根据脚本输入栏 进行系统语言创建及使用自定义命令。

8. 状态栏

状态栏 主要用于操作过程中各种提示信息、状态信息的提示。

9. 坐标显示及输入窗口

坐标显示及输入窗口 显示所选对象的坐标，在三个输入框中输入数值，可对所选对象进行精确定位。

10. 动画关键帧设置区

动画关键帧设置区 主要用于动画关键帧的设置、过滤及播放观察。

11. 视图控制区

在屏幕右下角有 10 个图形按钮，它们是当前激活视图的控制工具，对于一般的标准视图（正视图、用户视图、透视视图、栅格视图和图形视图），控制工具基本相同。视图控制区按钮的功能见表 1-2。

表 1-2 视图控制区按钮的功能

按钮	功 能
	缩放：点按后上下拖动进行视图显示的放缩，快捷操作方式为“Ctrl+Alt+鼠标中键”，可以即时进行视图的推拉放缩
	同步放缩：点按后上下拖动，同时在其他所有的标准视图内进行放缩显示
	最大化显示：将所有对象以最大化方式显示在激活视图中
	所有视图最大化显示选中对象：将所有对象以最大化的方式显示在全部标准视图中
	视野：透视视图专有，点按后上下拖动改变透视视图的镜头值
	平移：点按后拖动可进行平移观察，配合“Ctrl”键可以加速平移，快捷键为“Ctrl+P”，三键鼠标可以直接用中键进行视图平移
	环绕子对象：用于用户视图和透视图，围绕视图中的对象进行旋转，快捷键为“Ctrl+R”，但会放弃当前使用的其他工具，使用“Alt+鼠标中键”可以即时进行视图的摇移旋转
	最大化视口切换：将选中视图从四视图切换至单视图，快捷键为“Alt+W”

第二节 SECTION 2 界面优化

用户可以对 3ds Max 默认的界面进行优化设置，这样会增大视图区面积，便于操作和编辑对象，提高效果图的制作效率。

一、单位设置更改

开始创建模型前，首先进行系统单位设置。3ds Max 默认情况下的单位是“英寸”，不符合国内实际使用情况，而且不能够与相关的软件通用，因此，在 3ds Max 中单位一般设置为“毫米”。选择菜单“单位设置”，在弹出窗口选择公制为“毫米”，如图 1-10 所示。然后，再单击“系统单位设置”按钮，将系统单位比例选择为“毫米”，如图 1-11 所示，此后的操作中各项数据都显示为毫米单位。

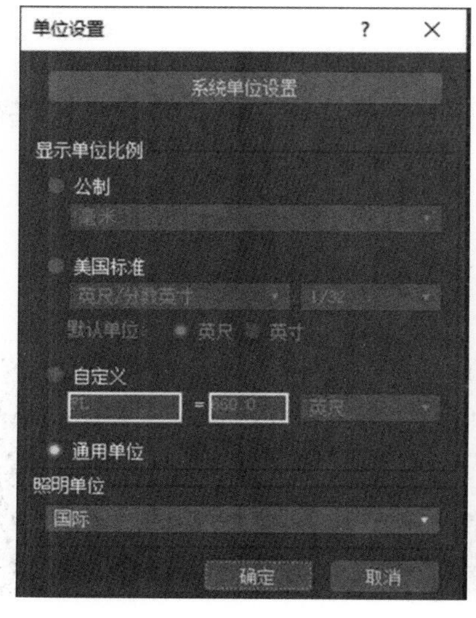

图 1-10

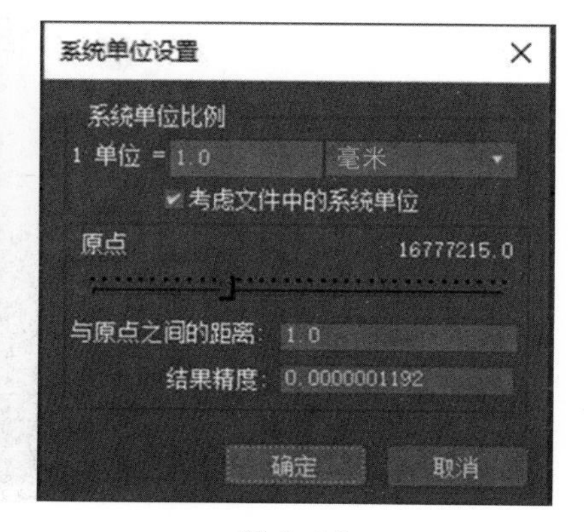

图 1-11

二、缩小工具栏按钮

在实际操作中，默认状态下工具栏使用大按钮，为了增大视口区域，可以缩小工具栏按钮，具体操作为：选择菜单“自定义 / 首选项”，弹出“首选项设置”对话框，在“常规”选项卡中取消选中“使用大工具栏按钮”，如图 1-12 所示。

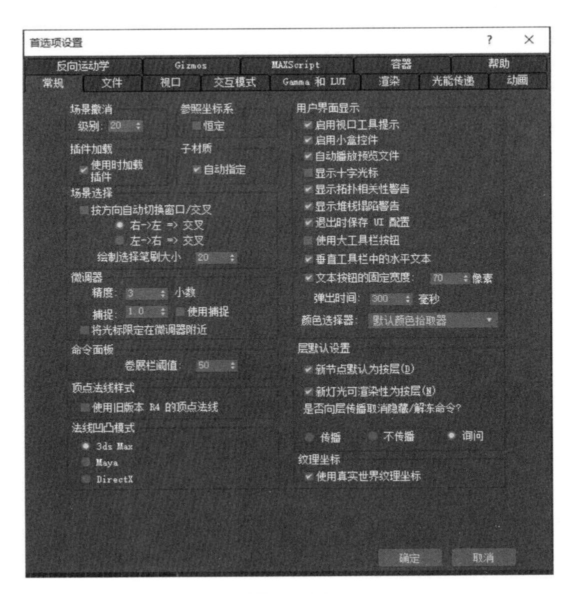

图 1-12

三、取消显示 ViewCube

3ds Max 在默认状态下每个视图都有 ViewCube，但在实际操作中并没有太大用处。因此，可以手动设置将其显示关闭，具体操作为：选择菜单“视口配置”，在“ViewCube”选项卡中取消选中“显示 ViewCube”，如图 1-13 所示。

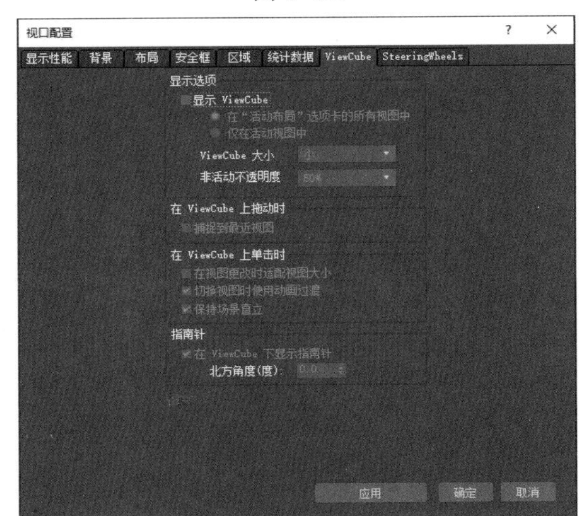

图 1-13

四、取消 Gamma/LUT 校正

3ds Max 2018 版本与以前版本不同的是默认状态启用 Gamma/LUT 校正，勾选了“影响颜色选择器”和“影响材质选择器”，在实际操作中会发现模型显示有杂点，视图显示的颜色、材质与所选择的有所区别，渲染效果也不同，用户可以手动设置将其取消。具体操作为：选择菜单“渲染 /Gamma 和 LUT”，在“Gamma 和 LUT”选项卡中取消选中“启用 Gamma/LUT 校正”，在“材质和颜色”选项组中的选项也取消勾选，如图 1-14 所示。

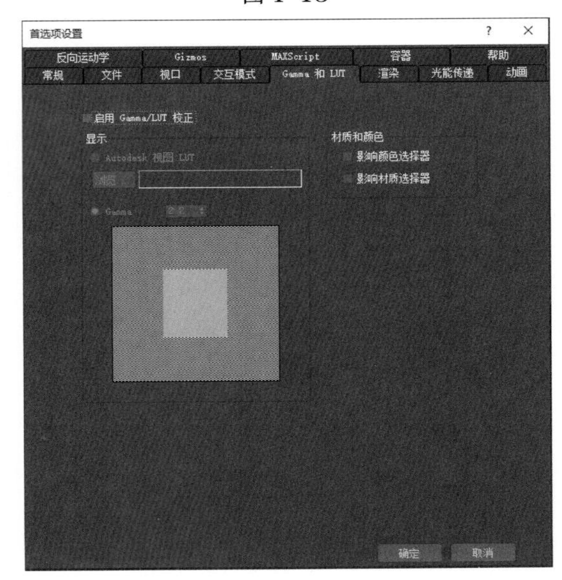

图 1-14

五、文件自动备份设置

为了避免因意外原因造成文件丢失，在实际操作中除了随时覆盖保存文件外，还需要启用文件自动备份功能。具体操作为：选择菜单“自定义 / 首选项”，在“文件”选项卡的“自动备份”选项组中勾选“启用”，默认保存的位置为“我的电脑 / 我的文档 /3ds Max/ AutoBackup”，如图 1-15 所示。

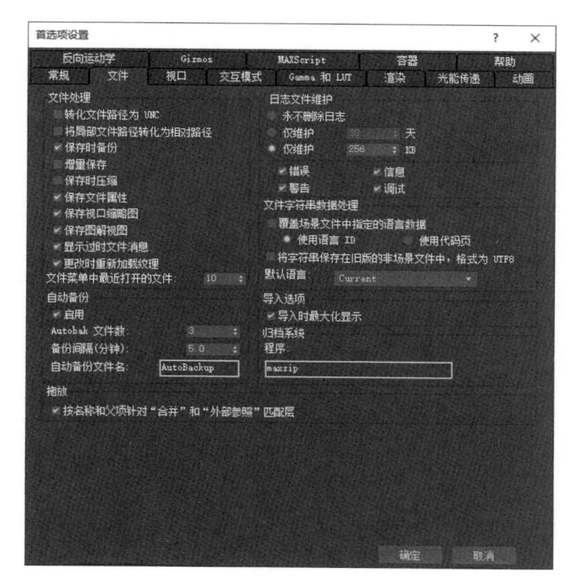

图 1-15

思考与练习

1. 3ds Max 的工作界面包括哪些主要内容?
2. 如何将 3ds Max 系统单位更改为毫米?
3. 如何设置 3ds Max 文件自动备份?

第二章

基础建模

学习目标

◆掌握标准基本体的创建和修改方法

◆掌握扩展基本体的创建和修改方法

3ds Max 中创建模型的方法有多种，可以通过内置几何体直接创建，也可以通过二维图形添加修改器调整为三维模型。其中，最简单的方法是通过“创建”命令面板中提供的内置几何体来创建。

“创建”命令面板中的“几何体” 是用来创建具有三维空间结构的实体，包括以下 13 种类型：标准基本体、扩展基本体、复合对象、粒子系统、面片栅格、实体对象、门、NURBS 曲面、窗、AEC 扩展、Point Cloud Objects、动力学对象和楼梯，如图 2-1 所示。其中，标准基本体和扩展基本体是最简单、最常用的两种类型。

图 2-1

第一节 SECTION 1 创建标准基本体

标准基本体是 3ds Max 中自带的模型，用户可以直接创建出这些模型，并在此基础上做相应的修改，如要创建一根棍子，可以使用圆柱体模型来创建。在“创建”面板中，单击“几何体”按钮 ，然后单击“标准基本体”右侧的下拉按钮，从弹出的下拉列表中选择“标准基本体”选项，即可看到 3ds Max 提供的 11 种类型，包括长方体、圆锥体、球体、几何球体、圆柱体、管状体、圆环、四棱锥、茶壶、平面和加强型文本，如图 2-2 所示。这 11 种标准基本体易于创建，可以转化为可编辑网格物体、可编辑多边形物体、NURBS 物体或面片物体进行精细建模。

创建标准基本体

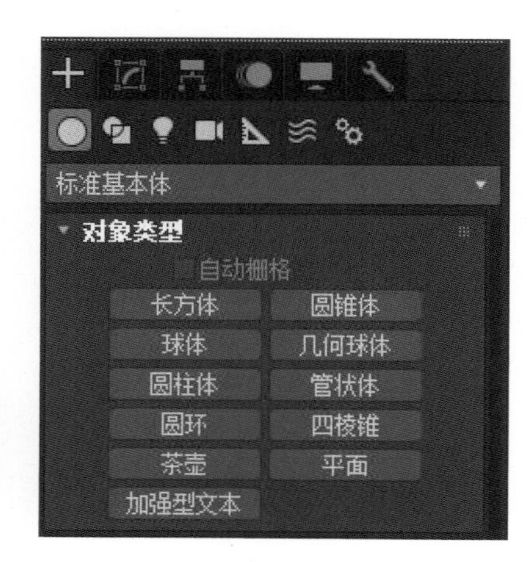

图 2-2

一、长方体

长方体是建模中最常用的几何体之一，现实中有很多物体都可以使用“长方体”模型来创建，如方桌、箱子和墙等。长方体还经常作为多边形建模（参见第四章第二节）的基础物体使用，通过修改参数可创建更复杂的模型。

长方体的参数面板及主要参数含义见表 2-1。

表 2-1　长方体的参数面板及主要参数含义

参数面板	参数	含义
参数 长度：0.0 宽度：0.0 高度：0.0 长度分段：1 宽度分段：1 高度分段：1 ✓生成贴图坐标 ✓真实世界贴图大小	长度 / 宽度 / 高度	设置创建对象的尺寸
	长度分段 宽度分段 高度分段	分别设置长、宽、高的片段划分数（分段值越高，越有利于参数的修改及创建更复杂的模型）

案例——制作方凳

方凳效果如图 2-3 所示。

制作思路：本案例的方凳是由长方体组合而成的，从效果图来看，它的凳面由上下大、中间小的三个长方体构成，制作时可以先创建一个长方体，然后再复制两个，并更改中间长方体的参数，凳腿可由一个长方体复制组成，最后赋予所有长方体木质颜色。

图 2-3

制作步骤如下：

（1）在“创建”面板中单击“几何体”按钮，在下拉列表中选择“标准基本体”，然后单击“长方体”按钮，在顶视图创建一个长方体，最后在“参数”卷展栏设置其“长度”为 300 mm，“宽度”为 300 mm，“高度”为 20 mm，分段数均为 1，如图 2-4 所示，模型效果如图 2-5 所示。

（2）在前视图用“Shift+ 选择并移动”沿 *Y* 轴复制该对象，在“克隆选项”对话框中选中“复制”，设置“副本数”为 2，如图 2-6 所示，选择中间的长方体，更改参数“长度”为 280 mm，“宽度”为 280 mm，“高度”为 10 mm，前视图如图 2-7 所示。操作前可开启“自动栅格”选项，以便于后续操作。

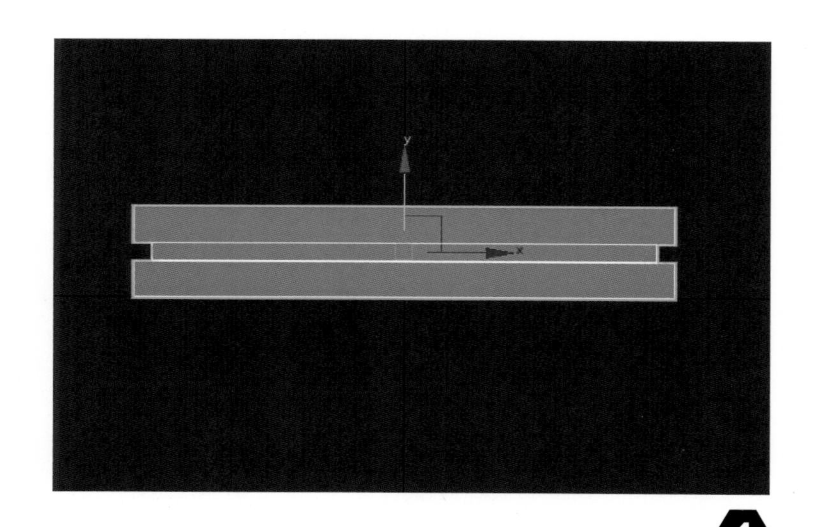

❶ 图 2-4
❷ 图 2-5
❸ 图 2-6
❹ 图 2-7

知识链接　自动栅格

在选定创建物体后，自动栅格选项才有效，勾选该选项，鼠标会自动捕捉到邻近的网格物体表面，单击鼠标确定对齐的表面，创建的新物体能够紧贴物体表面，若没有确定对齐表面，创建的物体与当前激活栅格对齐，如图 2-8 所示。

图 2-8

（3）在顶视图创建长方体。在其“参数”卷展栏设置“长度”为 16 mm，“宽度”为 16 mm，“高度”为 –260 mm，如图 2-9 所示，模型效果如图 2-10 所示。

参数
长度：16.0mm
宽度：16.0mm
高度：-260.0mm
长度分段：1
宽度分段：1
高度分段：1
生成贴图坐标
真实世界贴图大小

图 2-9

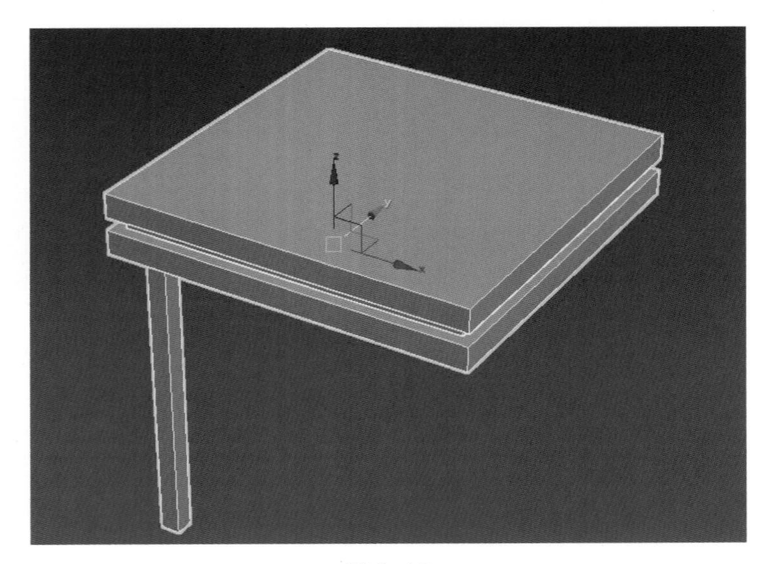

图 2-10

（4）在顶视图用“Shift+ 选择并移动”沿 X 轴复制该对象，在“克隆选项”对话框中选中“复制”，设置“副本数”为 1，如图 2-11 所示，顶视图如图 2-12 所示。

（5）选择两条凳腿，在左视图用“Shift+ 选择并移动”沿 X 轴复制该对象，在“克隆选项”对话框中选中“复制”，设置“副本数”为 1，如图 2-13 所示，左视图如图 2-14 所示。

❶ 图 2-11
❷ 图 2-12
❸ 图 2-13
❹ 图 2-14

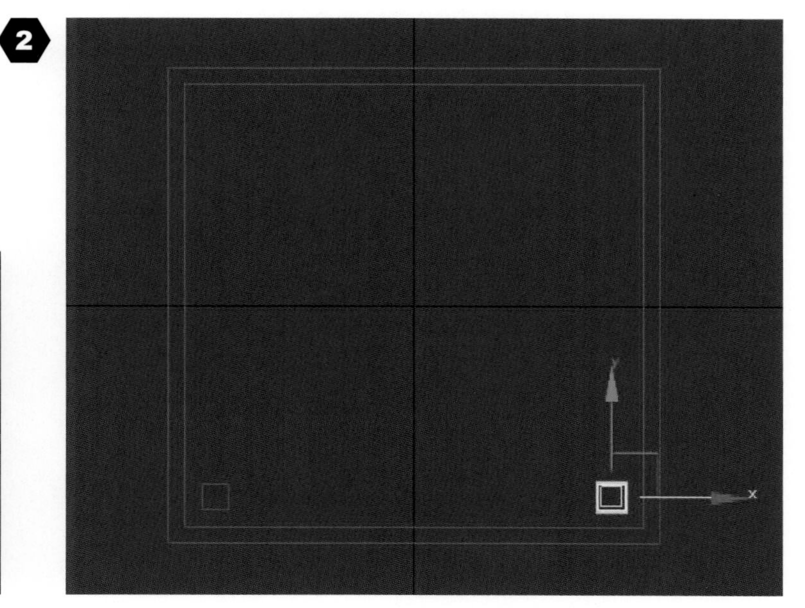

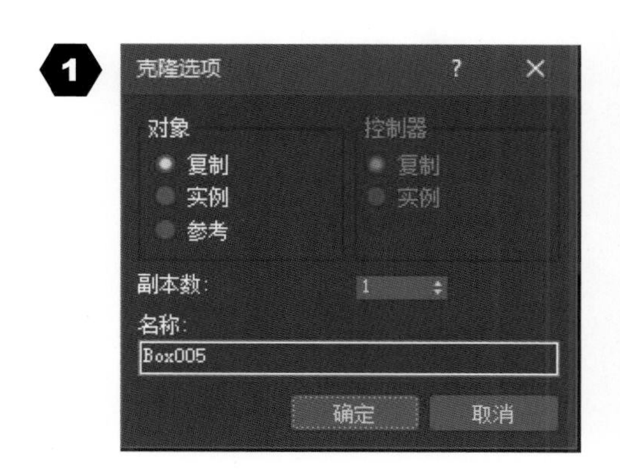

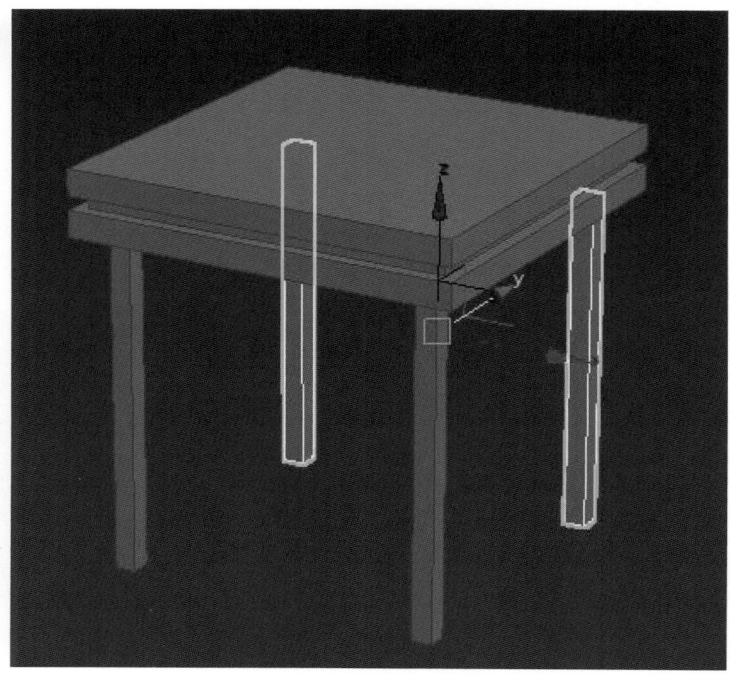

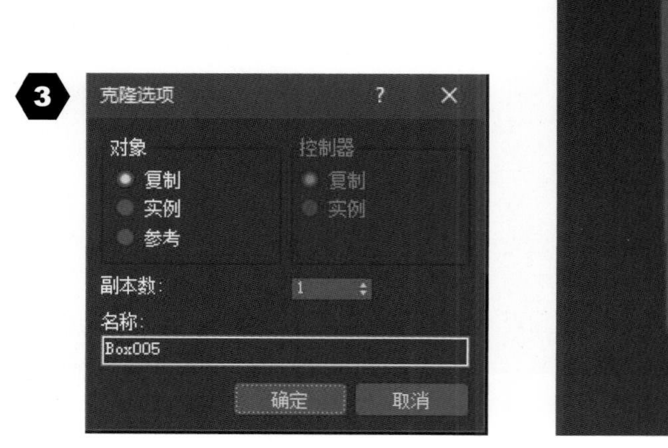

（6）在左视图创建长方体，在其“参数”卷展栏设置“长度”为 16 mm，“宽度”为 230 mm，“高度”为 12 mm，如图 2-15 所示，用“选择并移动”工具将该对象放置在合适的位置，左视图如图 2-16 所示。

（7）在顶视图用“Shift+ 选择并移动”沿 X 轴复制长方体，在“克隆选项”对话框中选中“复制”，设置“副本数”为 1，如图 2-17 所示，顶视图如图 2-18 所示。

❶ 图 2-15
❷ 图 2-16
❸ 图 2-17
❹ 图 2-18

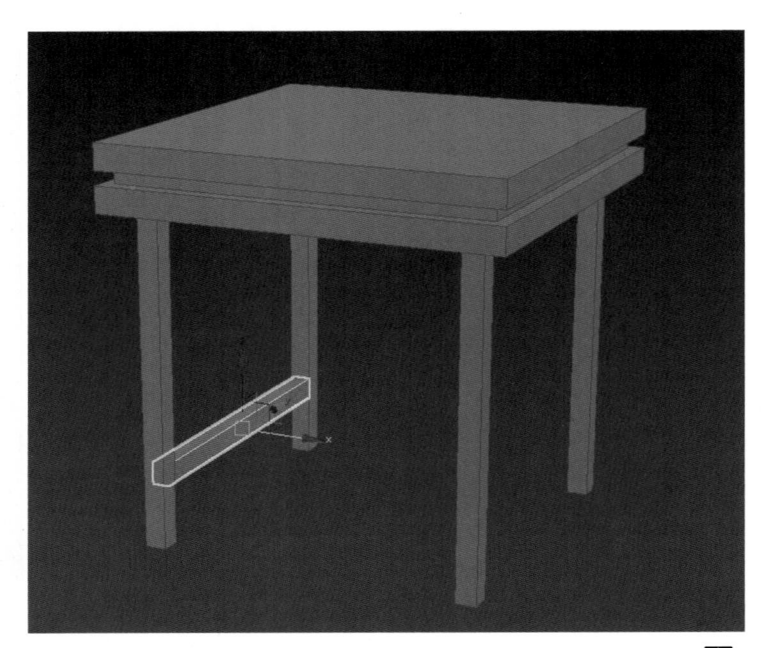
❷

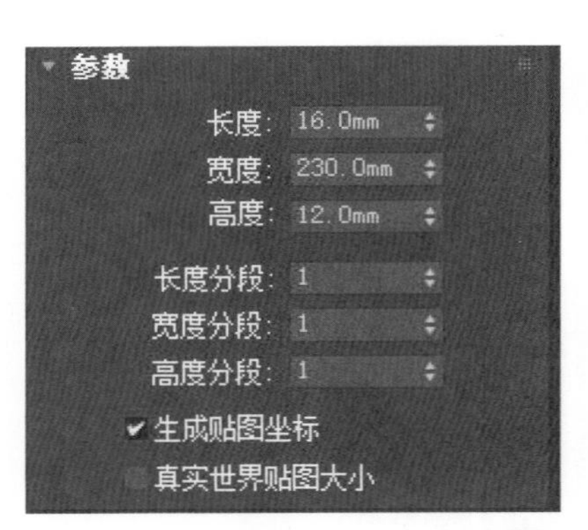

❶

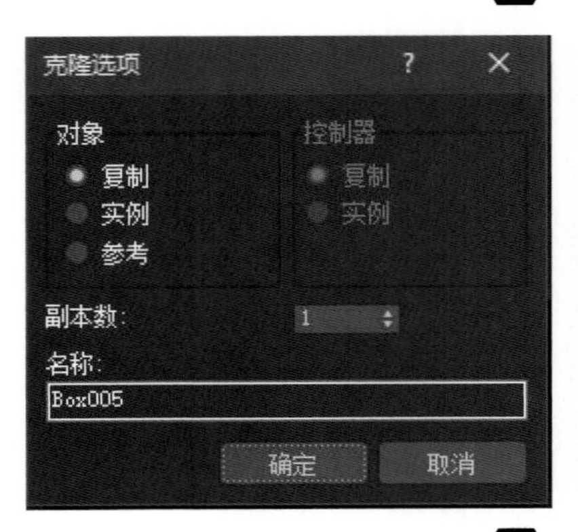

❸

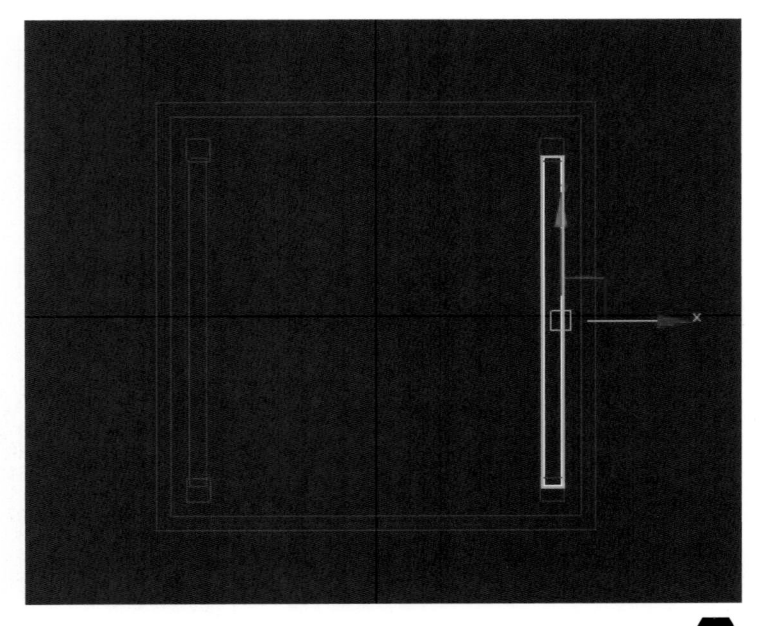
❹

（8）在顶视图用"Shift+旋转并移动"沿Z轴旋转90°复制长方体，在"克隆选项"对话框中选中"复制"，设置"副本数"为1，如图2-19所示，顶视图如图2-20所示，用"选择并移动"工具将该对象放置在合适的位置，顶视图如图2-21所示。

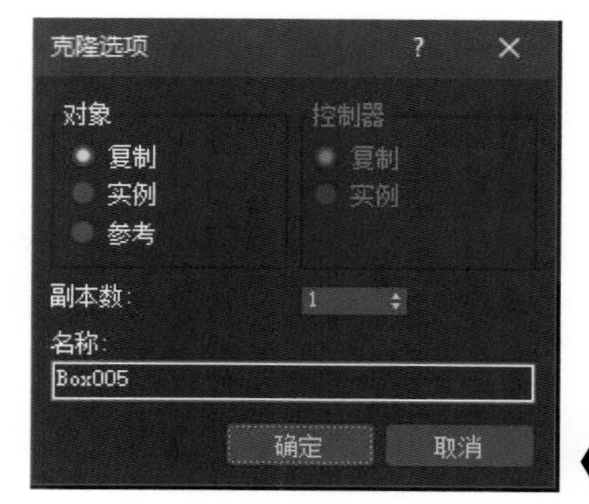

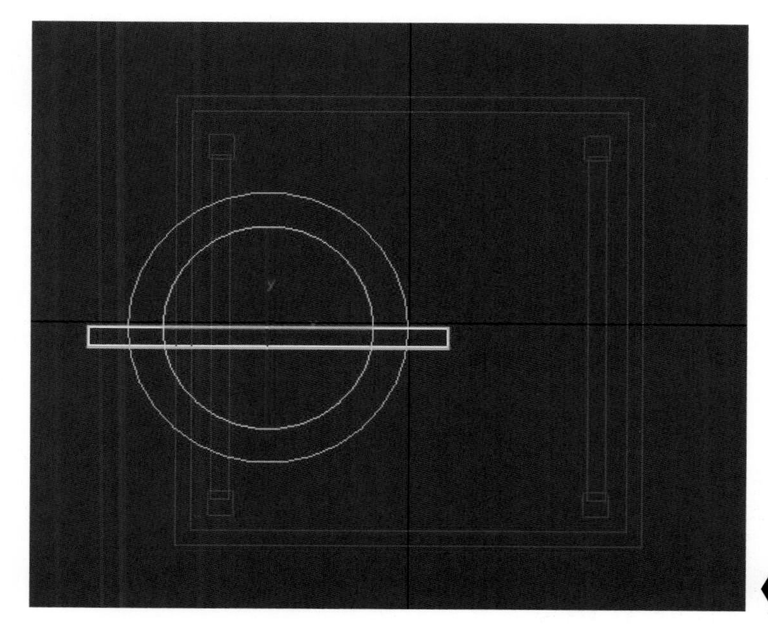

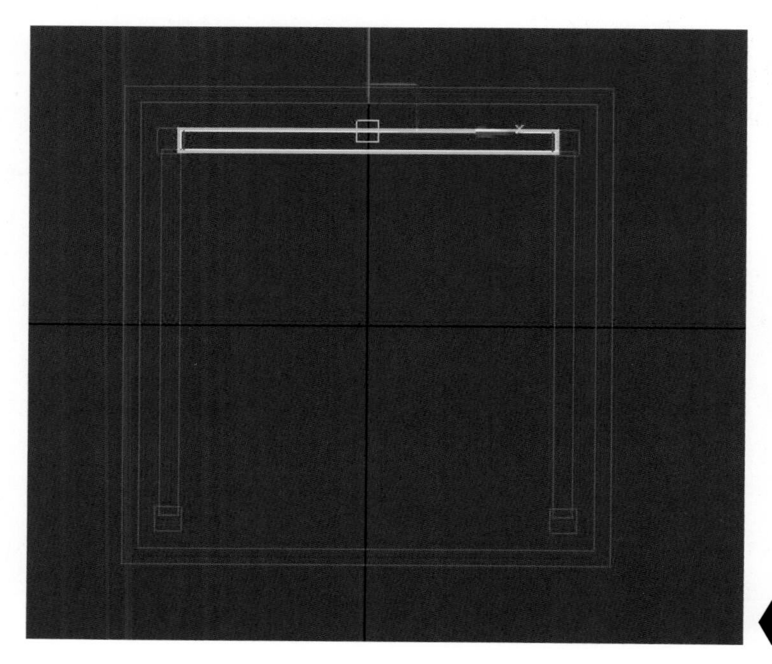

❶ 图2-19
❷ 图2-20
❸ 图2-21

知识链接　如何将对象精确旋转 90°

在主工具栏中找到“角度捕捉切换”按钮，单击鼠标右键，在“栅格和捕捉设置”的“选项”中将角度设置为 90，如图 2-22 所示，再用“选择并旋转”工具旋转对象，即可精确控制每次旋转操作为 90°。

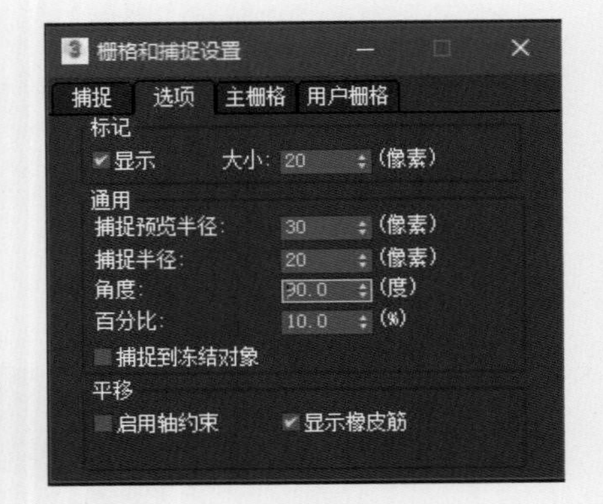

图 2-22

（9）在顶视图用“Shift+ 选择并移动”沿 X 轴复制长方体，在“克隆选项”对话框中选中“复制”，设置“副本数”为 1，如图 2-23 所示，顶视图如图 2-24 所示。

（10）设置颜色，方凳完成图如图 2-25 所示。

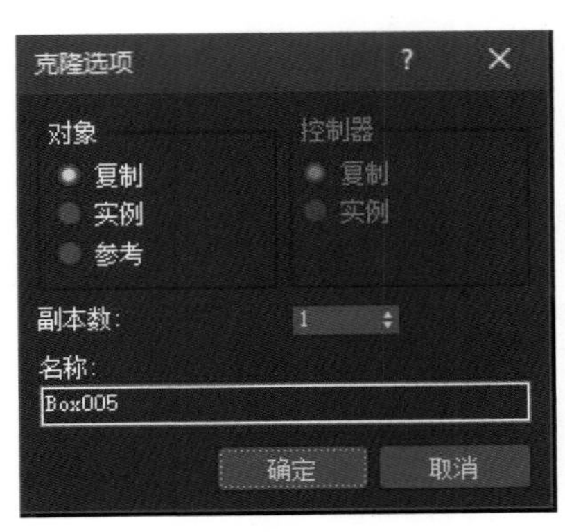

图 2-23

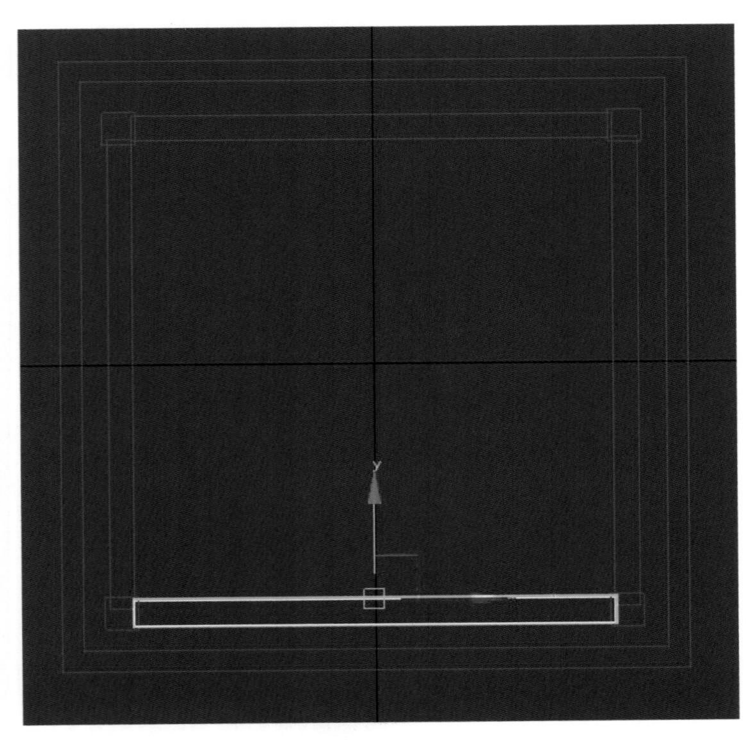

图 2-24

图 2-25

二、圆锥体

圆锥体可以用来创建圆锥、圆台、棱锥、棱台以及它们的局部，也可用于创建现实生活中如冰激凌筒、笔尖等模型，如图 2-26 所示。

圆锥体的参数面板及主要参数含义见表 2-2。

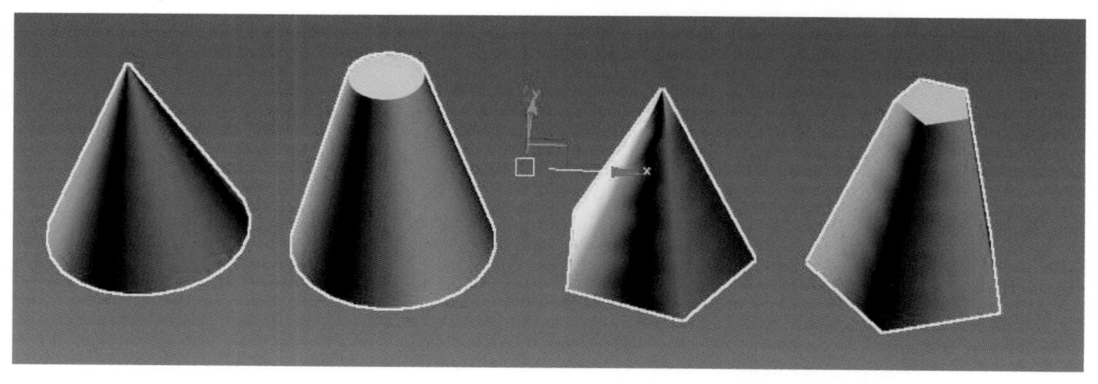

图 2-26

表 2-2　圆锥体的参数面板及主要参数含义

参数	含义
半径 1/ 半径 2	分别设置锥体两个端面（顶面和底面）的半径
高度	设置锥体的高度
高度分段	设置锥体高度上的片段划分数（分段值越高，越有利于参数的修改及创建更复杂的模型）
端面分段	设置两端平面沿半径辐射的片段划分数
边数	设置圆周上的片段划分数，值越高，越光滑，棱锥的边数决定其为几棱锥
平滑	是否进行表面光滑处理
启用切片	是否启用切片，产生局部切角圆锥体
切片起始位置	设置切片开始的幅度
切片结束位置	设置切片结束的幅度

案例——制作铅笔

铅笔效果如图 2-27 所示。

制作思路：本案例的铅笔由笔杆、笔头、笔尖三个部分组成，这三个部分皆可视为圆锥体，制作时先创建一个圆锥体为笔杆，然后再复制两个圆锥体，更改参数即可。

图 2-27

制作步骤如下：

（1）在“创建”面板中单击“几何体”按钮 ，在下拉列表中选择“标准基本体”，然后单击“圆锥体”按钮，在顶视图创建一个圆锥体，最后在“参数”卷展栏设置“半径 1”为 16 mm，“半径 2”为 16 mm，“高度”为 180 mm，“边数”为 6，如图 2-28 所示，模型效果如图 2-29 所示。

（2）在前视图单击圆锥体，用“Shift+ 选择并移动”沿 *Y* 轴复制该对象，设置“副本数”为 1，如图 2-30 所示，然后在“参数”卷展栏设置“半径 1”为 14 mm，“半径 2”为 2 mm，“高度”为 30 mm，“边数”为 12，如图 2-31 所示。

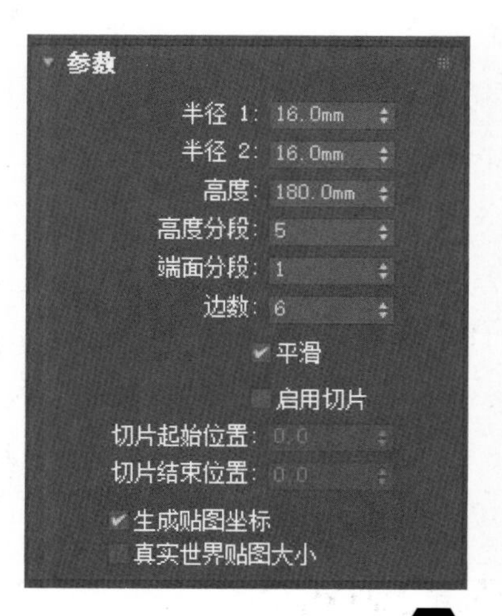

参数
半径 1: 16.0mm
半径 2: 16.0mm
高度: 180.0mm
高度分段: 5
端面分段: 1
边数: 6
平滑
启用切片
切片起始位置: 0.0
切片结束位置: 0.0
生成贴图坐标
真实世界贴图大小

❶

❷

克隆选项
对象
复制
实例
参考
控制器
复制
实例
副本数: 1
名称:
Cone002
确定
取消

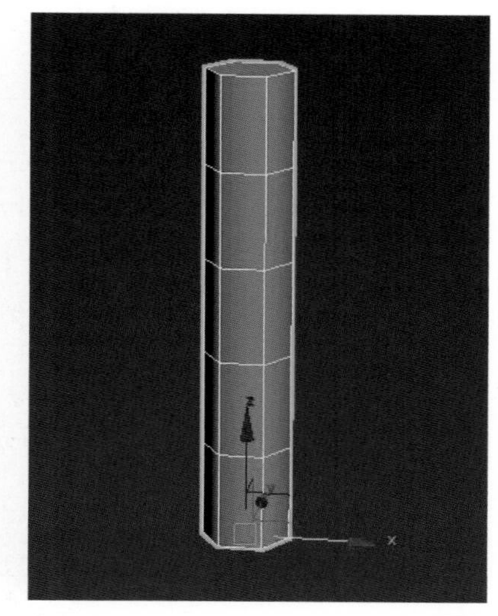

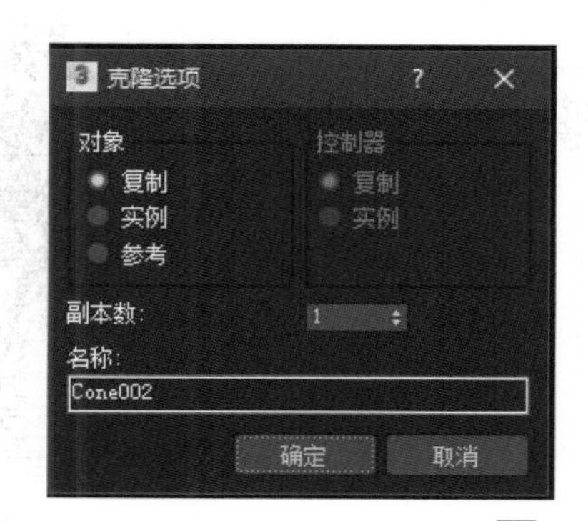

❸

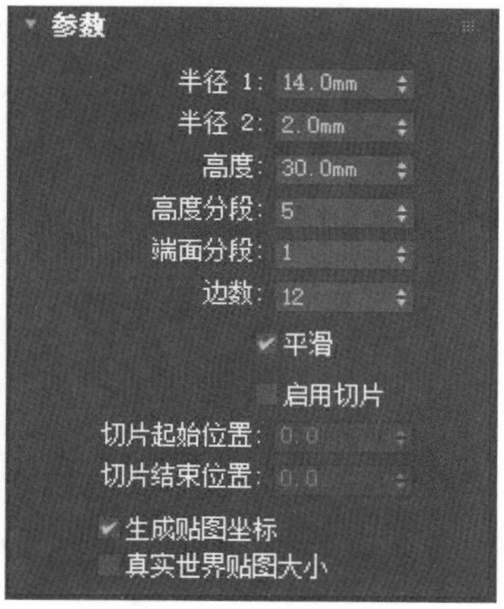

参数
半径 1: 14.0mm
半径 2: 2.0mm
高度: 30.0mm
高度分段: 5
端面分段: 1
边数: 12
平滑
启用切片
切片起始位置: 0.0
切片结束位置: 0.0
生成贴图坐标
真实世界贴图大小

❹

❶ 图 2-28
❷ 图 2-29
❸ 图 2-30
❹ 图 2-31

（3）在前视图用“选择并移动”工具调整其位置，前视图如图 2-32 所示，模型效果如图 2-33 所示。

（4）在前视图单击圆锥体，用“Shift+ 选择并移动”沿 *Y* 轴复制该对象，设置“副本数”为 1，如图 2-34 所示，然后在“参数”卷展栏设置“半径 1”为 2 mm，“半径 2”为 0.5 mm，“高度”为 12 mm，“边数”为 12，如图 2-35 所示。分别设置三个圆锥体的颜色，笔头设置为木质颜色，笔尖设置为深灰色，铅笔完成效果如图 2-36 所示。

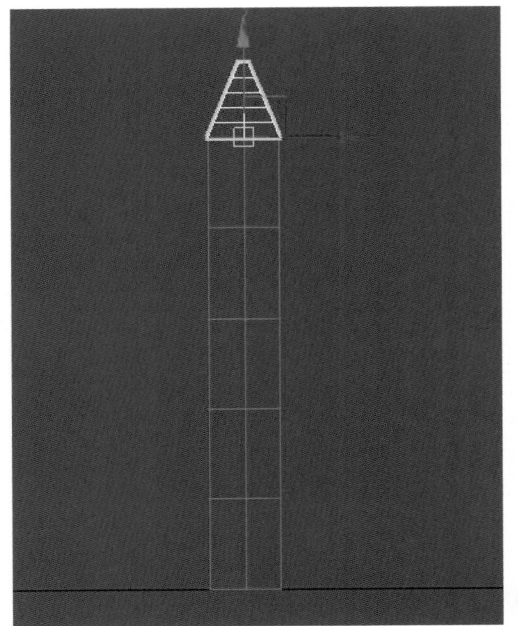

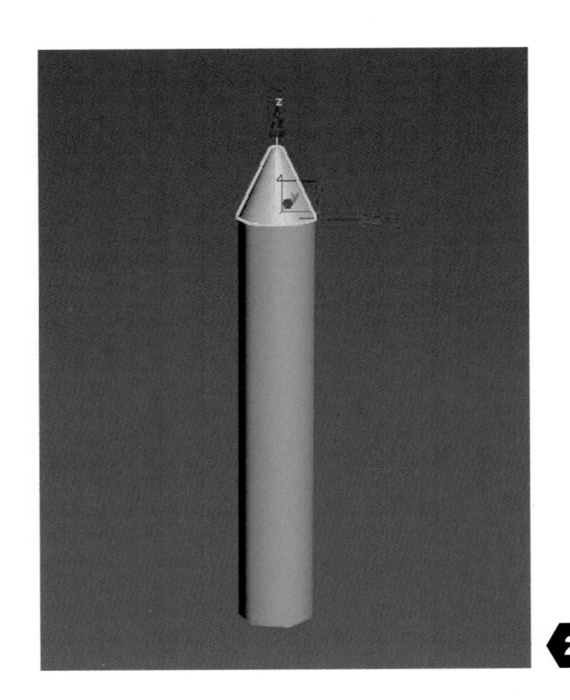

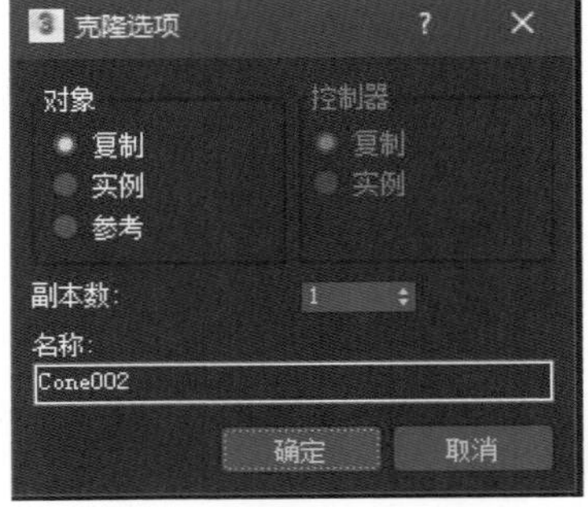

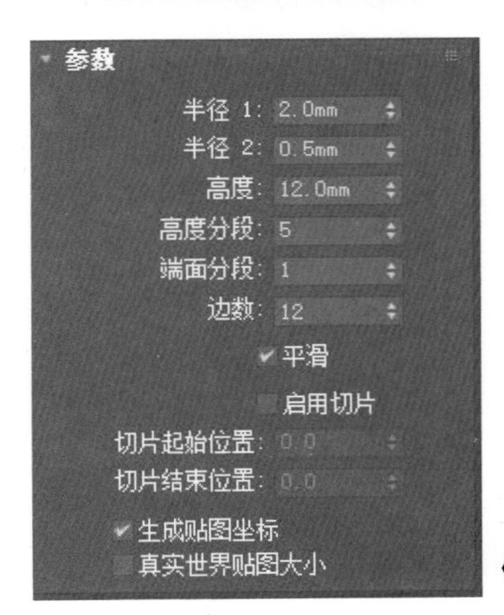

❶ 图 2-32
❷ 图 2-33
❸ 图 2-34
❹ 图 2-35
❺ 图 2-36

三、球体

球体也是现实生活中常见的物体，在 3ds Max 中，不仅可以创建面状或者光滑的球体，也可以创建半球体或者球体的局部，如图 2-37 所示。

球体的参数面板及主要参数含义见表 2-3。

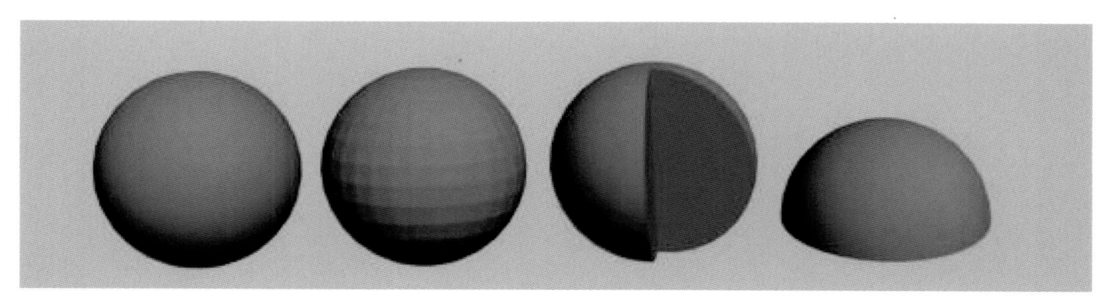

图 2-37

表 2-3　球体的参数面板及主要参数含义

参数面板	参数	含义
参数 半径：0.0mm 分段：32 平滑 半球：0.0 切除 挤压 启用切片 切片起始位置：0.0 切片结束位置：0.0 轴心在底部 生成贴图坐标 真实世界贴图大小	半径	设置球体半径
	分段	设置表面片段划分数，值越高，越光滑
	平滑	是否进行表面光滑处理（默认开启）
	半球	值可在 0 ~ 1 之间调整，0.5 时是半球(默认为 0）
	切除 / 挤压	对半球系数调整时发挥作用
	启用切片	是否启用切片，产生局部球体
	切片起始位置	设置切片开始的幅度
	切片结束位置	设置切片结束的幅度
	轴心在底部	创建球体时，默认方式为球体轴心在正中央，勾选则球体轴心设置在球体底部

四、几何球体

几何球体是由三角面相拼接而成的球体或半球体，主要用于进行面的分离特技动画（如爆炸等），可以分解成三角面或标准四面体、八面体等，如图 2-38 所示。

几何球体的参数面板及主要参数含义见表 2-4。

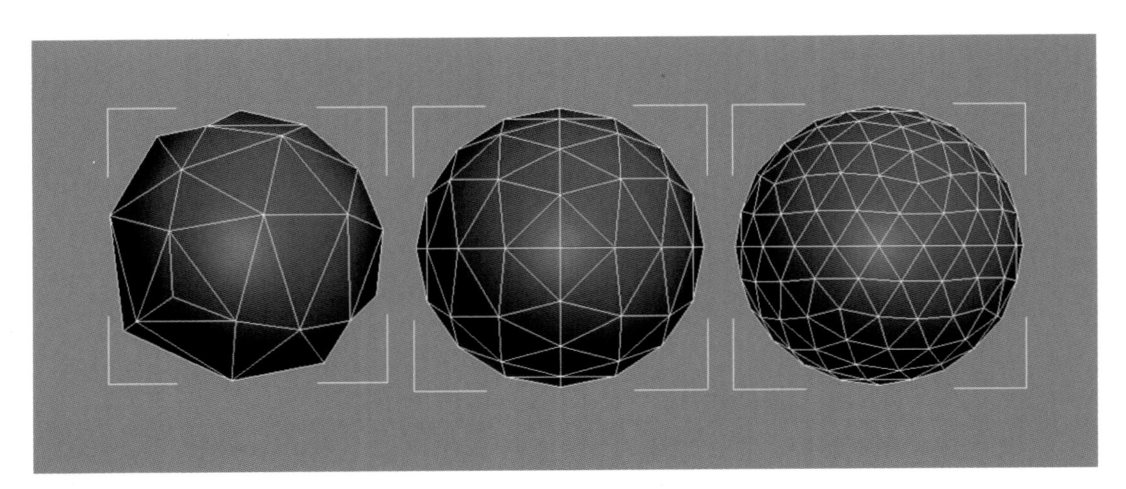

图 2-38

表 2-4　几何球体的参数面板及主要参数含义

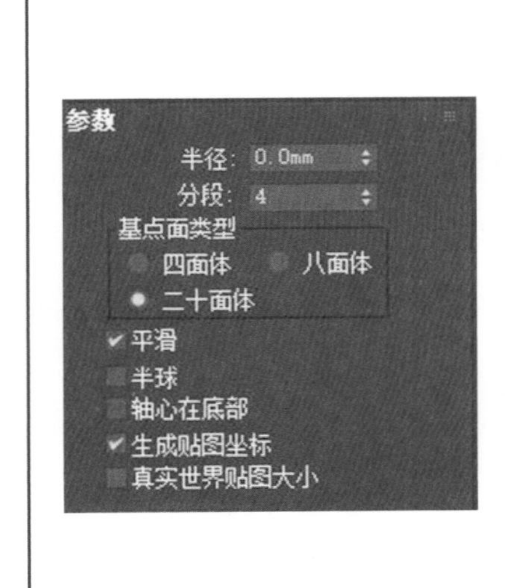

参数	含义
半径	设置球体半径
分段	设置表面片段划分数，值越高，三角面越多，越光滑（最大值为 200）
基点面类型	确定由何种规则的多面体组合成球体
平滑	是否进行表面光滑处理（默认开启）
半球	值可在 0 ~ 1 之间调整，0.5 时是半球（默认为 0）
生成贴图坐标	自动生成贴图坐标

五、圆柱体

使用圆柱体可以创建现实生活中常见的如棍子、保温杯、桌腿等圆柱形物体及棱柱体模型，如图 2-39 所示。

圆柱体的参数面板及主要参数含义见表 2-5。

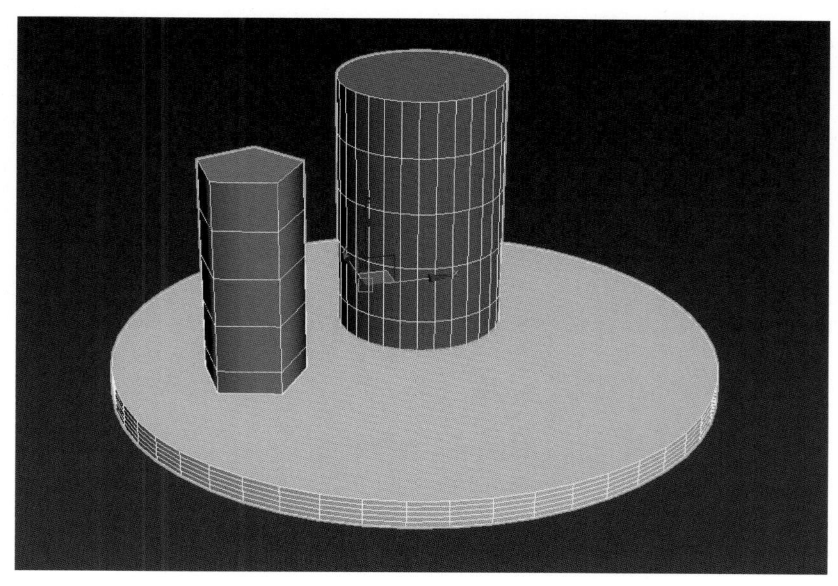

图 2-39

表 2-5　圆柱体的参数面板及主要参数含义

参数
半径：0.0mm
高度：0.254mm
高度分段：5
端面分段：1
边数：30
平滑
启用切片
切片起始位置：0.0
切片结束位置：0.0
生成贴图坐标
真实世界贴图大小

参数	含义
半径	设置圆柱体顶面和底面半径
高度	设置圆柱体的高度，高度为 0 时为圆形或者扇形平面
高度分段	设置圆柱体高度上的片段划分数
端面分段	设置两端平面沿半径辐射的片段划分数
边数	设置圆周上的片段划分数，值越高，越光滑，可根据数值设置为棱柱，如图 2-40 所示
平滑	是否进行表面光滑处理
启用切片	是否启用切片，产生局部切角圆柱体

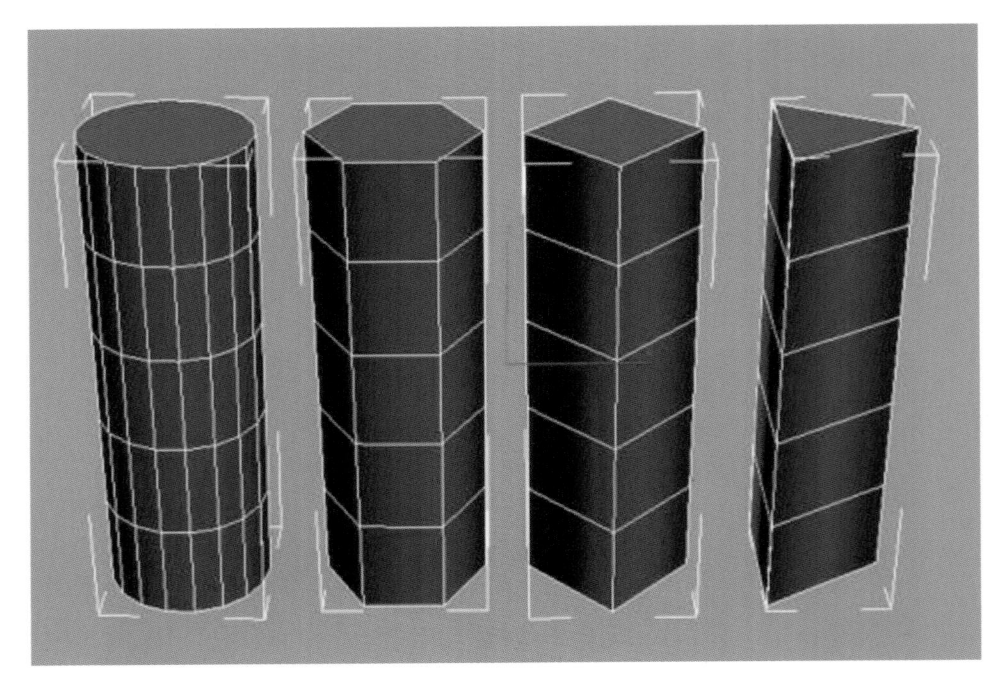

图 2-40

案例——制作圆桌

圆桌效果如图 2-41 所示。

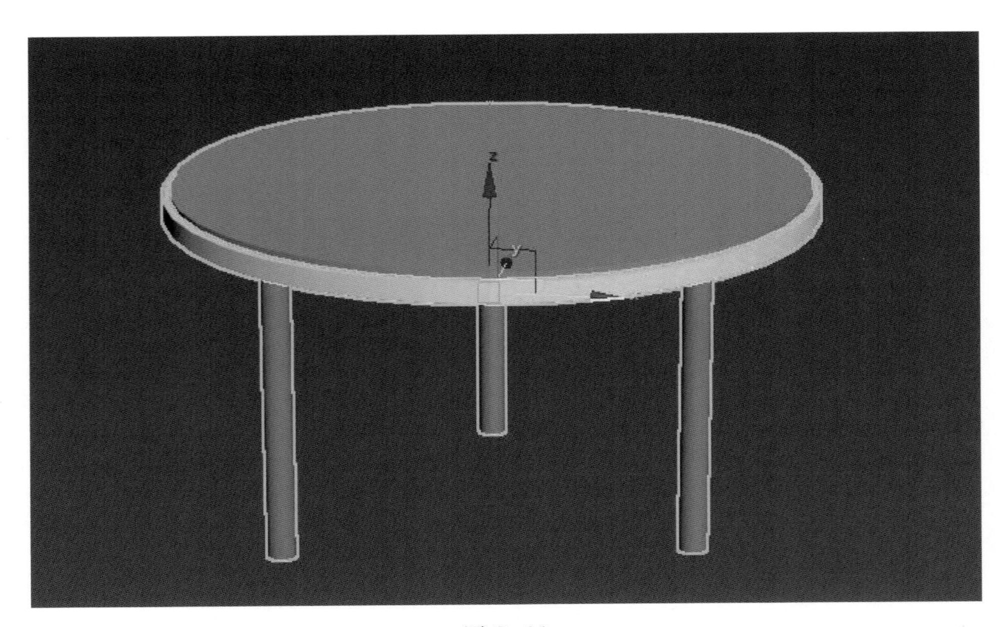

图 2-41

制作思路：本案例的圆桌由圆柱体组合而成，它的桌面由两个圆柱体构成，可以先创建一个圆柱体，再复制一个并更改其参数。桌腿由一个圆柱体旋转复制组成，最后赋予木质颜色。

制作步骤如下：

（1）单击“圆柱体”按钮，在顶视图创建一个圆柱体，然后在“参数”卷展栏设置“半径”为 480 mm，“高度”为 30 mm，“边数”为 36，如图 2-42 所示，模型效果如图 2-43 所示。

（2）在前视图用“Shift+ 选择并移动”沿 Y 轴复制该对象，在“克隆选项”对话框中选中“复制”，设置“副本数”为 1，前视图如图 2-44 所示。更改参数，设置“半径”为 470 mm，“高度”为 10 mm，“边数”为 36，如图 2-45 所示。

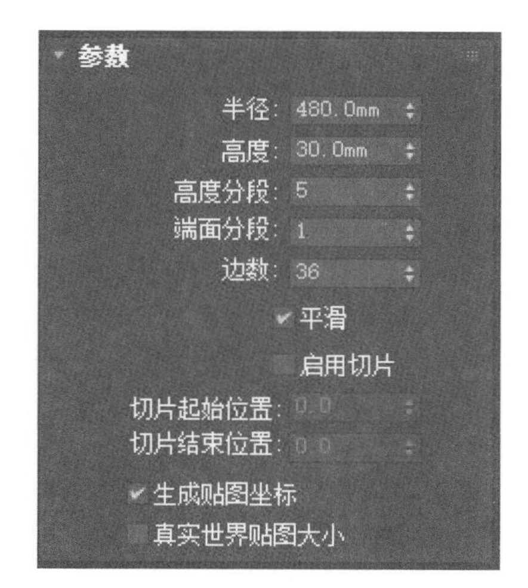

图 2-42

图 2-43

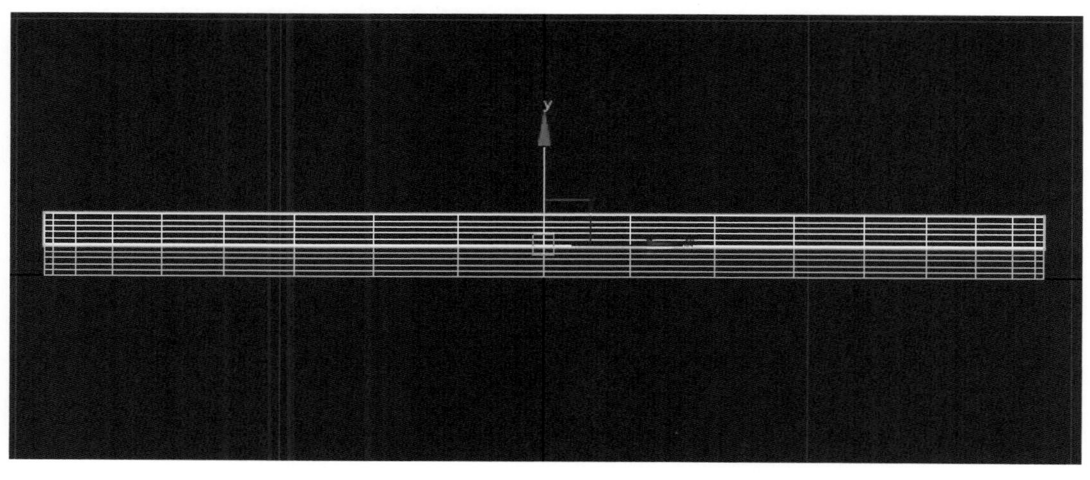

图 2-44

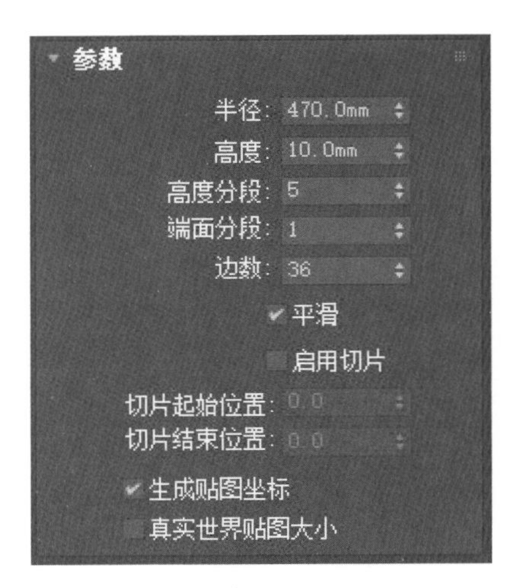

图 2-45

（3）在顶视图创建圆柱体，如图 2-46 所示。在“参数”卷展栏设置“半径”为 20 mm，“高度”为 –480 mm，“边数”为 36，如图 2-47 所示。

（4）选择圆柱体，然后在顶视图用“Shift+ 选择并移动”复制该对象，在“克隆选项”对话框中选中“复制”，设置“副本数”为 2，并将复制的圆柱体放置在合适的位置，设置如图 2-48 所示，顶视图如图 2-49 所示，模型效果如图 2-50 所示。

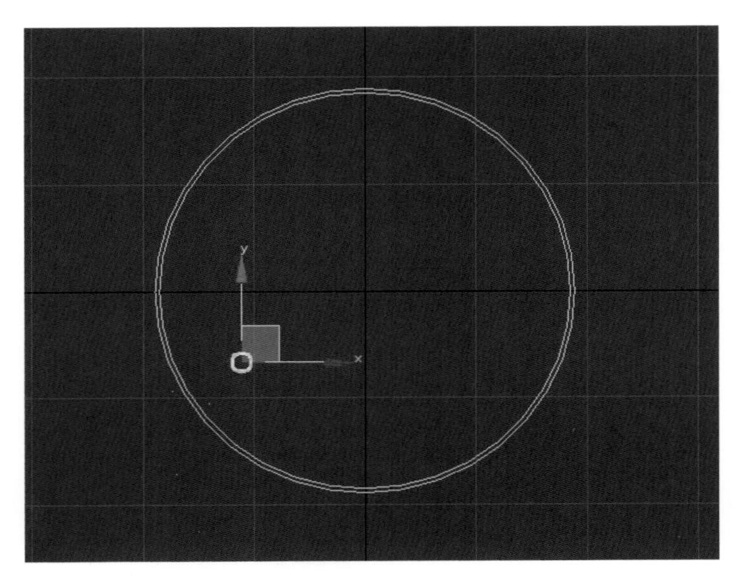

图 2-46

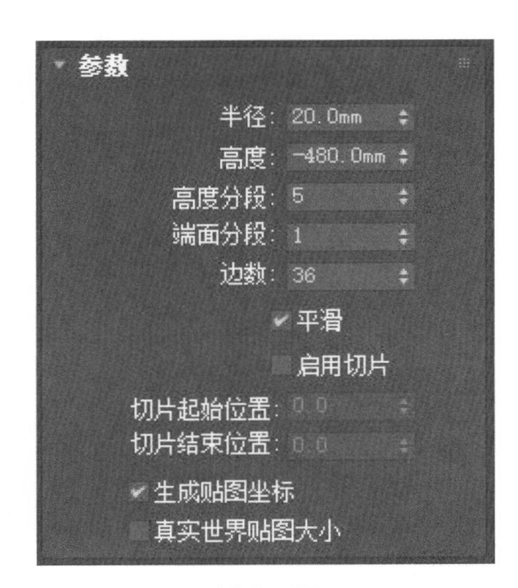

图 2-47

图 2-48

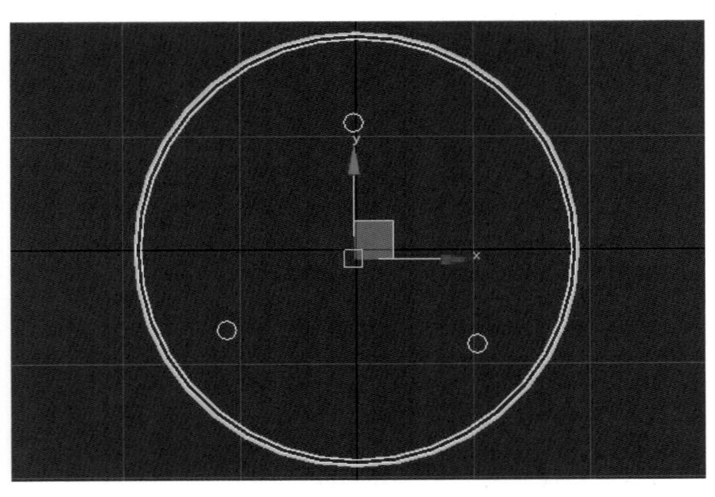

图 2-49

图 2-50

六、管装体

使用管状体可以创建现实生活中常见的水管等管状物体，包括空心棱柱体、空心圆柱体及局部空心棱柱体或空心圆柱体等，如图 2-51 所示。

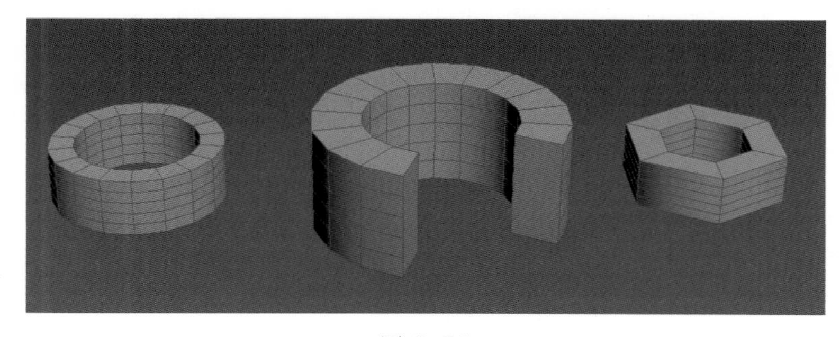

图 2-51

管状体的参数面板及主要参数含义见表 2-6。

表 2-6 管状体的参数面板及主要参数含义

参数面板	参数	含义
参数 半径 1: 2.54mm 半径 2: 2.54mm 高度: 0.0mm 高度分段: 5 端面分段: 1 边数: 6 平滑 启用切片 切片起始位置: 0.0 切片结束位置: 0.0 生成贴图坐标 真实世界贴图大小	半径 1/ 半径 2	分别设置管状体内径和外径大小
	高度	设置管状体的高度
	高度分段	设置管状体高度上的片段划分数
	端面分段	设置两端平面沿半径辐射的片段划分数
	边数	设置圆周上的片段划分数，值越高，越光滑；设置管状棱锥边数
	平滑	是否进行表面光滑处理
	启用切片	是否启用切片，产生局部切角管状体

七、圆环

使用圆环可以用来创建截面为正多边形的环形物体，通过对截面的边数、光滑度、扭曲等的控制，可以产生不同的圆环效果，切片可以制作局部圆环，如图 2-52 所示。

圆环的参数面板及主要参数含义见表 2-7。

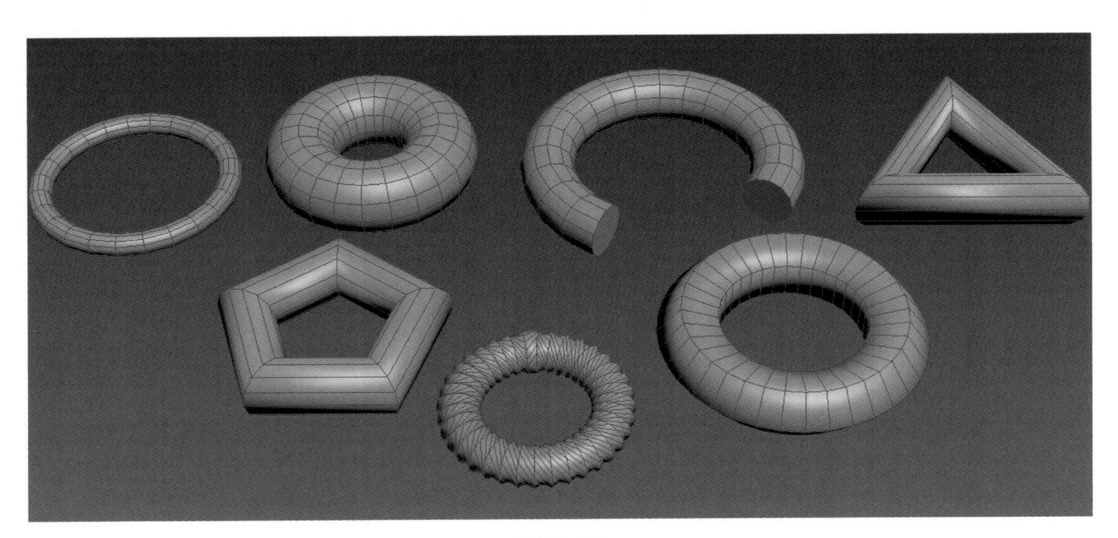

图 2-52

表 2-7　圆环的参数面板及主要参数含义

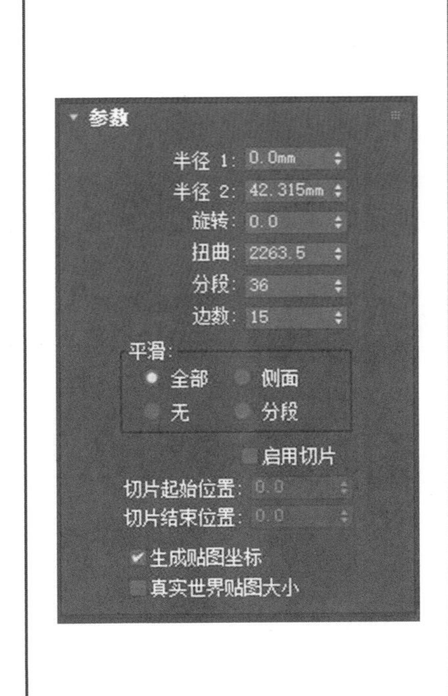

参数	含义
半径 1	设置圆环中心与截面的中心距离
半径 2	设置截面的内径
旋转	设置每一片段截面沿圆环轴旋转的角度
扭曲	设置每个截面扭曲的角度
分段	设置两端平面沿半径辐射的片段划分数
边数	设置圆周上的片段划分数，值越高，越光滑，较小的值可以制作几何棱环
平滑	设置光滑属性
启用切片	是否启用切片，产生局部切角圆环

八、四棱锥

使用“Ctrl”键可以制作截面为正方形的四棱锥，如图 2-53 所示。

四棱锥的参数面板及主要参数含义见表 2-8。

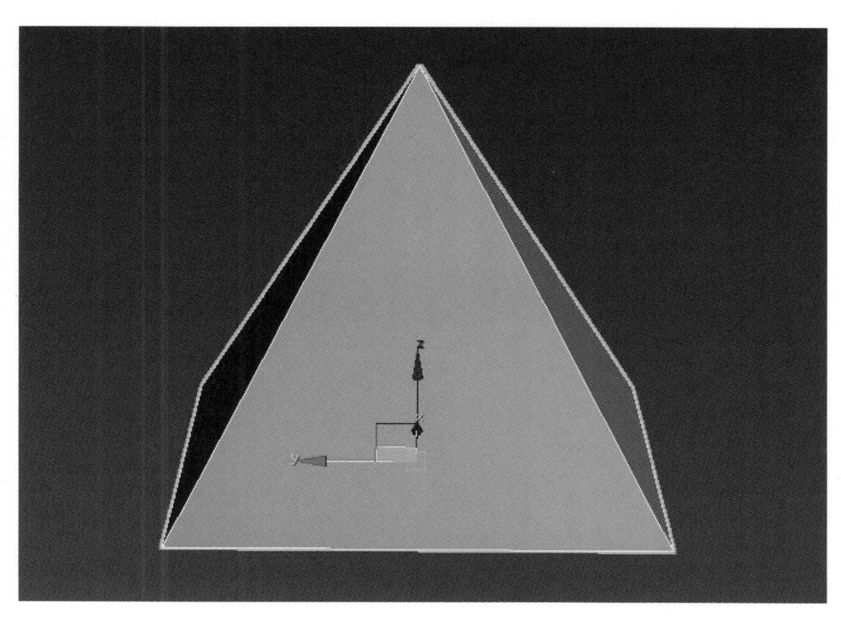

图 2-53

表 2-8 四棱锥的参数面板及主要参数含义

参数面板	参数	含义
参数 宽度：0.0mm 深度：2.54mm 高度：0.0mm 宽度分段：1 深度分段：1 高度分段：1 生成贴图坐标 真实世界贴图大小	宽度 / 深度 / 高度	分别设置底面矩形的长、宽以及锥体的高
	宽度分段 / 深度分段 / 高度分段	设置三个轴向片段划分数

九、茶壶

使用茶壶可以创建一只标准的茶壶模型或者是其中的某一部分（如壶体、壶把等）。茶壶造型的原始数据是由 Martin Newell 开发而成的，茶壶复杂弯曲的表面特别适合材质的测试以及渲染效果的比较，因此，茶壶是计算机图形学中经典的应用示例模型，如图 2-54 所示。

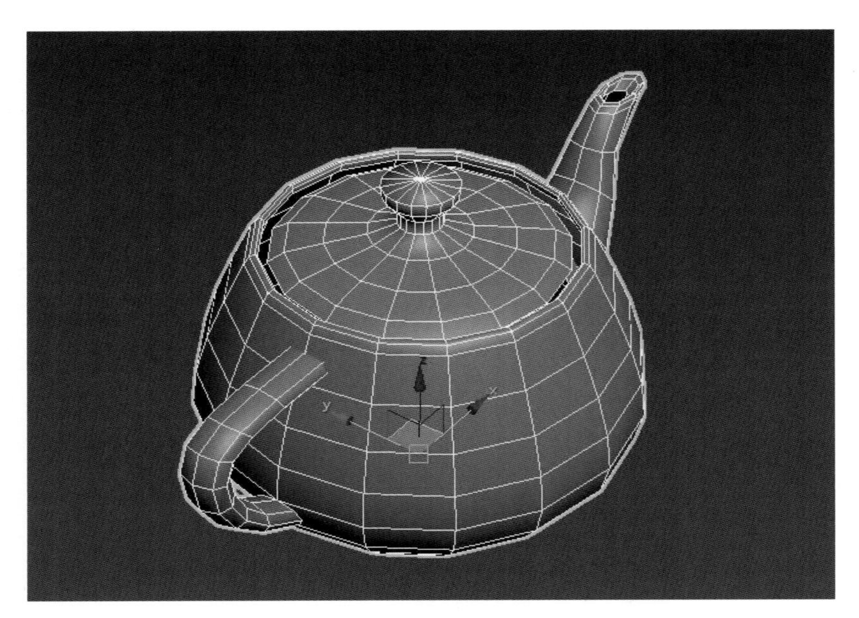

图 2-54

茶壶的参数面板及主要参数含义见表 2-9。

表 2-9 茶壶的参数面板及主要参数含义

参数面板	参数	含义
参数 半径：0.0mm 分段：4 平滑 茶壶部件 壶体 壶把 壶嘴 壶盖 生成贴图坐标 真实世界贴图大小	半径	设置茶壶的大小
	分段	设置茶壶表面片段划分数
	平滑	是否自动进行表面光滑处理
	茶壶部件	设置各部分的取舍
	生成贴图坐标	自动生成贴图坐标

十、平面

平面物体是特殊的多边形网格物体，可以指定任何类型的修改器进行变形操作，如用贴图置换修改器来模拟山地，也可以通过渲染增效器在渲染时扩大尺寸和片段数量等，如图 2-55 所示。

平面的参数面板及主要参数含义见表 2-10。

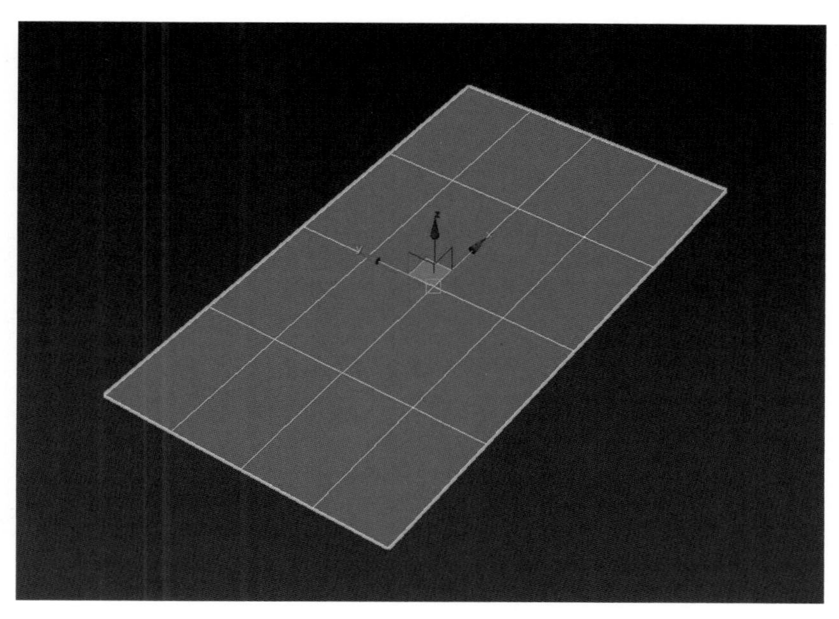

图 2-55

表 2-10　平面的参数面板及主要参数含义

	参数	含义
参数 长度：1836.145r 宽度：3451.952r 长度分段：4 宽度分段：4 渲染倍增 缩放：1.0 密度：1.0 总面数：32 生成贴图坐标 真实世界贴图大小	长度 / 宽度	分别设置平面的长和宽
	长度分段	设置长度方向上的片段划分数
	宽度分段	设置宽度方向上的片段划分数
	渲染倍增缩放	指定渲染时平面面积倍增的值
	渲染倍增密度	指定渲染时平面长、宽方向片段的倍增值

十一、加强型文本

加强型文本是在 3ds Max 中创建字形、字体的工具，通过面板中的参数调节，可以改变字体的形状与参数，如图 2-56 所示。

加强型文本的参数面板及主要参数含义见表 2-11。

图 2-56

表 2-11　加强型文本的参数面板及主要参数含义

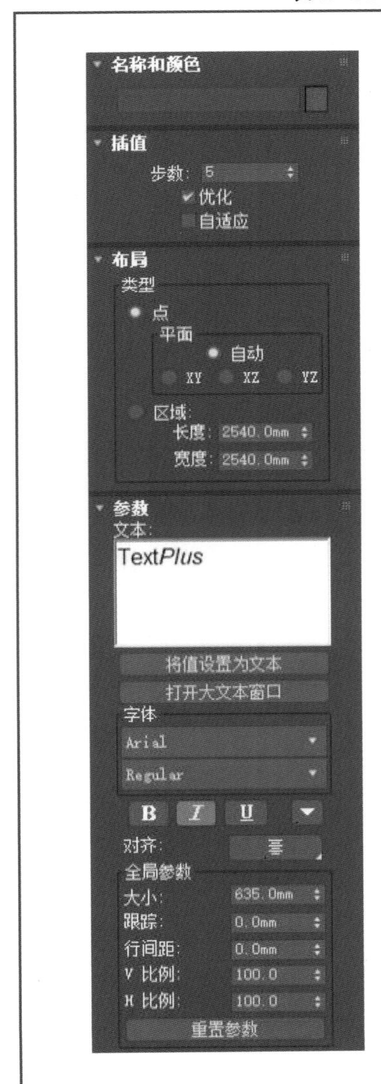

参数	含义
名称和颜色	所输入文本的基础颜色与文本名称
步数	所创建文字中线条的分段数
布局类型：点	在视图中以点选位置创建文本，拖拽鼠标控制文本大小
布局类型：区域	在视图中以设置好的选区大小创建文本
文本	创建加强型文本的具体内容，可在空白处输入汉字、英文、数字、符号等
将值设置为文本	预设文字表达式，创建文本
打开大文本窗口	打开更大的文本输入窗口
字体	字体选择
对齐	文本的对齐方式
大小	文本中字体的大小
跟踪	文字与文字间的距离
行间距	一行文本与另一行文本间的距离
V 比例	文本的横向比例
H 比例	文本的竖向比例

第二节 SECTION 2 创建扩展基本体

上节详细介绍了标准基本体的创建方法及建模，如果制作带有倒角或者特殊形状的模型可以通过扩展基本体来完成。3ds Max 提供的扩展基本体有 13 种类型，分别是异面体、环形结、切角长方体、切角圆柱体、油罐、胶囊、纺锤、L-Ext、球棱柱、C-Ext、环形波、软管和棱柱，如图 2-57 所示。在“创建”面板中，单击“几何体”按钮，然后单击“标准基本体”右侧下拉按钮，从弹出的下拉列表中选择“扩展基本体”选项，选中其中一种扩展基本体，即可看到扩展基本体的参数面板。

创建扩展基本体

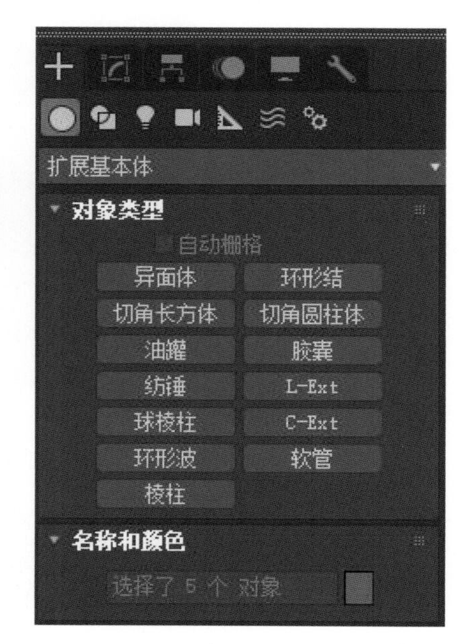

图 2-57

一、异面体

异面体是具有奇特表面的多面体，可以用来创建钻石、卫星等模型，利用参数调节可以制作出一些奇特的造型，如图 2-58 所示。

异面体的参数面板及主要参数含义见表 2-12。

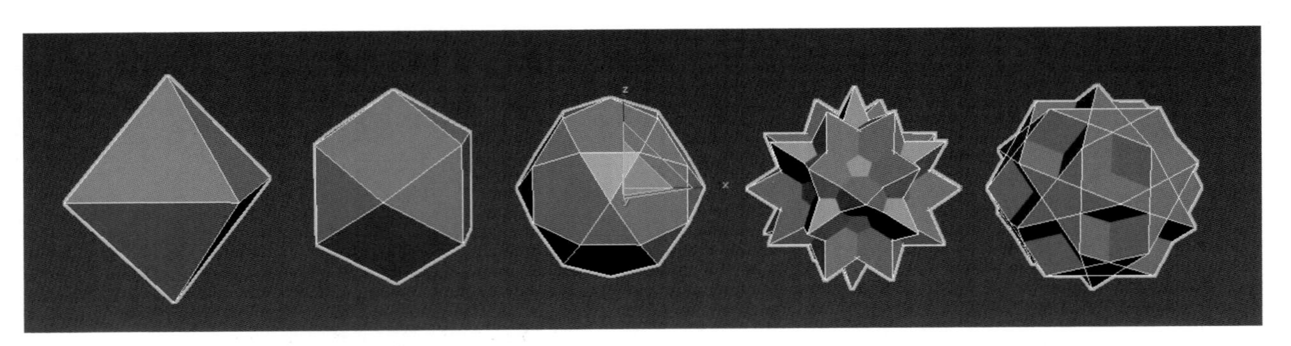

图 2-58

表 2-12　异面体的参数面板及主要参数含义

参数	含义
系列	提供了 5 种基本形体
系列参数	P、Q 设置顶点与面的关联
轴向比率	调节构成异面体的面的比例
重置	轴向恢复到初始设置
顶点	确定异面体内部顶点的创建方式

二、环形结

环形结可以制作管状、缠绕、囊肿类造型，可控参数较多，如图 2-59 所示。环形结的参数面板及主要参数含义见表 2-13。

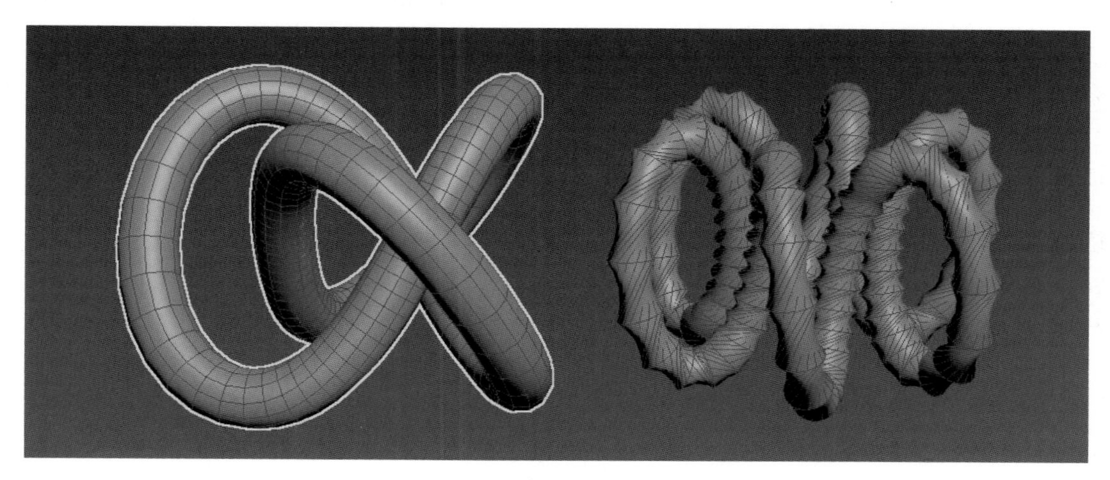

图 2-59

表 2-13　环形结的参数面板及主要参数含义

参数	含义
基础曲线	设置曲线截面的形状（结、圆）
半径	设置曲线半径
分段	设置曲线路径片段的划分数
P、Q	针对“结”设置曲线路径缠绕的圈数
扭曲数、扭曲高度	针对“圆”设置曲线路径弯曲数目及高度
横截面	设置截面图形的参数以产生不同的造型
半径	设置截面图形半径
边数	设置截面图形的边数
偏心率	设置截面压扁的程度
扭曲	设置截面沿路径扭曲旋转的程度
块	设置块的数目
块高度	设置块隆起的高度
块偏移	设置路径上块的偏移位置
平滑	控制造型表面的平滑
生成贴图坐标	指定贴图在路径上的偏移与重复次数

三、切角长方体

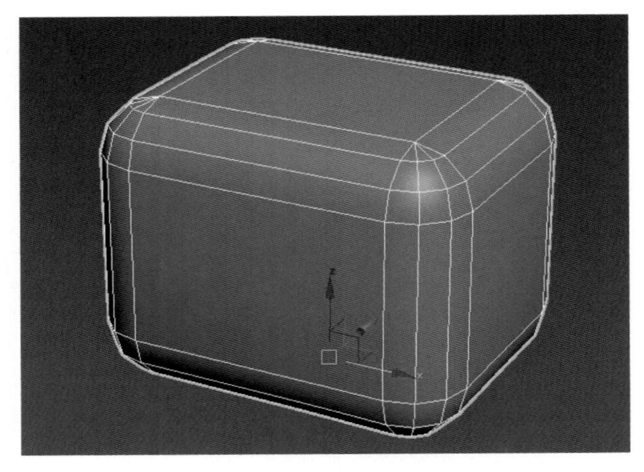
图 2-60

切角长方体是带有圆角的立方体，可以用来创建沙发、家具等模型，如图 2-60 所示。

切角长方体的参数面板及主要参数含义见表 2-14。

表 2-14　切角长方体的参数面板及主要参数含义

参数
长度：2093.205m
宽度：2631.807m
高度：2068.723m
圆角：400.558mm
长度分段：1
宽度分段：1
高度分段：1
圆角分段：3
平滑
生成贴图坐标
真实世界贴图大小

参数	含义
长度 / 宽度 / 高度	设置创建对象的尺寸
圆角	设置圆角的大小
长度分段 / 宽度分段 / 高度分段	分别设置长、宽、高的片段划分数
圆角分段	设置圆角片段划分数，值越高，切角越光滑
平滑	是否进行表面光滑处理

四、切角圆柱体

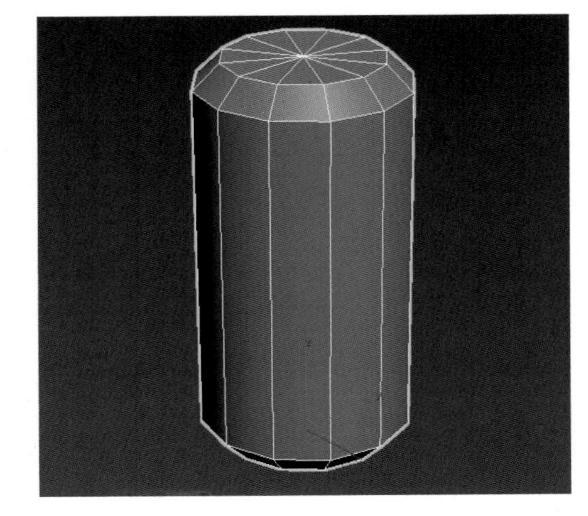
图 2-61

切角圆柱体是带有圆角的柱体，可以用来创建圆形桌面、家具、化妆盒、旋钮开关等，如图 2-61 所示。

切角圆柱体的参数面板及主要参数含义见表 2-15。

表 2-15 切角圆柱体的参数面板及主要参数含义

<table>
<tr><td rowspan="11">▾ 参数
长度: 2093.205m
宽度: 2631.807m
高度: 2068.723m
圆角: 400.558mm
长度分段: 1
宽度分段: 1
高度分段: 1
圆角分段: 3
✔ 平滑
✔ 生成贴图坐标
真实世界贴图大小</td><th>参数</th><th>含义</th></tr>
<tr><td>半径</td><td>设置底面圆形的半径大小</td></tr>
<tr><td>高度</td><td>设置柱体的高度</td></tr>
<tr><td>圆角</td><td>设置切角的大小</td></tr>
<tr><td>高度分段</td><td>设置柱体高度上的片段划分数</td></tr>
<tr><td>圆角分段</td><td>设置圆角片段划分数，值越高，切角越光滑</td></tr>
<tr><td>边数</td><td>设置圆角上的片段划分数，值越高，切角越光滑</td></tr>
<tr><td>端面分段</td><td>设置两底面沿半径轴的片段划分数</td></tr>
<tr><td>平滑</td><td>是否进行表面光滑处理</td></tr>
<tr><td>启用切片</td><td>是否启用切片，产生局部切角圆柱体</td></tr>
</table>

五、油罐

油罐是带有球状凸出顶部的柱体，可以用来创建油罐、飞碟、药片等模型，如图 2-62 所示。

油罐的参数面板及主要参数含义见表 2-16。

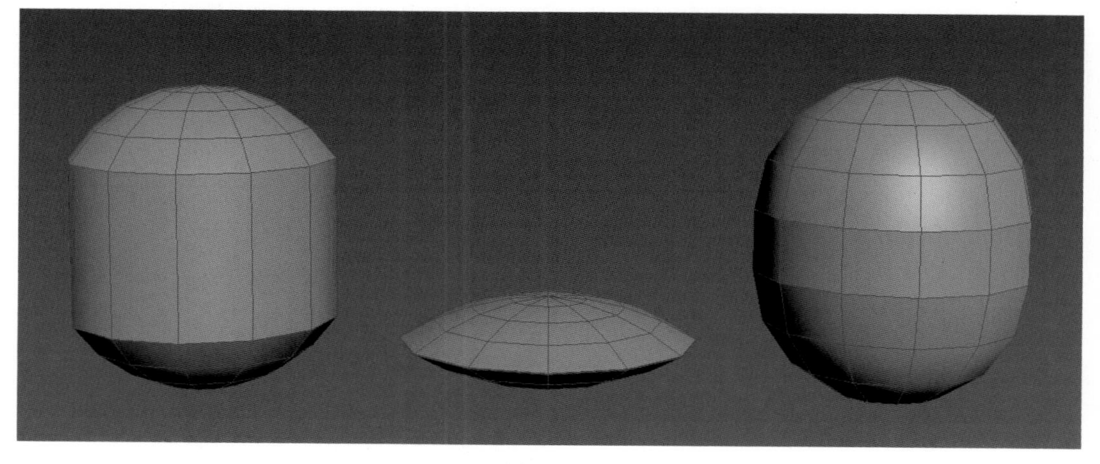

图 2-62

表 2-16　油罐的参数面板及主要参数含义

参数	含义
半径	设置油罐底面的半径尺寸
高度	设置油罐的高度
总体 / 中心	总体是指油罐的全部高度，中心是指不包括顶盖的高度
平滑	是否进行表面光滑处理
启用切片	是否进行切片处理

六、胶囊

胶囊是顶、底两端带有球状凸出的圆柱体，如图 2-63 所示。

胶囊的参数面板及主要参数含义见表 2-17。

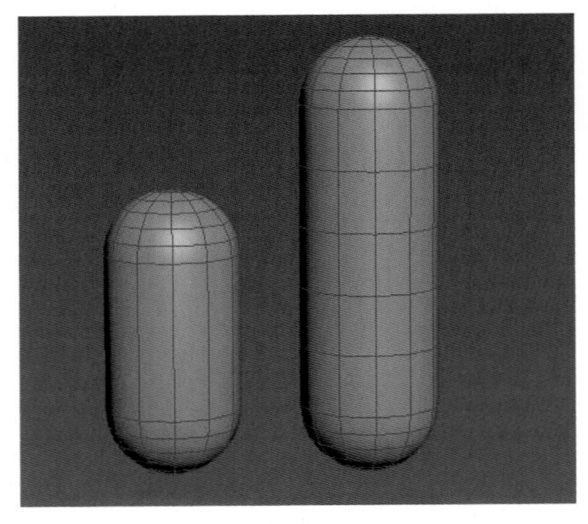

图 2-63

表 2-17　胶囊的参数面板及主要参数含义

参数	含义
半径	设置底面球体半径的尺寸
高度	设置胶囊的高度
总体 / 中心	总体是指柱体与顶、底球体高度之和，中心是指柱体高度
平滑	是否进行表面光滑处理
启用切片	是否进行切片处理

七、纺锤

纺锤是带有圆锥尖顶的柱体，可以用来创建钻石、笔尖等模型，如图 2-64 所示。

纺锤的参数面板及主要参数含义见表 2-18。

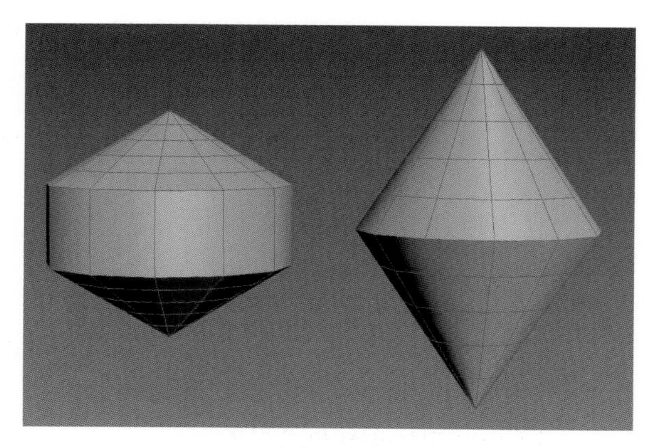

图 2-64

表 2-18 纺锤的参数面板及主要参数含义

参数
半径：0.0mm
高度：0.0mm
封口高度：2.54mm
总体 中心
混合：0.0mm
边数：12
端面分段：5
高度分段：1
平滑
启用切片
切片起始位置：0.0
切片结束位置：0.0
生成贴图坐标
真实世界贴图大小

参数	含义
半径	设置底面的半径尺寸
高度	设置纺锤柱体的高度
封口高度	设置纺锤两端圆锥的高度
总体 / 中心	总体是指纺锤的全部高度，中心是指纺锤柱体的高度
平滑	是否进行表面光滑处理

八、L-Ext

L-Ext 可以用来创建 L 形夹角的立体墙模型，主要用于建筑快速建模，如图 2-65 所示。

L-Ext 的参数面板及主要参数含义见表 2-19。

图 2-65

表 2-19　L-Ext 的参数面板及主要参数含义

参数面板	参数	含义
参数 侧面长度: 0.0mm 前面长度: 0.0mm 侧面宽度: 2.54mm 前面宽度: 2.54mm 高度: 390.304mm 侧面分段: 1 前面分段: 1 宽度分段: 1 高度分段: 1 生成贴图坐标 真实世界贴图大小	侧 / 前面长度	设置底面侧边与前面的长度
	侧 / 前面宽度	设置底面侧边与前面的宽度
	高度	设置墙体高度
	侧 / 前 / 宽 / 高度分段	设置片段划分数

九、球棱柱

球棱柱是带有倒角棱的柱体，在柱体的边棱上产生光滑的倒角，如图 2-66 所示。

球棱柱的参数面板及主要参数含义见表 2-20。

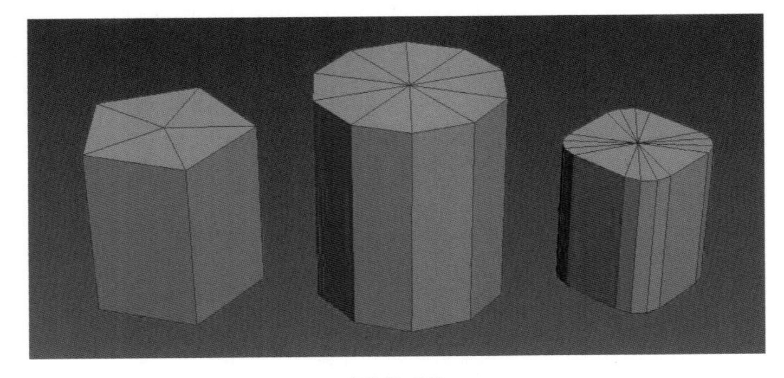

图 2-66

表 2-20　球棱柱的参数面板及主要参数含义

参数面板	参数	含义
参数 边数: 4 半径: 0.0mm 圆角: 0.0mm 高度: 0.0mm 侧面分段: 1 高度分段: 1 圆角分段: 3 平滑 生成贴图坐标 真实世界贴图大小	边数 / 半径 / 圆角 / 高度	设置球棱柱的边数、底面圆形半径、圆角大小、高度
	侧面 / 高度 / 圆角分段	分别设置长、高、圆角的片段划分数
	平滑	是否进行表面光滑处理

十、C-Ext

C-Ext 可以制作 C 形夹角的立体墙模型，主要用于建筑快速建模，如图 2-67 所示。

C-Ext 的参数面板及主要参数含义见表 2-21。

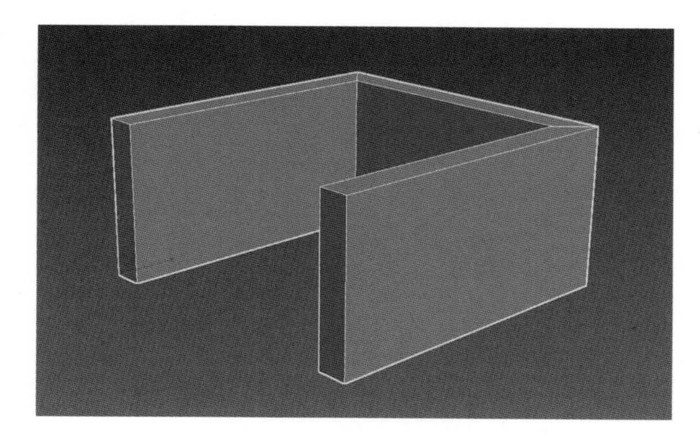

图 2-67

表 2-21 C-Ext 的参数面板及主要参数含义

参数
背面长度：1970.795
侧面长度：-1970.79
前面长度：1970.795
背面宽度：183.614m
侧面宽度：183.614m
前面宽度：183.614m
高度：1003.759
背面分段：1
侧面分段：1
前面分段：1
宽度分段：1
高度分段：1
生成贴图坐标
真实世界贴图大小

参数	含义
背 / 侧 / 前面长度	设置三边的长度
背 / 侧 / 前面宽度	设置三边的宽度
高度	设置墙体的高度
背面 / 侧面 / 前面 / 宽度 / 高度分段	设置各边上片段划分数，值越高，切角越光滑

十一、环形波

环形波可以创建不规则边缘的特殊圆环，一般用于特效动画，通过设置动画控制它的变形，如制作爆炸产生的冲击波等，如图 2-68 所示。

环形波的参数面板及主要参数含义见表 2-22。

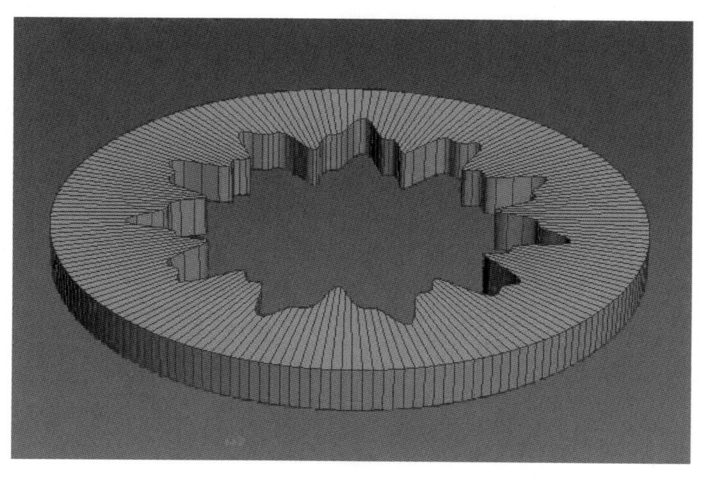

图 2-68

表 2-22　环形波的参数面板及主要参数含义

参数	含义
半径	设置环形波外沿半径
径向分段	设置内沿与外沿的片段数
环形宽度	设置从外沿向内的环形平均宽度
边数	设置环形波圆周上的片段数
高度	设置环形波沿主轴方向上的高度

十二、软管

软管是一种可以连接在两个物体之间的可变形物体，它会随着两端物体的运动而产生相应的反应，一般用于动画制作，如图 2-69 所示。

软管的参数面板及主要参数含义见表 2-23。

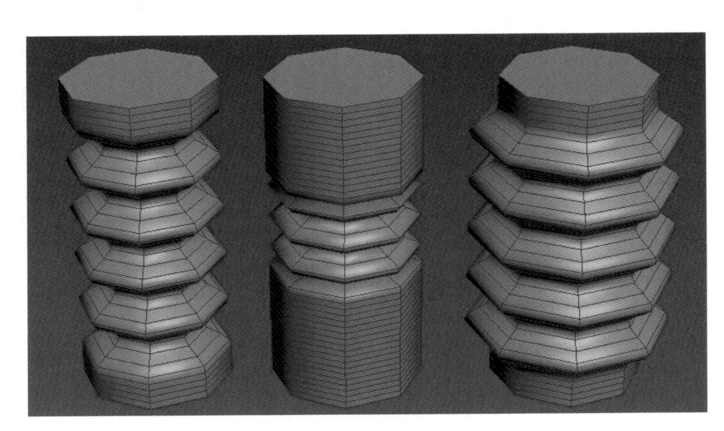

图 2-69

表 2-23　软管的参数面板及主要参数含义

参数	含义
高度	设置自由软管的高度
启用柔体截面	勾选后可以设置软管中间伸缩剖面部分以下的四项参数
平滑	是否进行表面光滑处理
圆形软管	设置截面为圆形的软管
长方形软管	设置截面为长方形的软管
D 截面软管	设置截面为 D 形状的软管

十三、棱柱

棱柱用于制作等腰三棱柱或者不等边三棱柱，如图 2-70 所示。

棱柱的参数面板及主要参数含义见表 2-24。

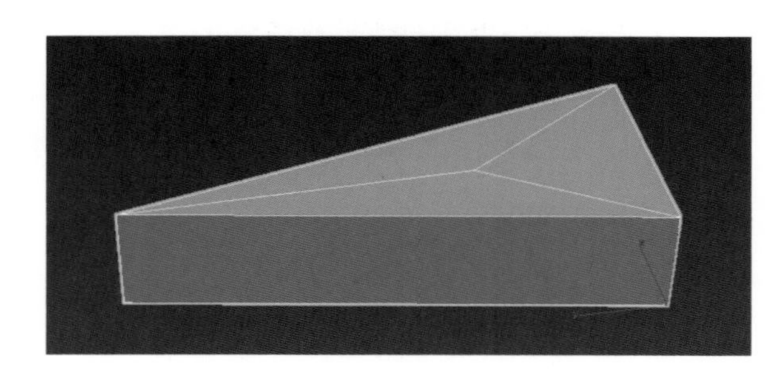

图 2-70

表 2-24　棱柱的参数面板及主要参数含义

参数
侧面 1 长度：2.54mm
侧面 2 长度：2.54mm
侧面 3 长度：2.54mm
高度：0.0mm
侧面 1 分段：1
侧面 2 分段：1
侧面 3 分段：1
高度分段：1
生成贴图坐标

参数	含义
侧面 1/ 侧面 2/ 侧面 3 长度	设置底面三角形三边的长度
高度	设置棱柱的高度
侧面 1/ 侧面 2/ 侧面 3 分段	分别设置三边的片段划分数
高度分段	设置棱柱高度片段划分数
生成贴图坐标	自动产生贴图坐标

案例——制作床头柜

案例——制作床头柜

床头柜效果如图 2-71 所示。

制作思路：本案例的床头柜是现实生活中常见的床头柜类型。从效果图制作角度来说，它的主体可以看成由两个切角长方体构成，抽屉面板部分可以看成两个扁的长方体，把手则可视为两个切角圆柱体。

制作步骤如下：

（1）在“创建”面板中单击“几何体”按钮，在下拉列表中选择“扩展基本体”，然后单击“切角长方体”按钮，在顶视图创建一个切角长方体，最后在“参数”卷展栏设置“长度”为 500 mm，“宽度”为 500 mm，“高度”为 600 mm，“圆角”为 20 mm，“圆角分段”为 5，如图 2-72 所示，

图 2-71

模型效果如图 2-73 所示。

（2）在顶视图创建一个切角长方体，然后在“参数”卷展栏设置“长度”为 520 mm，“宽度”为 520 mm，“高度”为 45 mm，“圆角”为 20 mm，“圆角分段”为 5，用“选择并移动”工具将该对象放到合适的位置，如图 2-74 所示，模型效果如图 2-75 所示。

参数
长度: 500.0mm
宽度: 500.0mm
高度: 600.0mm
圆角: 20.0mm
长度分段: 1
宽度分段: 1
高度分段: 1
圆角分段: 5
平滑
生成贴图坐标
真实世界贴图大小

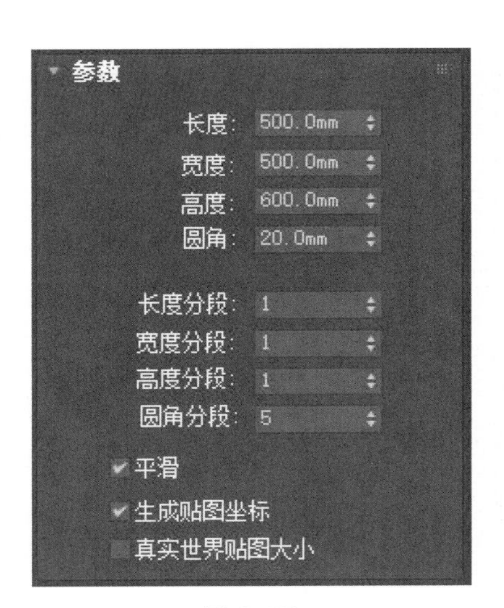

图 2-72

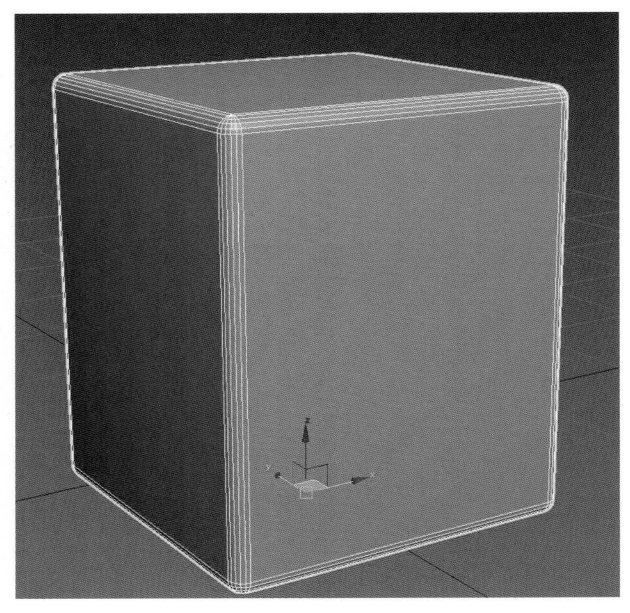

图 2-73

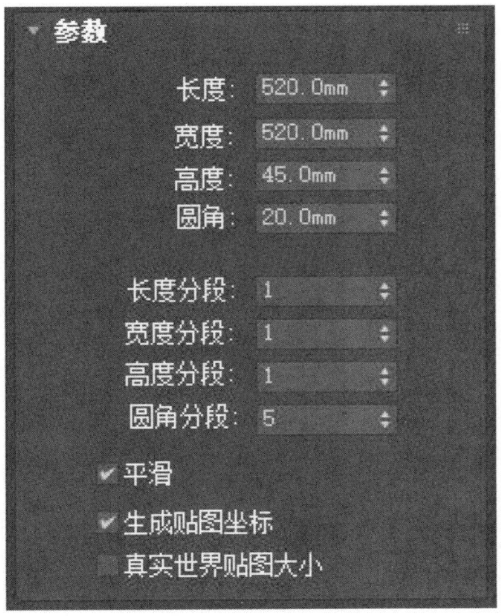

参数
长度: 520.0mm
宽度: 520.0mm
高度: 45.0mm
圆角: 20.0mm
长度分段: 1
宽度分段: 1
高度分段: 1
圆角分段: 5
平滑
生成贴图坐标
真实世界贴图大小

图 2-74

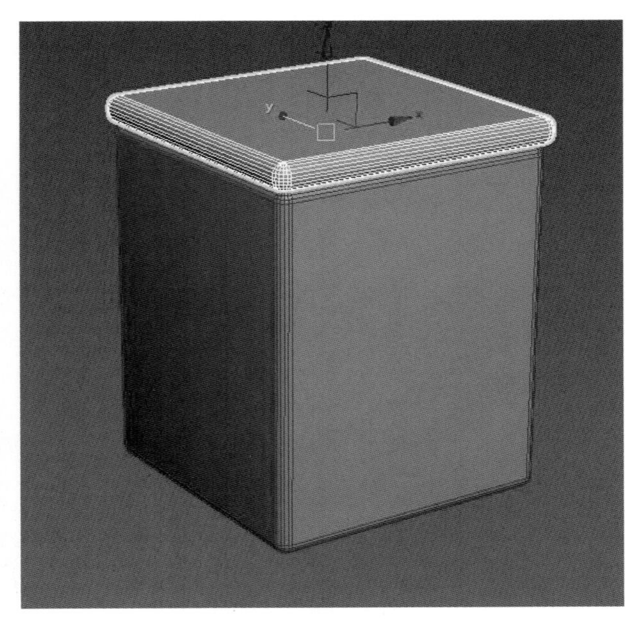

图 2-75

（3）在前视图创建切角长方体，在“参数”卷展栏设置“长度”为 185 mm，“宽度”为 440 mm，“高度”为 20 mm，“圆角”为 15 mm，“圆角分段”为 5，用“选择并移动”工具将该对象放到合适的位置，如图 2-76 所示，模型效果如图 2-77 所示。

（4）在前视图用“Shift+ 选择并移动”复制该对象。调整复制的切角长方体参数，设置“长度”为 290 mm，如图 2-78 所示，模型效果如图 2-79 所示。

参数
长度: 185.0mm
宽度: 440.0mm
高度: 20.0mm
圆角: 15.0mm
长度分段: 1
宽度分段: 1
高度分段: 1
圆角分段: 5
平滑
生成贴图坐标
真实世界贴图大小

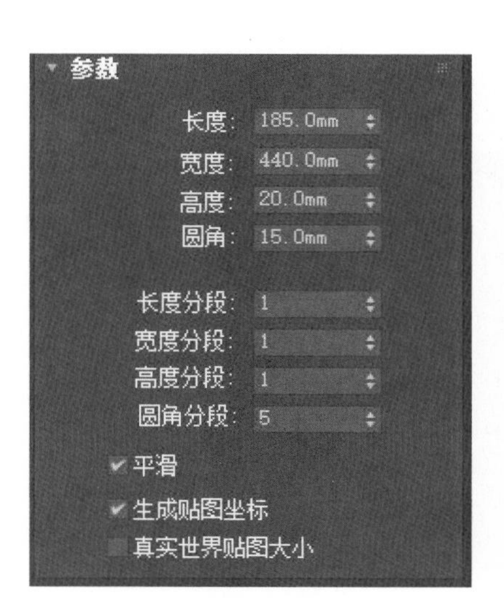

图 2-76

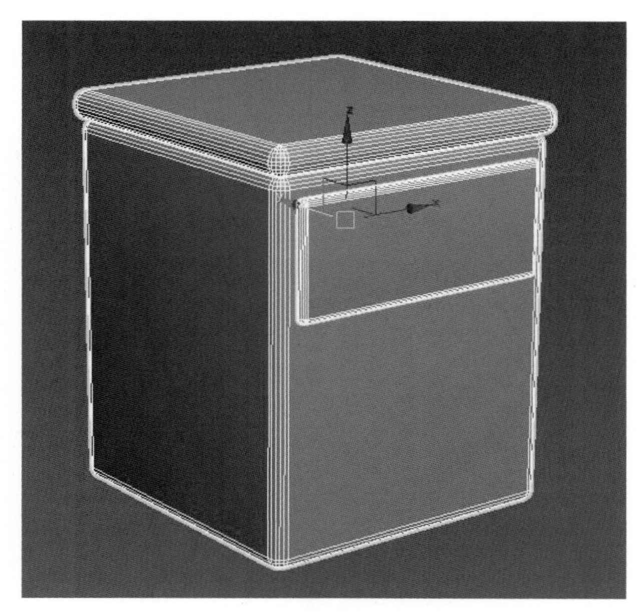

图 2-77

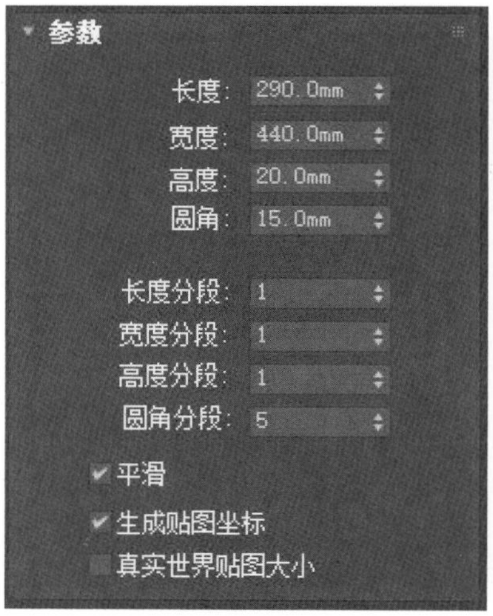

参数
长度: 290.0mm
宽度: 440.0mm
高度: 20.0mm
圆角: 15.0mm
长度分段: 1
宽度分段: 1
高度分段: 1
圆角分段: 5
平滑
生成贴图坐标
真实世界贴图大小

图 2-78

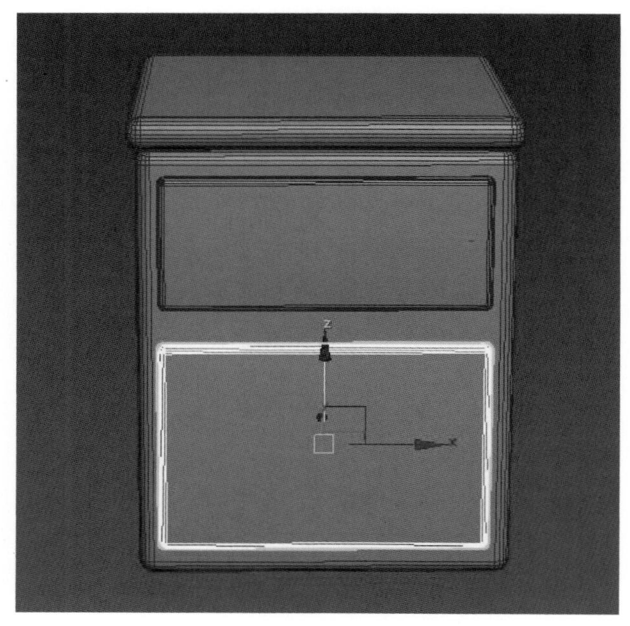

图 2-79

（5）将创建的切角长方体全部选中后设置颜色，在“对象颜色”对话框中选中接近木质的颜色，如图 2-80 所示，模型效果如图 2-81 所示。

（6）在前视图创建切角圆柱体，在“参数”卷展栏设置“半径”为 18 mm，“高度”为 26 mm，“圆角”为 5 mm，“边数”为 12，如图 2-82 所示，用“选择并移动”工具将该对象放到合适的位置，前视图如图 2-83 所示。

（7）在前视图用“Shift+ 选择并移动”复制把手，在“克隆选项”对话框中选中“复制”，设置“副本数”为 1，前视图如图 2-84 所示，模型效果如图 2-85 所示。

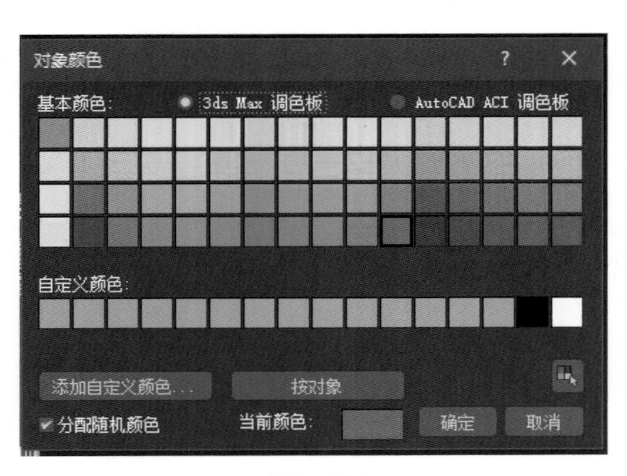

图 2-80

图 2-81

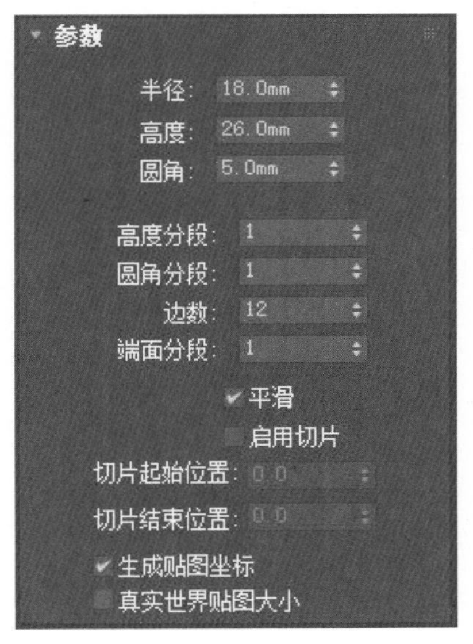

图 2-82

图 2-83

图 2-84

图 2-85

案例——制作单人沙发

案例——制作单人沙发

单人沙发效果如图 2-86 所示。

制作思路：根据效果图，本案例的单人沙发由切角长方体和切角圆柱体组成，沙发扶手、坐垫、靠背均为切角长方体，其余部分为切角圆柱体。

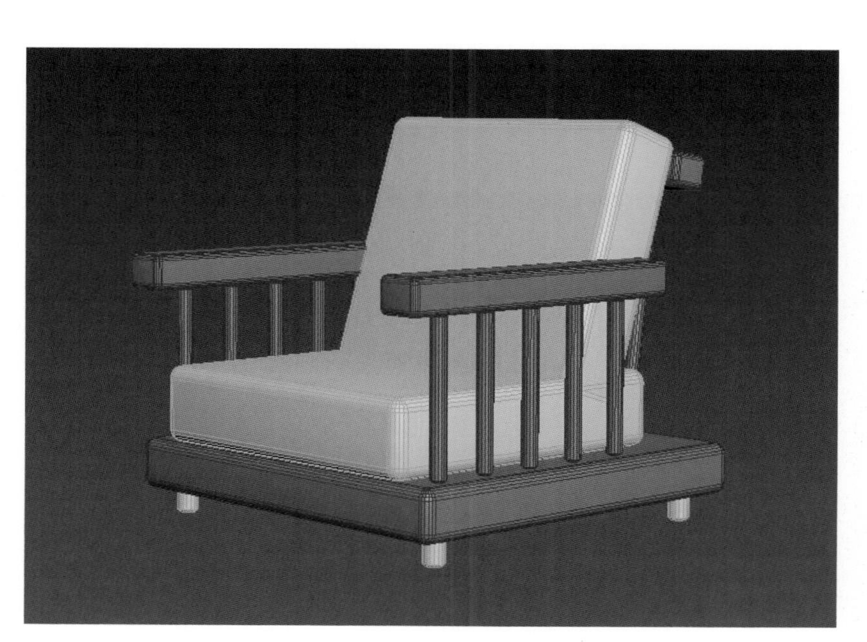

图 2-86

制作步骤如下：

（1）在“创建”面板中单击“几何体”按钮 ，在下拉列表中选择“扩展基本体”，然后单击“切角长方体”按钮，在顶视图创建一个切角长方体，最后在“参数”卷展栏设置“长度”为 800 mm，“宽度”为 800 mm，“高度”为 100 mm，“圆角”为 20 mm，“圆角分段”为 5，如图 2-87 所示，模型效果如图 2-88 所示。

（2）在前视图单击切角长方体，用“Shift+ 选择并移动”沿 Y 轴复制该对象，“副本数”为 1，如图 2-89 所示，然后在“参数”卷展栏设置“长度”为 650 mm，“宽度”为 650 mm，“高度”为 150 mm，“圆角”为 25 mm，“圆角分段”为 5，如图 2-90 所示。

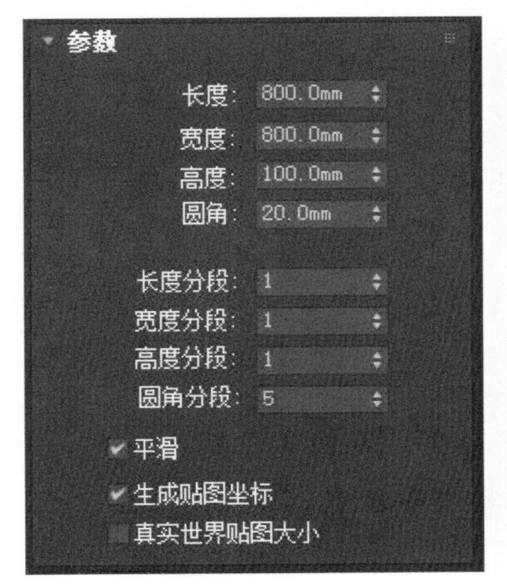

图 2-87

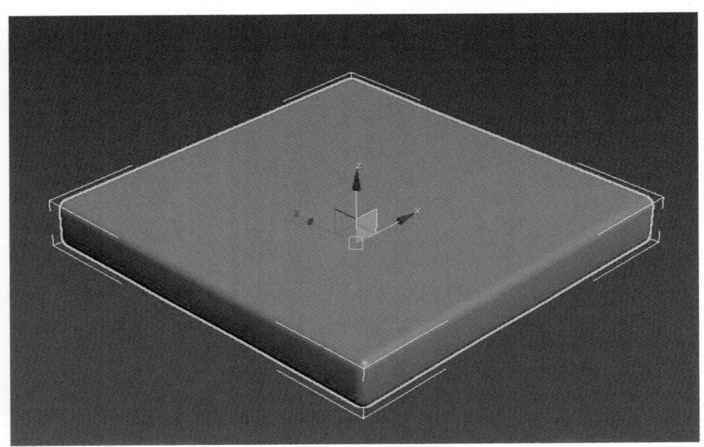

图 2-88

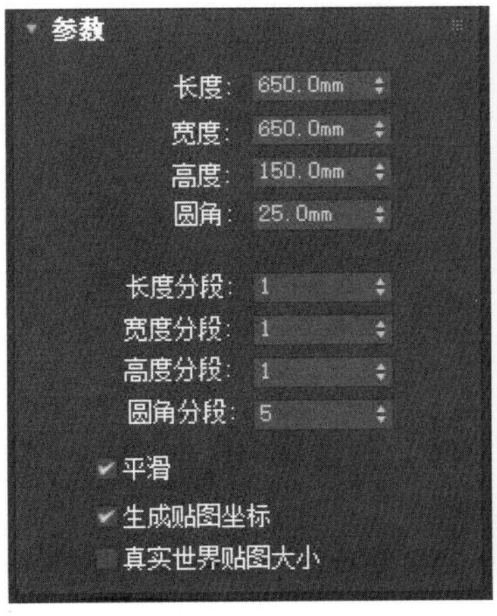

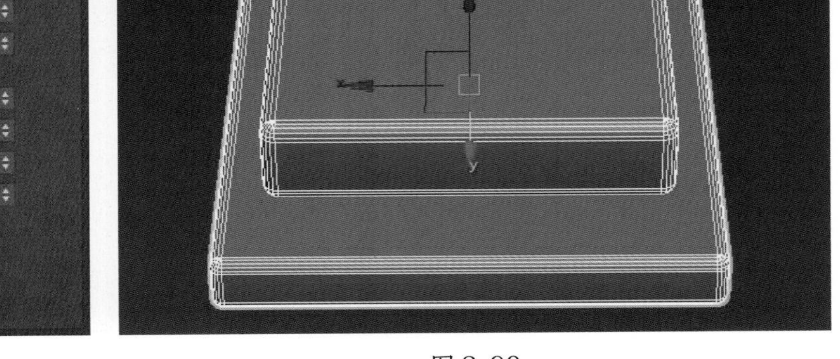

图 2-89

图 2-90

（3）在顶视图创建切角圆柱体，在“参数”卷展栏设置“半径”为15 mm，“高度”为300 mm，“圆角”为5 mm，“边数”为16，如图2-91所示，用“选择并移动”工具调整其位置，模型效果如图2-92所示。

（4）在顶视图用“Shift+选择并移动”沿 Y 轴复制该对象，在“克隆选项”对话框中选中“复制”，设置“副本数”为4，如图2-93所示，顶视图如图2-94所示，模型效果如图2-95所示。

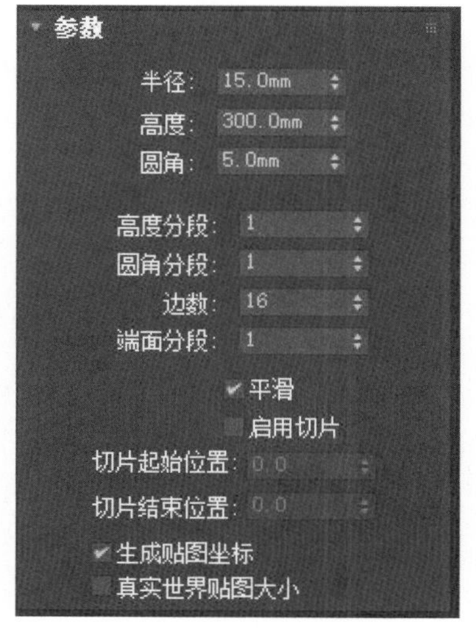

图2-91

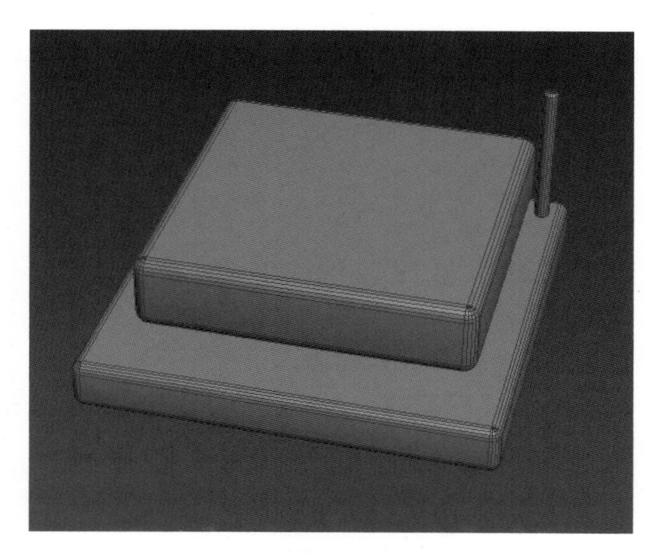

图2-92

图2-93

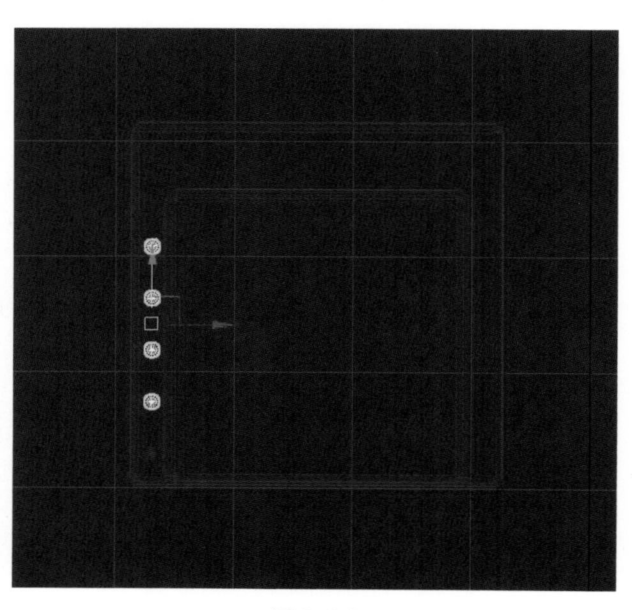

图2-94

（5）选择全部圆柱体，在前视图用“Shift+ 选择并移动”沿 X 轴复制该对象，在“克隆选项”对话框中选中“复制”，设置“副本数”为 1，如图 2-96 所示，顶视图如图 2-97 所示，模型效果如图 2-98 所示。

（6）在顶视图选择左列 Y 轴最顶端的那根圆柱体，用“Shift+ 选择并移动”复制该对象，设置“副本数”为 1，然后在“参数”卷展栏更改“高度”为 500 mm，如图 2-99 所示，顶视图如图 2-100 所示，模型效果如图 2-101 所示。

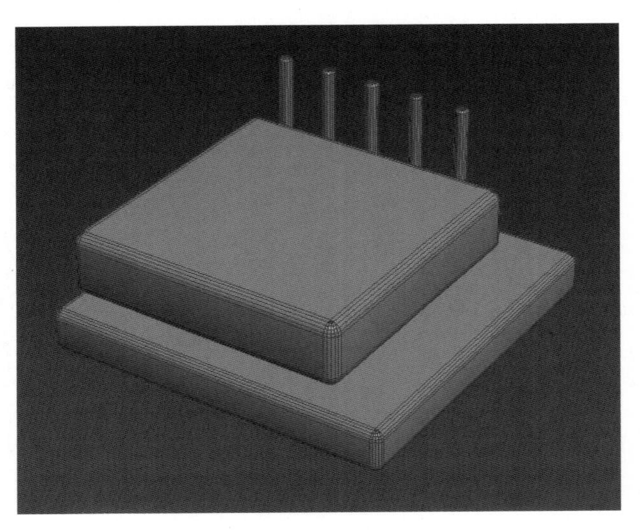

图 2-95

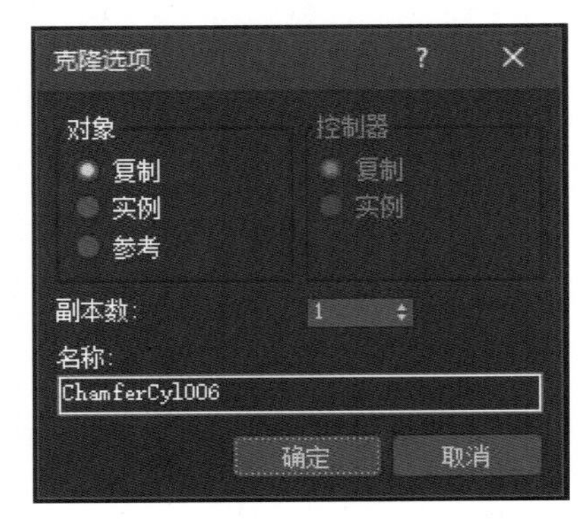

图 2-96

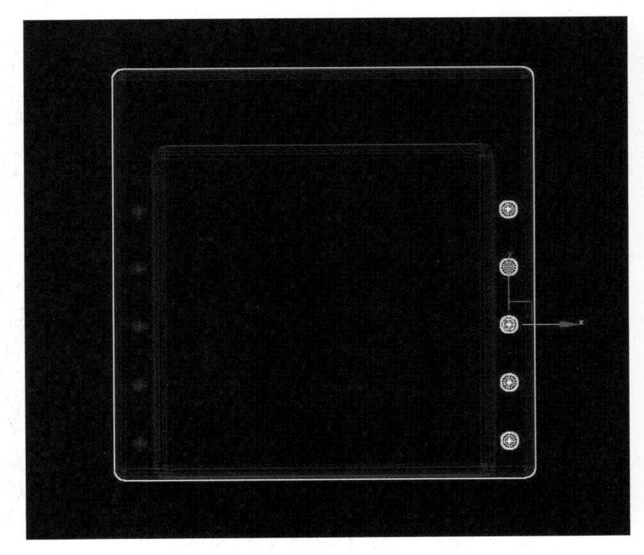

图 2-97

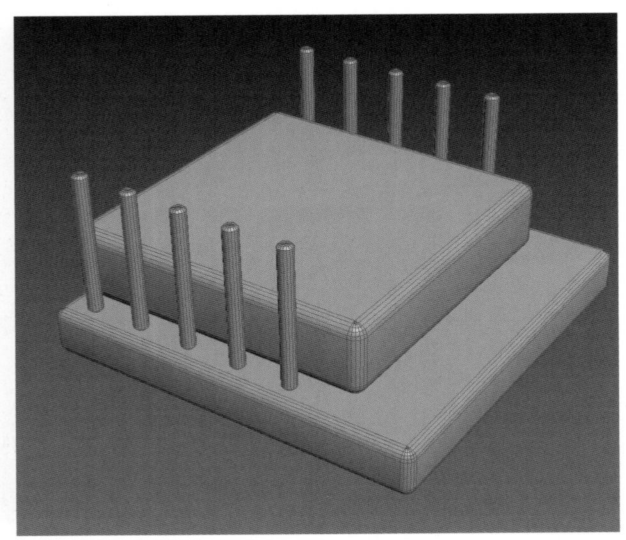

图 2-98

（7）在顶视图用“Shift+ 选择并移动”沿 X 轴复制该对象，在“克隆选项”对话框中选中“复制”，设置“副本数”为 4，如图 2-102 所示，顶视图如图 2-103 所示，模型效果如图 2-104 所示。

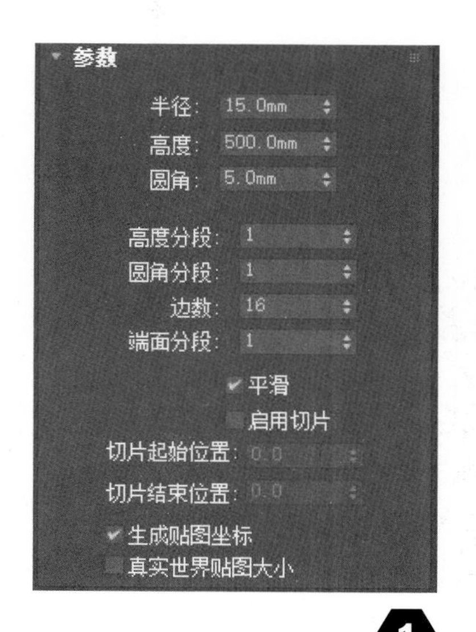

❶

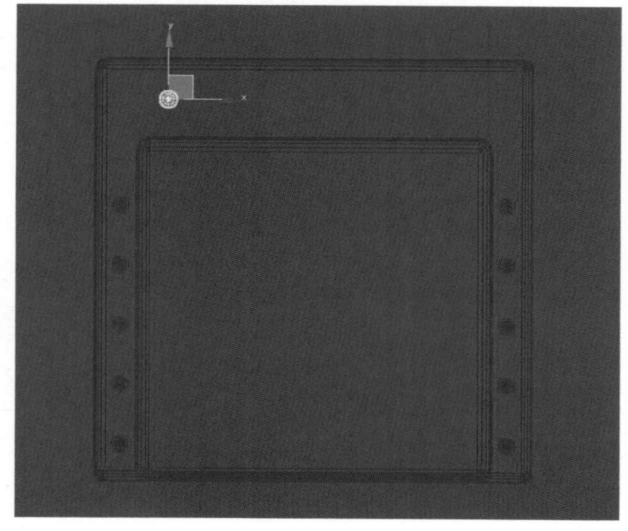

❷

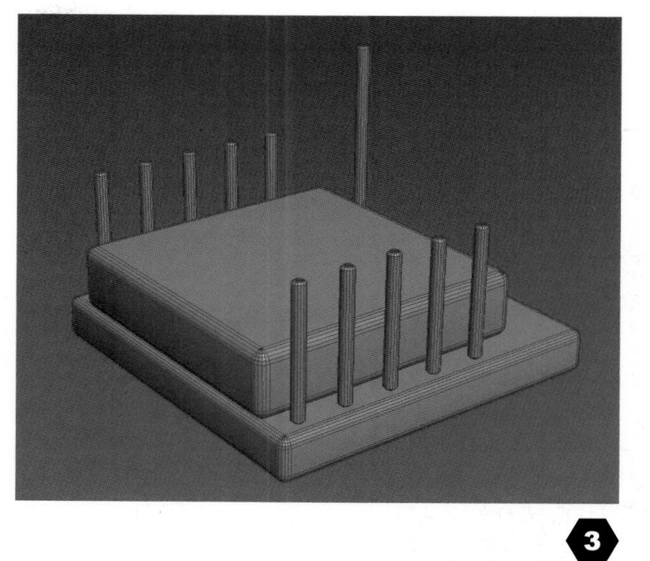

❸

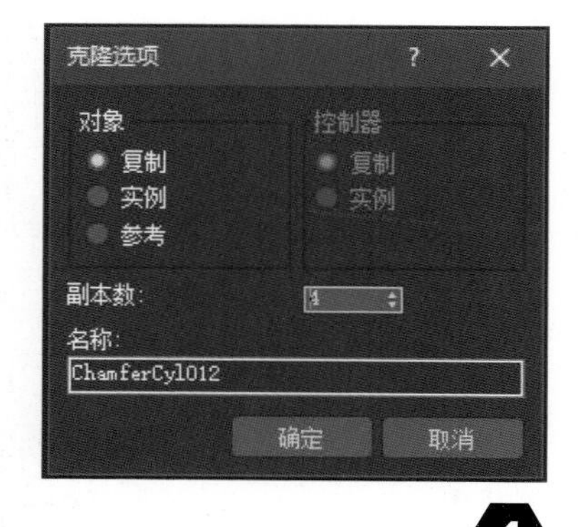

❹

❶ 图 2-99
❷ 图 2-100
❸ 图 2-101
❹ 图 2-102

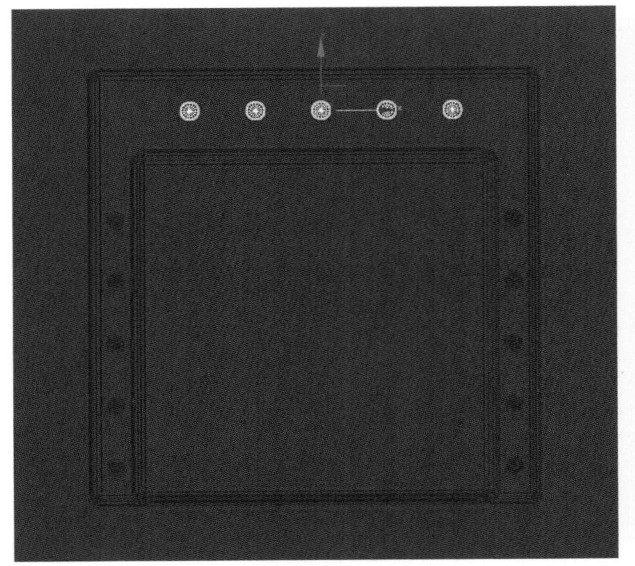

图 2-103

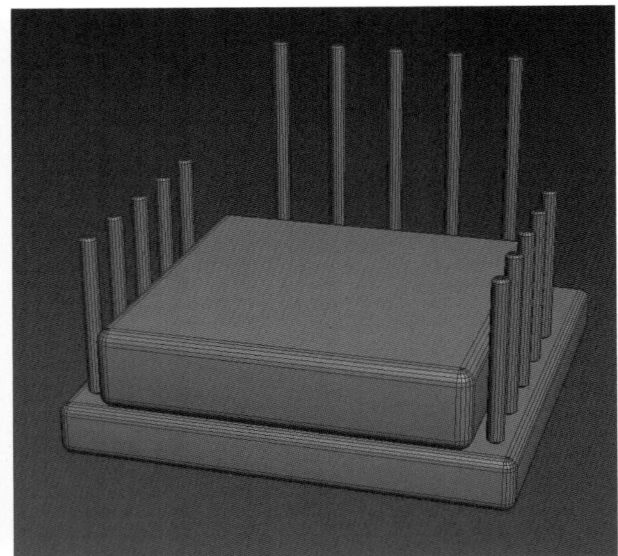

图 2-104

（8）在顶视图创建切角长方体，在“参数”卷展栏设置“长度”为 650 mm，“宽度”为 90 mm，“高度”为 70 mm，“圆角”为 12 mm，“圆角分段”为 5，如图 2-105 所示，用“选择并移动”工具调整其位置，模型效果如图 2-106 所示。

（9）在顶视图用“Shift+ 选择并移动”沿 *X* 轴复制该对象，在“克隆选项”对话框中选中“复制”，设置“副本数”为 1，如图 2-107 所示，顶视图如图 2-108 所示，模型效果如图 2-109 所示。

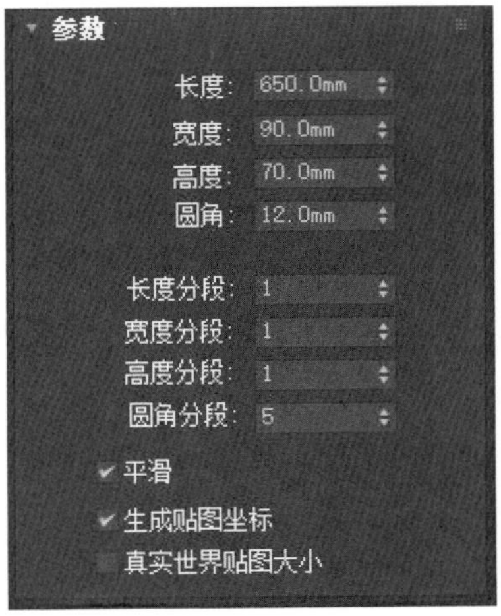

参数
长度：650.0mm
宽度：90.0mm
高度：70.0mm
圆角：12.0mm
长度分段：1
宽度分段：1
高度分段：1
圆角分段：5
✔平滑
✔生成贴图坐标
真实世界贴图大小

图 2-105

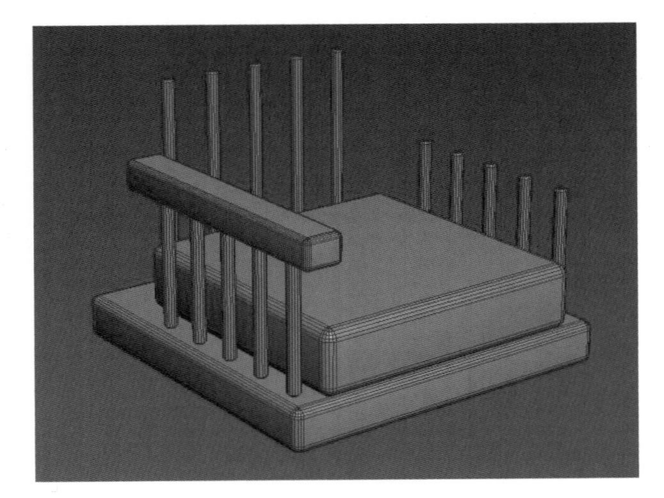

图 2-106

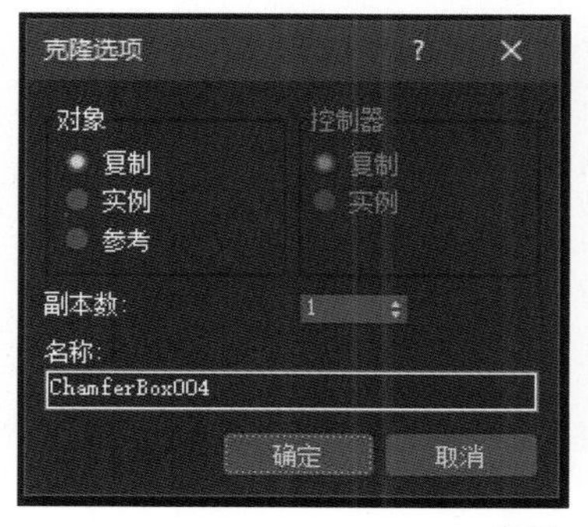

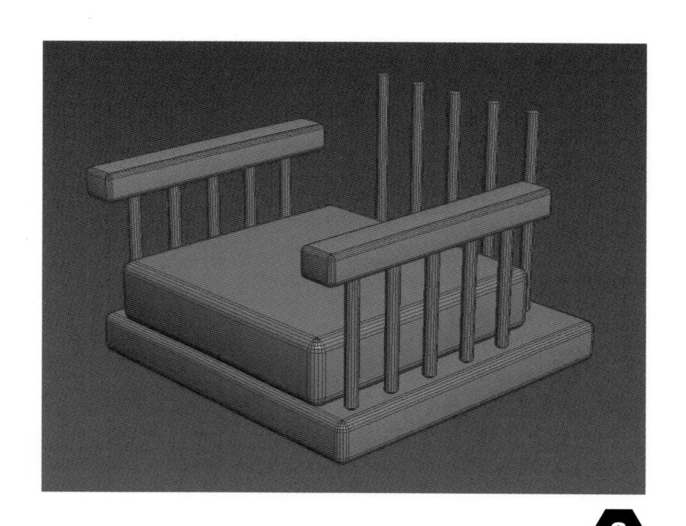

❶ 图 2-107
❷ 图 2-108
❸ 图 2-109

（10）选择切角长方体，在顶视图用“Shift+选择并旋转”绕*Z*轴旋转90° 复制该对象，在“克隆选项”对话框中选中“复制”，设置“副本数”为1，如图2-110所示，顶视图如图2-111所示，模型效果如图2-112所示。

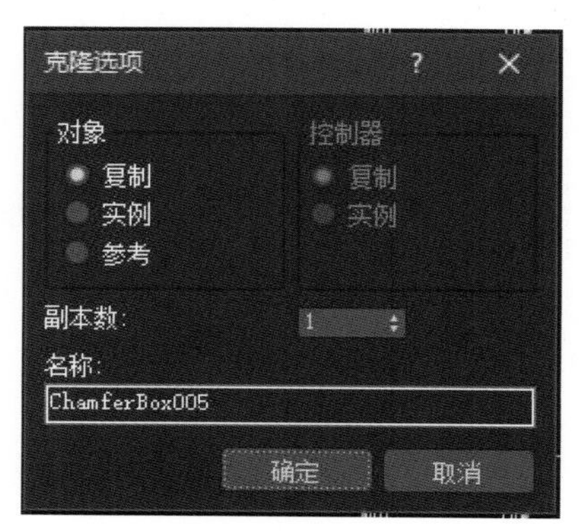

图 2-110

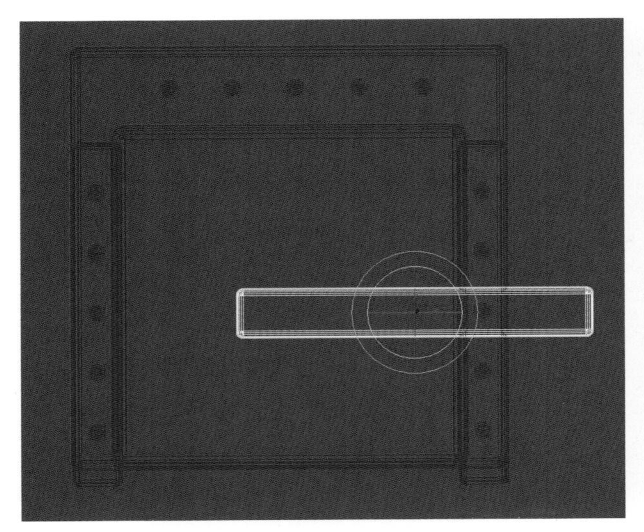

图 2-111

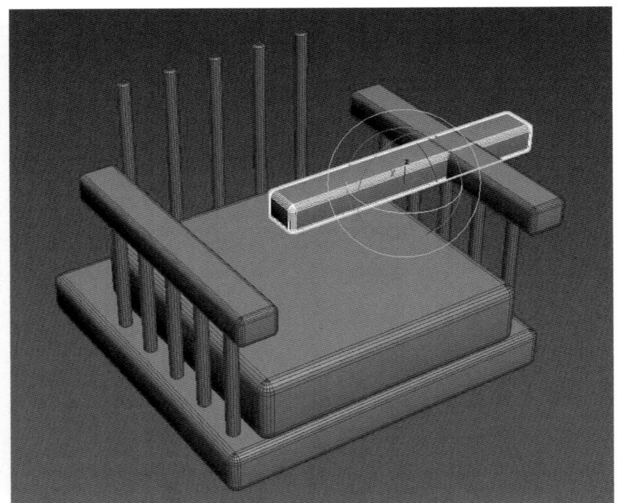

图 2-112

（11）在左视图将选择的对象旋转至合适的位置，如图 2-113 所示。

（12）在前视图单击切角长方体，用“Shift+ 选择并移动”沿 *Y* 轴复制该对象，在“克隆选项”对话框中选中“复制”，设置“副本数”为 1，如图 2-114 所示，前视图如图 2-115 所示。

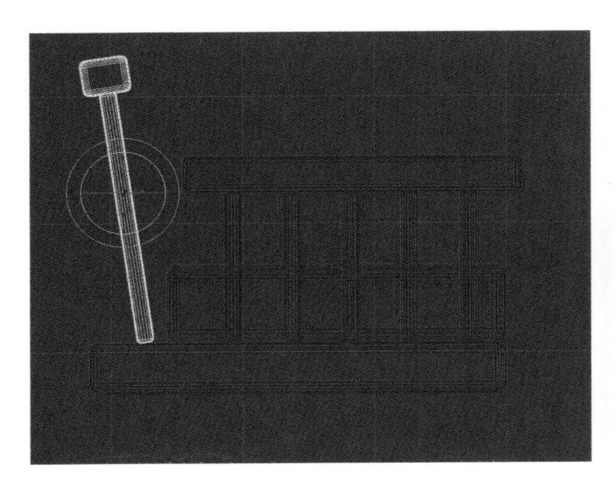

图 2-113

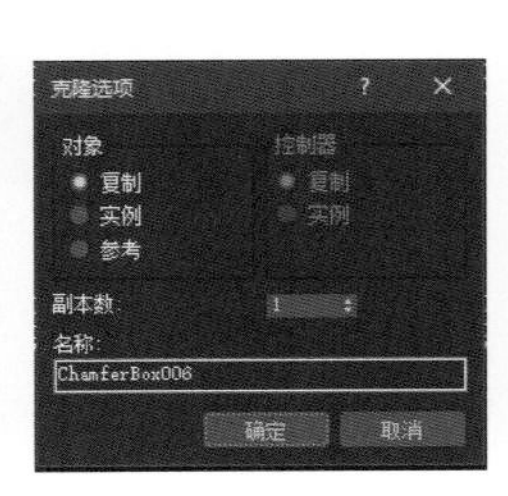

图 2-114

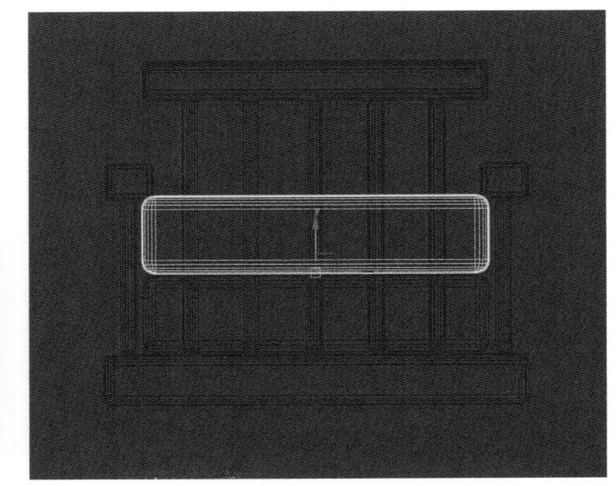

图 2-115

（13）在左视图用“选择并旋转”工具将其旋转，再用“选择并移动”工具将其调整为沙发靠背合适的位置，在“参数”卷展栏设置“长度”为 550 mm，“宽度”为 650 mm，“高度”为 150 mm，“圆角”为 25 mm，“圆角分段”为 5，如图 2-116 所示，模型效果如图 2-117 所示。

（14）在顶视图创建切角圆柱体，在“参数”卷展栏设置“半径”为 20 mm，“高度”为 –50 mm，“圆角”为 5 mm，“边数”为 16，如图 2-118 所示，顶视图如图 2-119 所示。

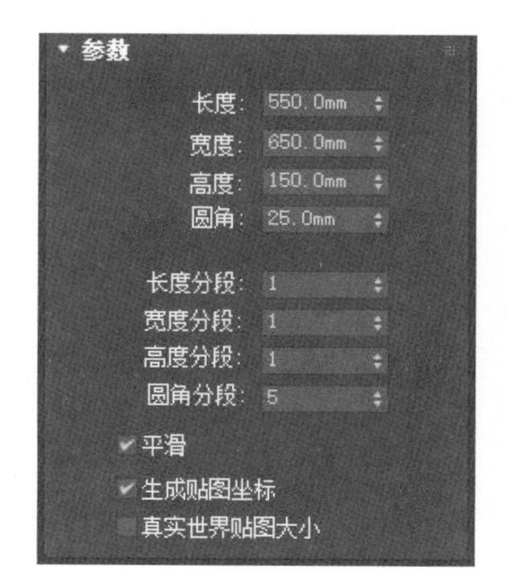

图 2-116

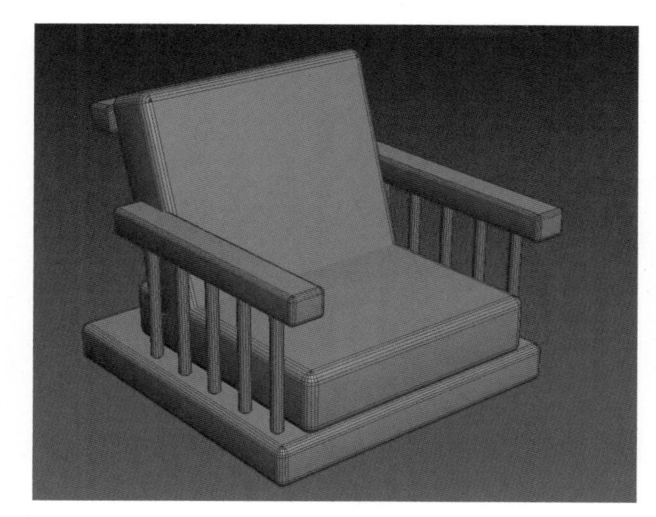

图 2-117

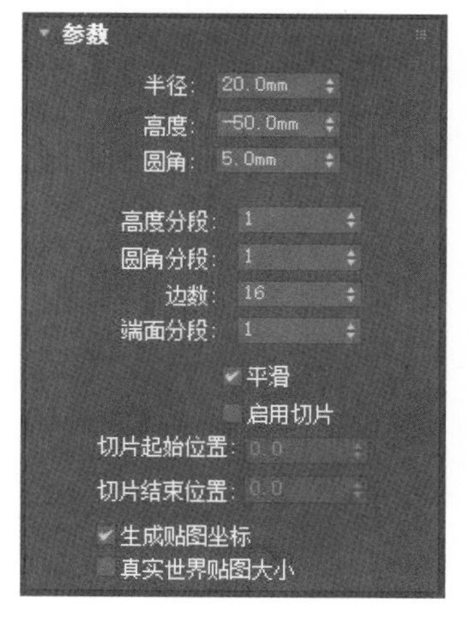

图 2-118

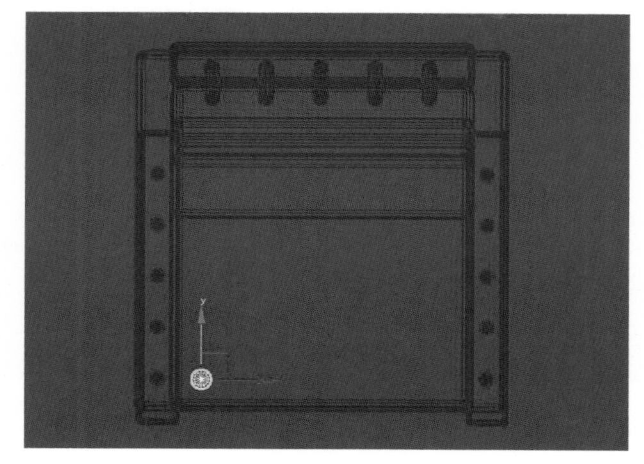

图 2-119

（15）在前视图用“Shift+ 选择并移动”选中切角圆柱体并沿 *X* 轴复制，在“克隆选项”对话框中选中“复制”，设置“副本数”为 1，如图 2-120 所示，前视图如图 2-121 所示。

（16）在左视图用“Shift+ 选择并移动”选中两个切角圆柱体并沿 *X* 轴复制，在“克隆选项”对话框中选中“复制”，设置“副本数”为 1，如图 2-122 所示，前视图如图 2-123 所示。

（17）设置颜色，沙发完成效果如图 2-124 所示。

图 2-120

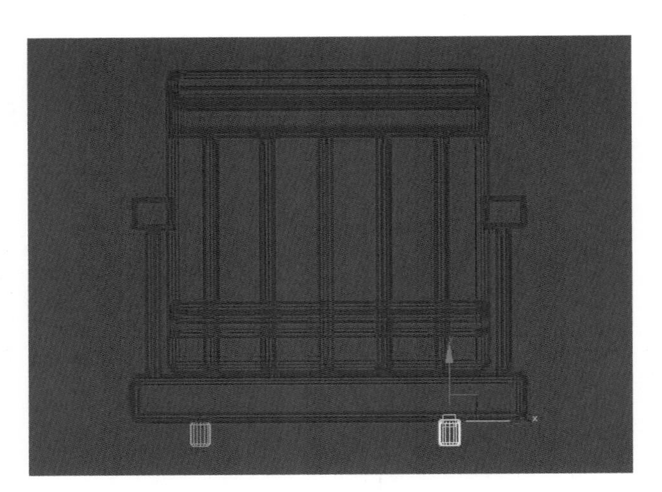

图 2-121

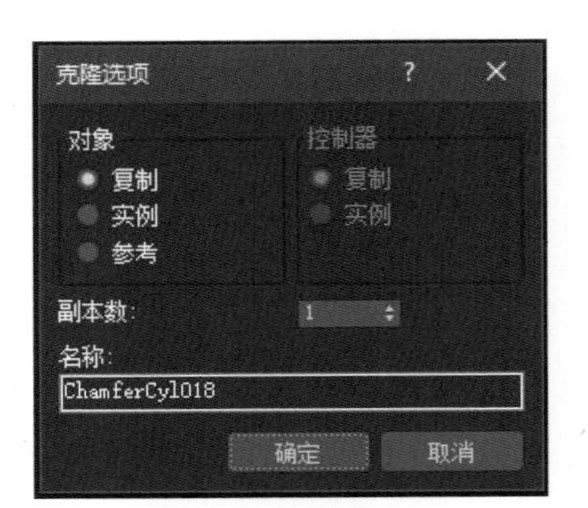

图 2-122

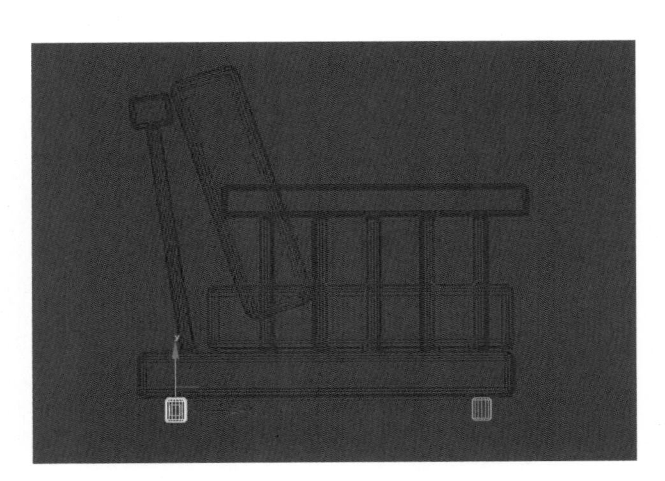

图 2-123

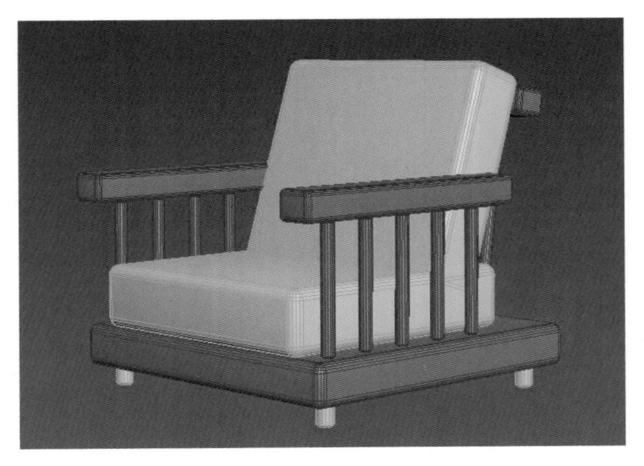

图 2-124

思考与练习

1. 3ds Max 中标准基本体与扩展基本体的区别有哪些?
2. 3ds Max 中复制对象的方法有哪些?
3. 使用长方体与切角圆柱体命令创建桌子，效果如图 2-125 所示。

图 2-125

第三章

二维图形建模

学习目标

- ◆掌握样条线的绘制与编辑、修改方法
- ◆掌握使用二维图形生成三维模型的方法

上一章介绍了 3ds Max 的基础建模，基础建模可以直接创建三维物体，包括建筑上常见的墙体、门窗、楼梯、栏杆等。但对于大量形状各异的三维模型，3ds Max 是无法直接创建的，往往需要从图形入手，经过调整和修改生成三维模型。进入“创建”命令面板的“图形”选项，可以看到 3ds Max 常用的三种类型的图形，即样条线、NURBS 曲线和扩展样条线，如图 3-1 所示。

图 3-1

在许多方面这三种图形的用途是相同的，并且可以相互转化。在实际操作中，一般有以下四种用途：

1. 作为平面或线条物体，对于封闭的样条线经过修改可转换为无厚度的薄片物体，可作为地面、文字图案、广告牌等的造型基础。

2. 作为“挤出”或“车削”等加工成型的截面。

3. 作为放样物体使用的元素，在放样建模中，可以作为路径、截面图形完成放样建模。

4. 作为物体运动的路径，使物体沿着它进行运动。

第一节 SECTION 1 创建样条线

在 3ds Max 中大多数默认的图形方式是“样条线”，“样条线”共有 12 种类型，分别是线、矩形、圆、椭圆、弧、圆环、多边形、星形、文本、螺旋线、卵形和截面，如图 3-2 所示。

图 3-2

创建样条线

这 12 种样条线大多数有共同的参数设置，如渲染、插值等，其参数面板及主要参数含义见表 3-1。

表 3-1　样条线的渲染、插值参数面板及主要参数含义

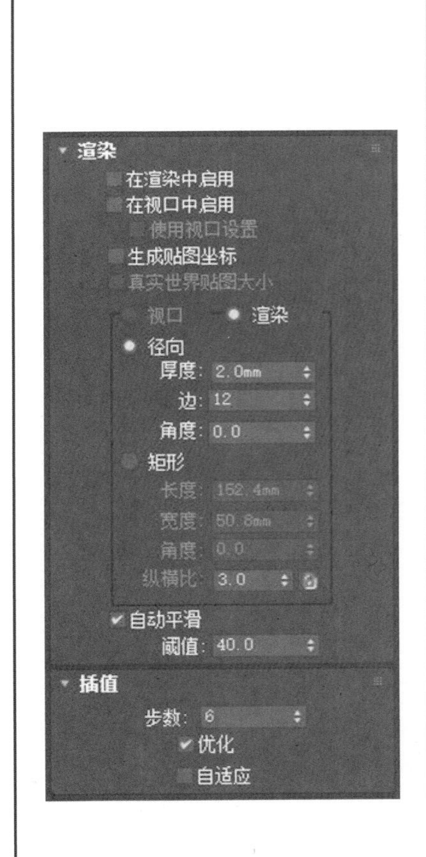

参数	含义
在渲染中启用	勾选后样条线在渲染时具有实体效果
在视口中启用	勾选后样条线在视口中显示实体效果
使用视口设置	选择“在视口中启用”时可用，勾选可为样条线单独设置显示属性，通常用于加速显示
视口	选择“在视口中启用”和“使用视口设置”后可设置样条线在视口中的显示属性
渲染	设置样条线在渲染输出时的属性
径向	样条线渲染（或显示）时截面为圆形（或多边形）的实体
矩形	样条线渲染（或显示）时截面为矩形（或多边形）的实体
阈值	若两个相邻表面法线之间的夹角小于阈值的角度，则指定相同的平滑组
步数	设置两点之间由多少直线片段构成曲线，值越高，曲线越光滑
优化	自动去除曲线上多余的步幅片段

一、线

线可以绘制任何形状的封闭或开放的曲线（包括直线），在绘制时可以直接点取绘制直线，也可以拖动鼠标绘制曲线。曲线的弯曲方式有角点、平滑和Bezier三种。进入“修改”命令面板，在线的原始层可以进入点、线段、曲线次物体层级的编辑命令面板，对曲线进行进一步的修改。

线的参数面板及主要参数含义见表 3-2。

表 3-2 线的参数面板及主要参数含义

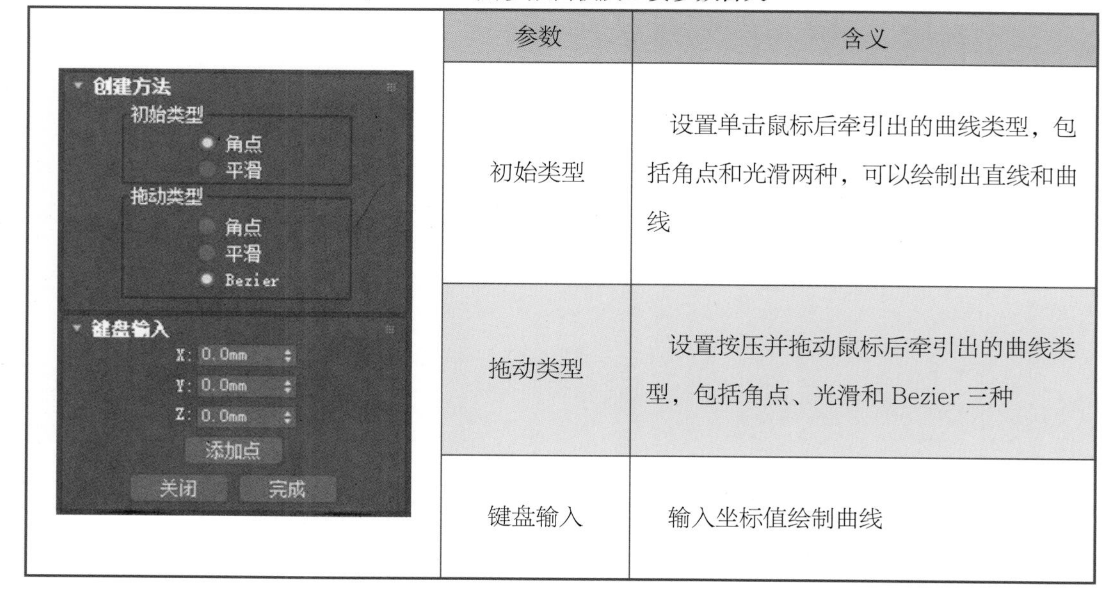

参数	含义
初始类型	设置单击鼠标后牵引出的曲线类型，包括角点和光滑两种，可以绘制出直线和曲线
拖动类型	设置按压并拖动鼠标后牵引出的曲线类型，包括角点、光滑和 Bezier 三种
键盘输入	输入坐标值绘制曲线

二、矩形

在“创建”面板中单击“图形”按钮，再单击“矩形”按钮，在任意视图上拖拽鼠标来确定其长、宽，就可以绘制出正方形、长方形以及带有圆角的矩形，如图 3-3 所示。

图 3-3

矩形的参数面板及主要参数含义见表 3-3。

表 3-3 矩形的参数面板及主要参数含义

参数面板	参数	含义
参数 长度：0.0mm 宽度：0.0mm 角半径：0.0mm	长度 / 宽度	设置矩形长、宽值
	角半径	设置矩形四角的圆角弧度

三、圆

在“创建”面板中单击“图形”按钮，再单击“圆”按钮，在任意视图上拖拽鼠标来确定其半径，如图 3-4 所示。

“圆”参数面板中的半径可用于设置圆的半径。

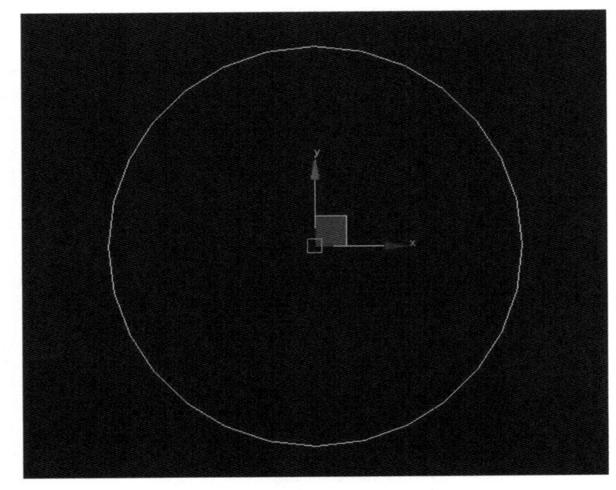

图 3-4

四、椭圆

在“创建”面板中单击“图形”按钮，再单击“椭圆”按钮，在任意视图上拖拽鼠标来确定其半径，如图 3-5 所示。

“椭圆”参数面板中的长度、宽度可用于设置椭圆的长、宽值。

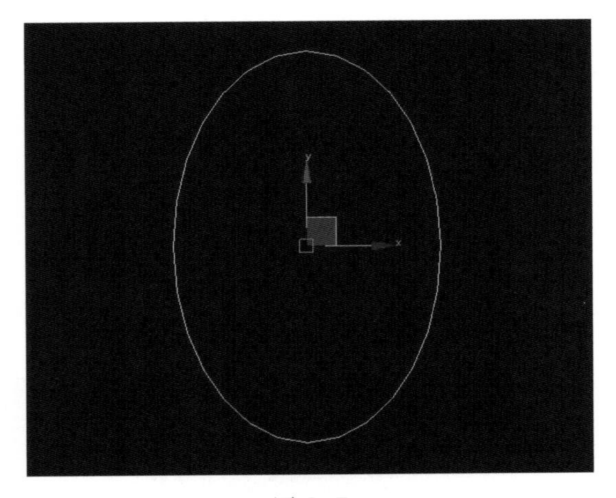

图 3-5

五、弧

在“创建”面板中单击“图形”按钮，再单击“弧”按钮，在前视图拖拽鼠标来确定弧所在圆的半径，再移动鼠标绘制弧的长度，单击鼠标确定。“弧”可以用于绘制各种形态的圆弧及扇形，如图 3-6 所示。

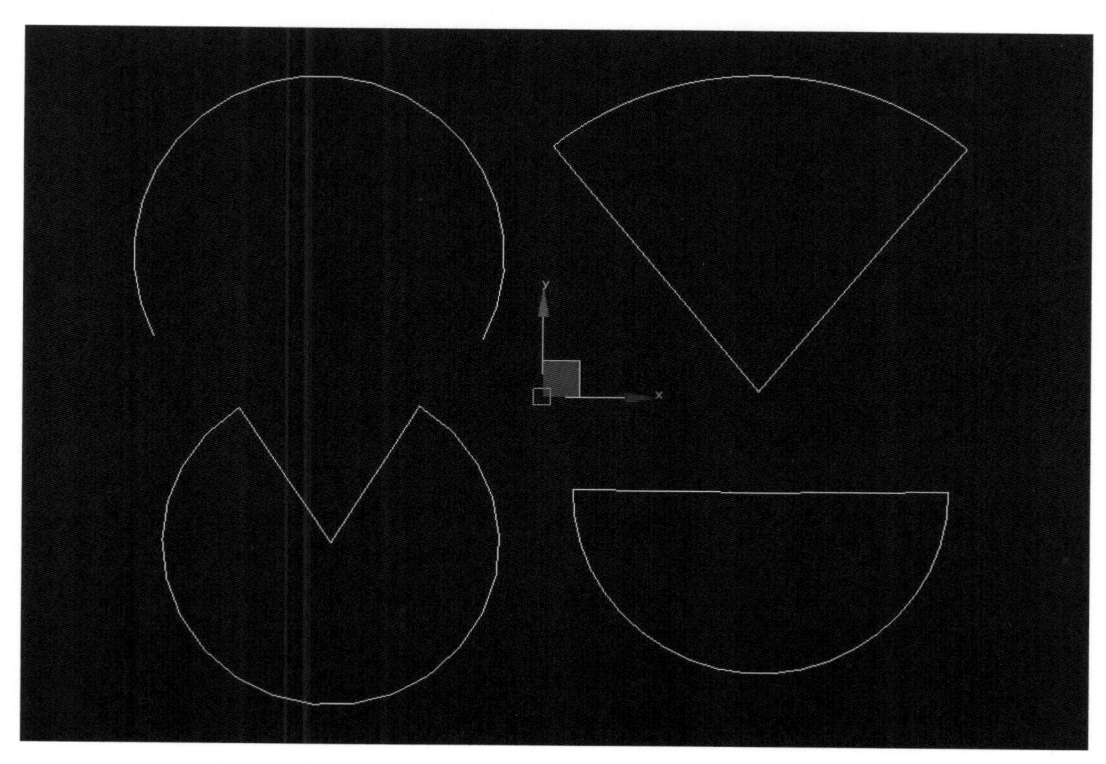

图 3-6

弧的参数面板及主要参数含义见表 3-4。

表 3-4　弧的参数面板及主要参数含义

<table>
<tr><td rowspan="6">参数
半径: 0.0mm
从: 0.0
到: 360.0
✔ 饼形切片
反转</td><th>参数</th><th>含义</th></tr>
<tr><td>半径</td><td>设置弧所属圆形的半径</td></tr>
<tr><td>从</td><td>设置弧的起始角度（依据局部坐标系 X 轴）</td></tr>
<tr><td>到</td><td>设置弧的终止角度（依据局部坐标系 X 轴）</td></tr>
<tr><td>饼形切片</td><td>勾选后产生封闭的扇形</td></tr>
<tr><td>反转</td><td>反转弧，即产生弧所属圆周另一半的弧</td></tr>
</table>

六、圆环

“圆环”用于绘制同心的圆，在“创建”面板中单击“图形”按钮，再单击“圆环”按钮，在前视图拖拽鼠标来确定圆环外圆的半径，再移动鼠标确定内圆的半径，单击鼠标确定，如图 3-7 所示。

“圆环”参数面板中的“半径 1”“半径 2”可用于设置圆环的外半径和内半径。

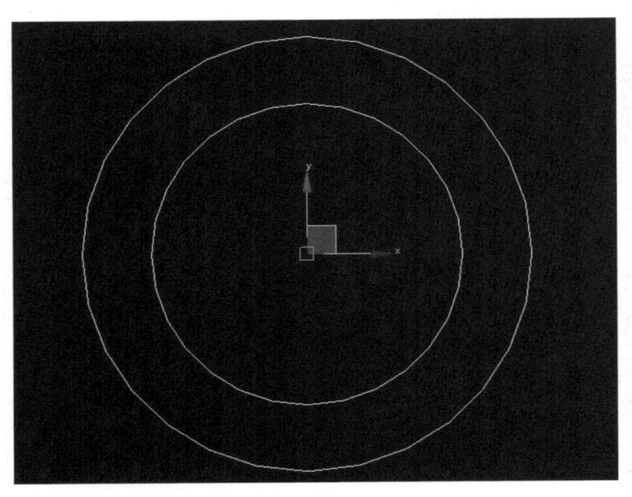

图 3-7

七、多边形

在“创建”面板中单击“图形”按钮，再单击“多边形”按钮，在前视图拖拽鼠标来确定多边形的半径。“多边形”可以用于绘制任意边数的正多边形和任意等分的圆形，如图 3-8 所示。

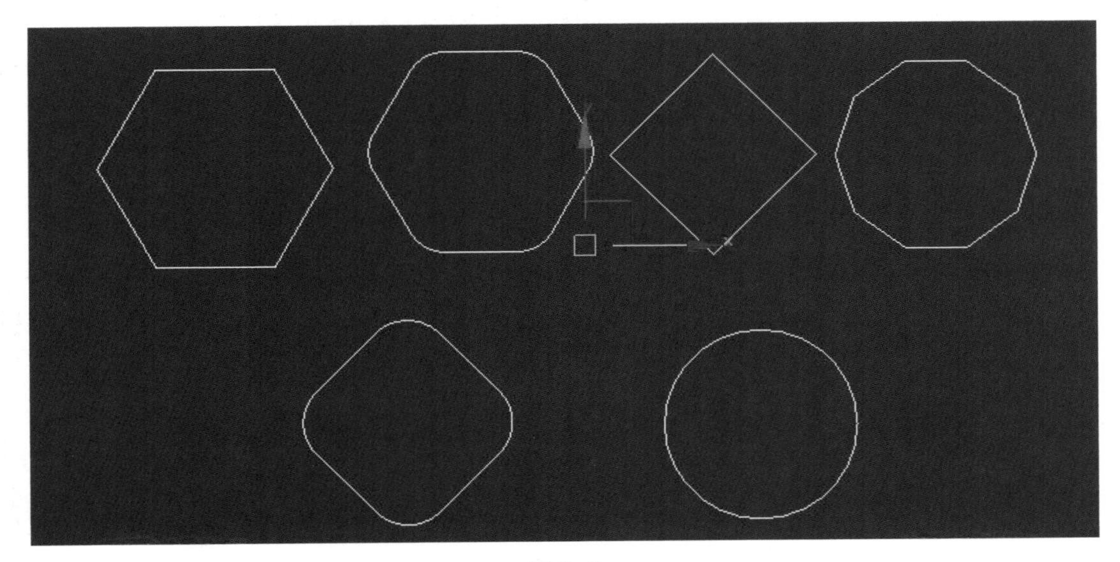

图 3-8

多边形的参数面板及主要参数含义见表 3-5。

表 3-5　多边形的参数面板及主要参数含义

参数
半径: 0.0mm
内接　外接
边数: 4
角半径: 0.0mm
圆形

参数	含义
半径	设置多边形的半径
内接	多边形的中心点到角点的距离为内切于圆的半径
外接	多边形的中心点到任意边的中点距离为外切于圆的半径
边数	设置多边形的边，取值范围为 3 ~ 100
角半径	设置多边形圆角半径值
圆形	勾选后多边形成为圆形

八、星形

在“创建”面板中单击“图形”按钮，再单击“星形”按钮，在任意视图拖拽鼠标来确定星形的半径 1，再移动鼠标来确定半径 2。“星形”可以用于绘制各种形态的星形，尖角可以钝化为切角，用于制作齿轮；尖角的方向可以扭曲，产生倒刺状；参数的变化可以产生许多奇特的图案，如图 3-9 所示。

星形的参数面板及主要参数含义见表 3-6。

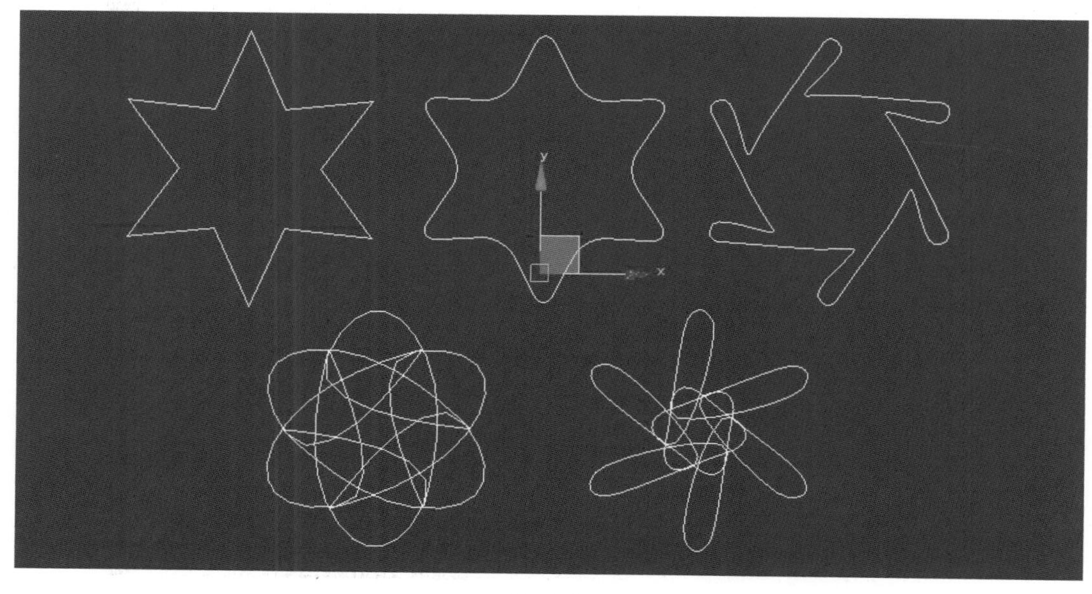

图 3-9

表 3-6　星形的参数面板及主要参数含义

参数	含义
半径 1	设置星形的内径
半径 2	设置星形的外径
点	设置星形的尖角个数
扭曲	设置尖角的扭曲度
圆角半径 1	设置星形内径圆角值
圆角半径 2	设置星形外径圆角值

九、文本

在“创建”面板中单击“图形”按钮，再单击“文本”按钮，在“文本”编辑框中输入所需的文字，在任意视图单击鼠标即可创建文本，文字的内容、大小、间距都可以调整，如图 3-10 所示。

文本的参数面板及主要参数含义见表 3-7。

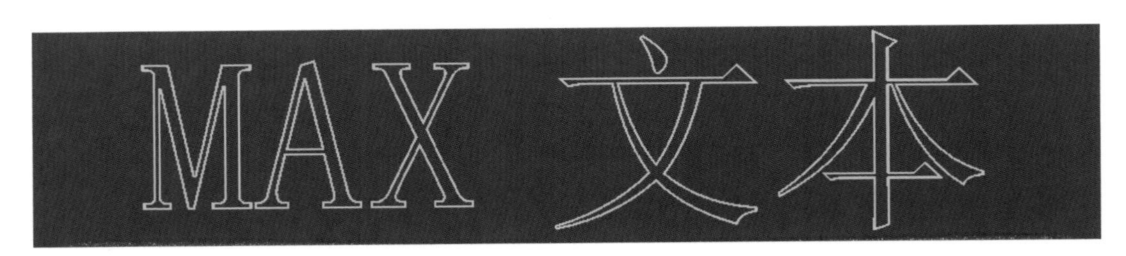

图 3-10

表 3-7　文本的参数面板及主要参数含义

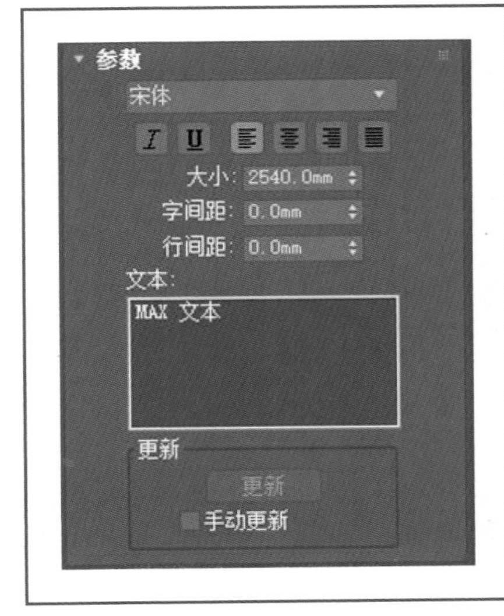

参数	含义
大小	设置文字的尺寸
字间距	设置文字之间的间隔距离
行间距	设置文字行与行之间的距离
文本	输入文字

十、螺旋线

螺旋线可以用于制作各种形态的弧形、弹簧，也可以制作运动路径。在“创建”面板中单击“图形”按钮，再单击“螺旋线”按钮，在顶视图单击并拖拽鼠标确定半径 1，向上或向下移动并单击鼠标确定其高度，再向上或向下移动并单击鼠标确定其半径 2，如图 3-11 所示。

螺旋线的参数面板及主要参数含义见表 3-8。

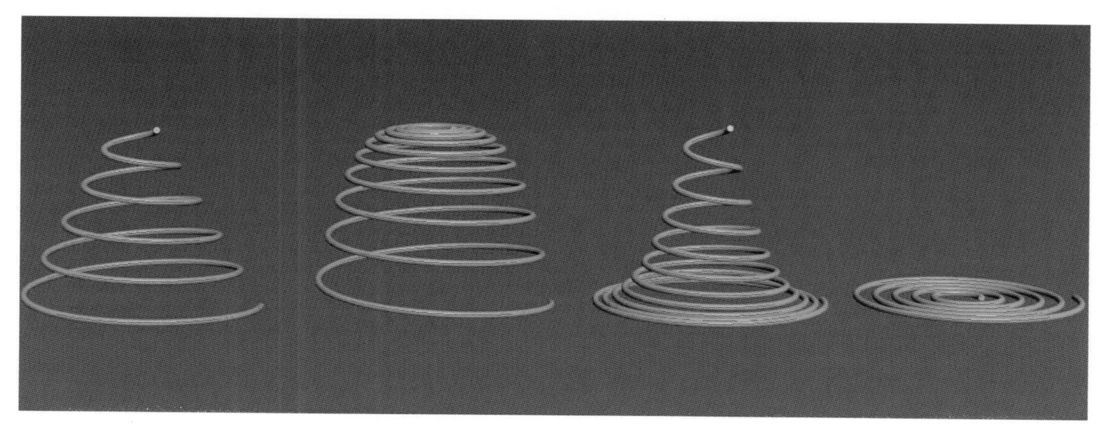

图 3-11

表 3-8　螺旋线的参数面板及主要参数含义

参数
半径 1: 0.0mm
半径 2: 0.0mm
高度: 0.0mm
圈数: 5.0
偏移: 0.0
顺时针 逆时针

参数	含义
半径 1	设置螺旋线内径
半径 2	设置螺旋线外径
高度	设置螺旋线高度，值为 0 时创建平面螺旋线
圈数	设置螺旋线旋转的圈数
偏移	设置高度上螺旋圈数的偏向强度
顺时针 / 逆时针	分别设置两种不同的旋转方向

十一、卵形

卵形可以用于制作各种形态的鸡蛋、坚果等，也可以制作运动路径或蒙版。在“创建”面板中单击“图形”按钮，再单击“卵形”按钮，在顶视图单击并拖拽鼠标确定卵形外轮廓，放开鼠标左键确定卵形内轮廓，单击鼠标完成创建，如图 3-12 所示。

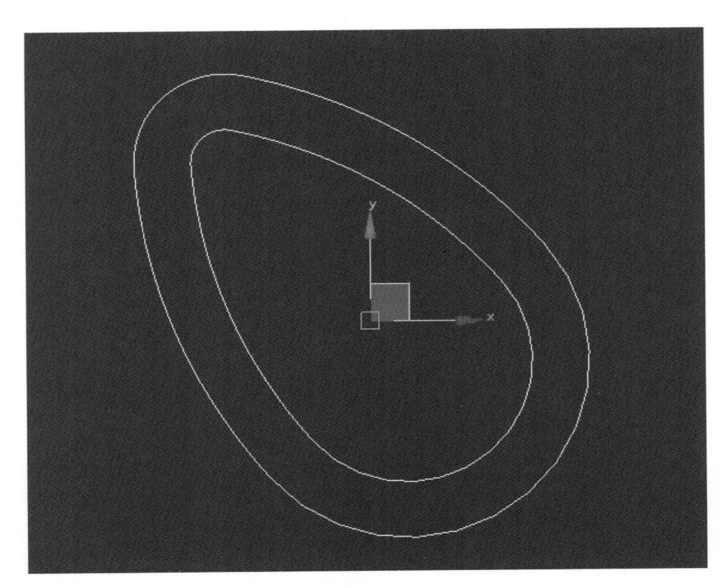

图 3-12

“卵形”参数面板中的长、宽可用于设置卵形的外轮廓，厚度可控制卵形的内轮廓。

十二、截面

截面是通过截取三维造型的截面而获得的二维图形，此工具会创建一个平面，可以移动、旋转和缩放。当其穿过三维造型时会显示截获的截面，单击“创建图形”按钮即可将这个截面制作成一个新的样条曲线。

第二节

SECTION 2

二维图形的编辑

“样条线”创建的二维图形往往需要编辑和调整，在 3ds Max 中对二维图形的编辑和调整主要通过两种途径来实现：

第一，选择需要调整和编辑的二维图形，然后单击“修改”按钮 ，在弹出的修改器列表中直接修改该二维图形的各种创建参数，如图 3-13 所示。

第二，添加“编辑样条线”修改器命令，如图 3-14 所示；或者将创建的二维图形进行转换，然后进入子层级对二维图形进行修改，如图 3-15 所示。

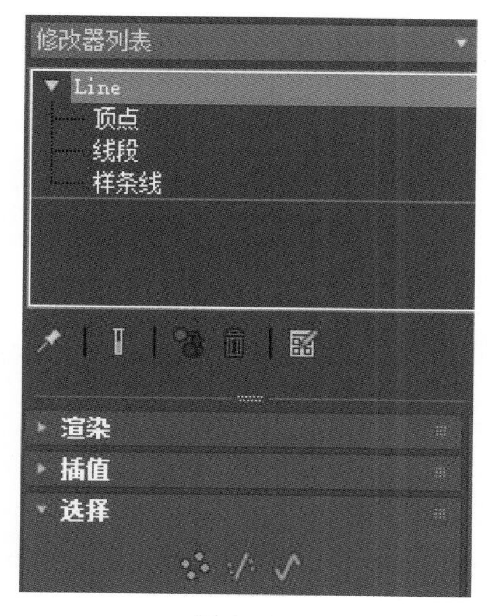

图 3-13

图 3-14

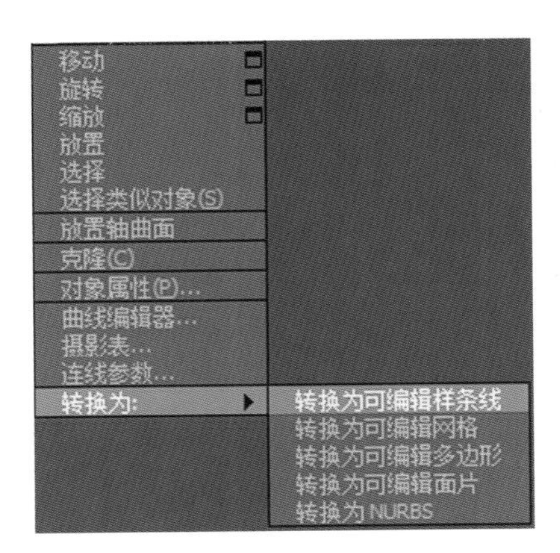

图 3-15

添加“编辑样条线”修改器命令和转化为可编辑样条线的方式都可以实现对二维图形的编辑，不同的是转化为可编辑样条线的方式不可逆，而添加修改器的方式作为一个修改器命令被记录于堆栈中，可随时返回调整修改或者删除，下面以此为例进行讲解。

知识链接　堆栈与子物体

堆栈原是计算机术语，在 3ds Max 中可视为场景对象的调整修改工序记录器（即记录对创建对象的各种修改、调整功能）。在堆栈中，创建参数在底层，依次向上是修改工具命令及空间变形功能，借助堆栈可以返回堆栈中显示的某一层修改命令的某一步骤进行重新设置。

子物体是指构成对象的内部元素，不同对象子物体的具体内容也不一样，二维图形的子物体为顶点、分段、样条线，多边形物体的子物体为顶点、边、边界、多边形、元素。

一、“编辑样条线”修改器

编辑样条线

二维图形添加了“编辑样条线”修改器命令后，可以通过两种途径进入子物体层级：一是单击堆栈下“选择”面板中的子物体进入相应层级，如图 3-16 所示；二是直接展开堆栈中“编辑样条线”卷展栏，从中选择相应的层级，如图 3-17 所示。

图 3-16

图 3-17

1. 对“顶点”的编辑

二维图形在效果图建模中主要用于创建截面、剖面图形，大多数情况下都需要再次编辑。在建模过程中先创建出基本轮廓，然后再给二维图形加上适当的顶点，并通过对顶点的控制，编辑、调整至需要的形状。

（1）顶点的添加与删除。若顶点不够，可单击“优化”按钮，在二维图形上需要加点的位置单击鼠标加入新的顶点；若有多余的顶点，则选择此顶点，按下键盘上的“Delete”键将其删除。

（2）顶点属性的修改。顶点的不同属性如图 3-18 所示，从左至右依次为 Bezier 角点、Bezier、角点、平滑。修改顶点属性时，选中需要修改的顶点，单击鼠标右键，在弹出的快捷菜单中选择顶点的属性设置，如图 3-19 所示。

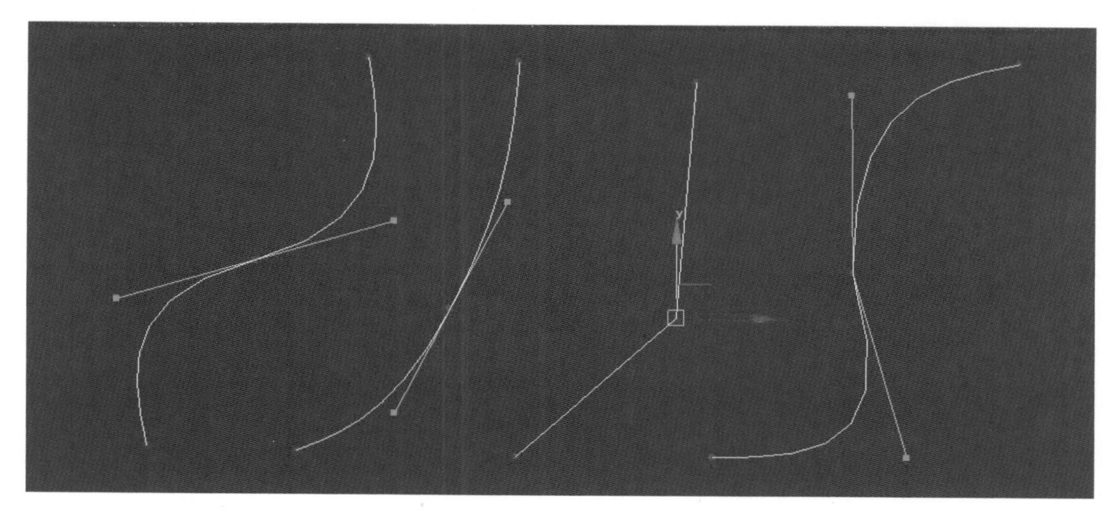

图 3-18

Bezier 角点
Bezier
角点 ✓
平滑
重置切线

图 3-19

Bezier 角点：可通过调整顶点两侧的控制手柄来编辑顶点调整曲线的曲率，两侧控制手柄可单独控制。

Bezier：通过调整顶点两侧的控制手柄联动编辑顶点调整曲线的曲率。

角点：点与点之间直线连接，节点两侧不平滑，有尖锐的转折，无控制手柄。

平滑：此属性决定过该点的线为平滑曲线，无控制手柄。

重置切线：使调整过的手柄重置。

（3）顶点的主要编辑命令。

断开：使一个顶点断开为两个顶点，可以使封闭曲线成为开放曲线。

锁定控制柄：此功能只对“Bezier 角点”顶点和“Bezier”顶点有效。勾选后，在选中多个顶点时，调整某一顶点手柄，其他顶点的手柄也相应调整。“相似”和“全部”只对“Bezier 角点”顶点有效，点选“相似”时，选中的顶点同侧的手柄会跟随调整；点选“全部”时，调整“Bezier 角点”顶点一侧手柄时，其余选中的顶点两侧手柄都会相应跟随调整，如图 3-20 所示。

焊接：可将两个断开的顶点焊接为一个顶点（需要设置距离范围）。

设为首顶点：可将选中的顶点设置为起始点。

圆角：将所选的顶点设置为圆角。

切角：将所选的顶点设置为切角。

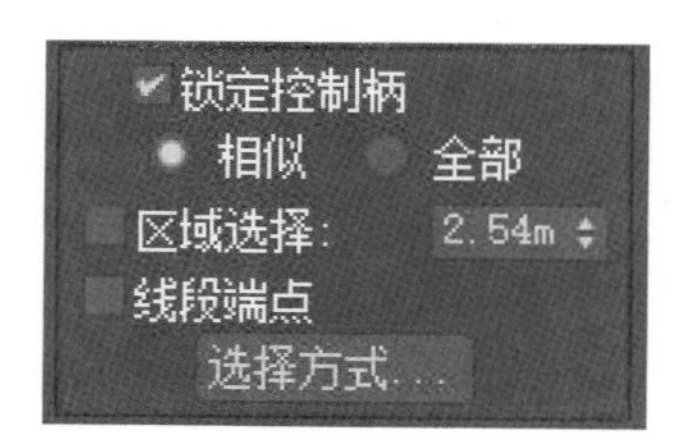

图 3-20

绑定：按下“绑定”按钮，移动鼠标到移动的点，鼠标指针变为“+”后，单击鼠标并拖动至需要绑定的线段处，释放鼠标，选择的点跳至选择的线段中心，以黑色显示，完成绑定。如需取消绑定，则选定绑定的点，单击“取消绑定”按钮。

2. 对“线段”的编辑

“线段”是指两个顶点之间的线，实质上是对线段两端点的编辑，在效果图制作中不常用，现将此级别的主要编辑命令介绍如下：

断开：单击后可以使点断开，与“顶点”级别类似。

优化：单击后在选中的线段上加点。

删除：将所选线段删除。

拆分：使所选的线段等距均分，分隔数由右侧输入值决定。

分离：将所选线段从原图分离，“重定向”使分离出来的线段中心与屏幕原点对齐，“复制”则使所选线段的复制体分离而不影响原图形。

3. 对“样条线”的编辑

一个二维图形可能有一个样条线，也可能有多个样条线，样条线既可以是闭合的，也可以是开放的。

轮廓：对二维图形进行向内或向外扩边，轮廓的宽度由右侧数值决定。在实际运用中，有锐角的样条线轮廓值不可过大，否则将产生变形或自交现象。开放的样条线在轮廓同时进行封闭。

布尔：在二维图形内部“样条线”层级之间进行并集、差集、交集三种运算方式，如图 3-21 所示。

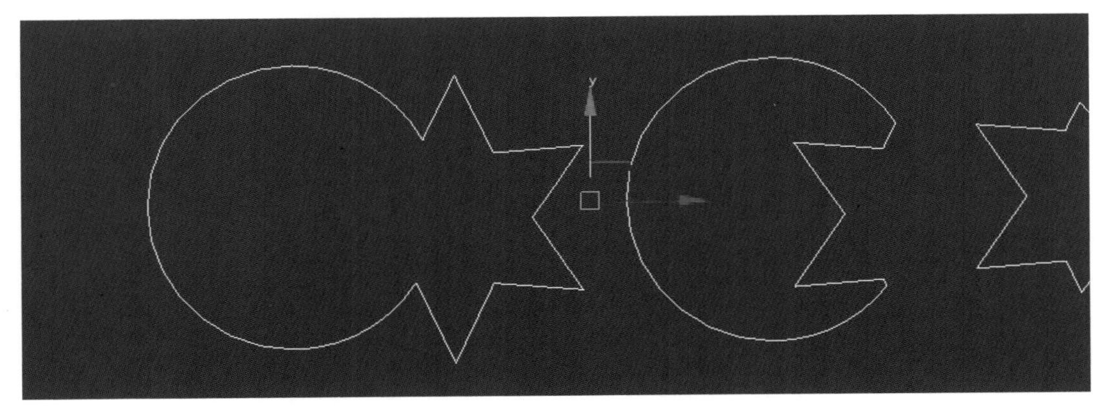

图 3-21

镜像：对选中的样条线进行水平、垂直、对角镜像。勾选“复制”，将会产生一个镜像复制对象；勾选“以轴为中心”，将以样条线的中心为镜像中心。否则，以样条线的几何中心进行镜像。

修剪、延伸：这两个命令用于复杂交叉的样条线的修剪或重新连接。

炸开：将选择的样条线打散，得到的将是分散的对象。选择“样条线”时，炸开的对象是原样条线的子物体级；选择“对象”时，炸开的对象成为独立的物体。

二、用二维图形生成三维模型

用二维图形生成三维模型是指对象的二维截面或剖面通过添加编辑修改器的成型命令而生成三维对象。在效果图制作中，二维图形常用的修改器命令包括可渲染样条线、挤出、车削、倒角、倒角剖面等。

1.“可渲染样条线”修改器

“可渲染样条线”修改器可以使线条产生厚度，变成三维线条，可以输入数值调整三维线条的边数。

案例——制作花窗

案例——制作花窗

花窗效果如图 3-22 所示。

图 3-22

制作思路：本案例的花窗由二维线条编辑和调整后添加“可渲染样条线”修改器而成，在绘制二维线条时，需要熟练掌握样条线子物体级的“拆分”“创建线”“修剪”“镜像”“复制”等编辑和调整命令。

制作步骤如下：

（1）在“创建”面板中单击“图形”按钮，然后在下拉列表中选择“矩形”，在前视图创建一个矩形，在“参数”卷展栏设置“长度”为 80 mm，“宽度”为

80 mm，然后在修改器列表下拉菜单中选取“编辑样条线”修改器，进入“样条线”层级，单击“拆分”按钮，设置数值为 2，给每条线段分别添加两个节点，如图 3-23 所示。

（2）单击“创建线”按钮，将捕捉方式设置为“顶点”，分别将添加的节点连接，如图 3-24 所示。

（3）单击“修剪”按钮，将中心的矩形修剪，然后单击顶点级别下的“焊接”按钮，数值设置选用默认值，将修剪后重合的顶点焊接，如图 3-25 所示。

（4）进入“线段”层级，删除右下方小矩形内侧的两条线段，然后进入“顶点”层级，单击“选择并移动”工具调整选中的顶点，如图 3-26 所示。

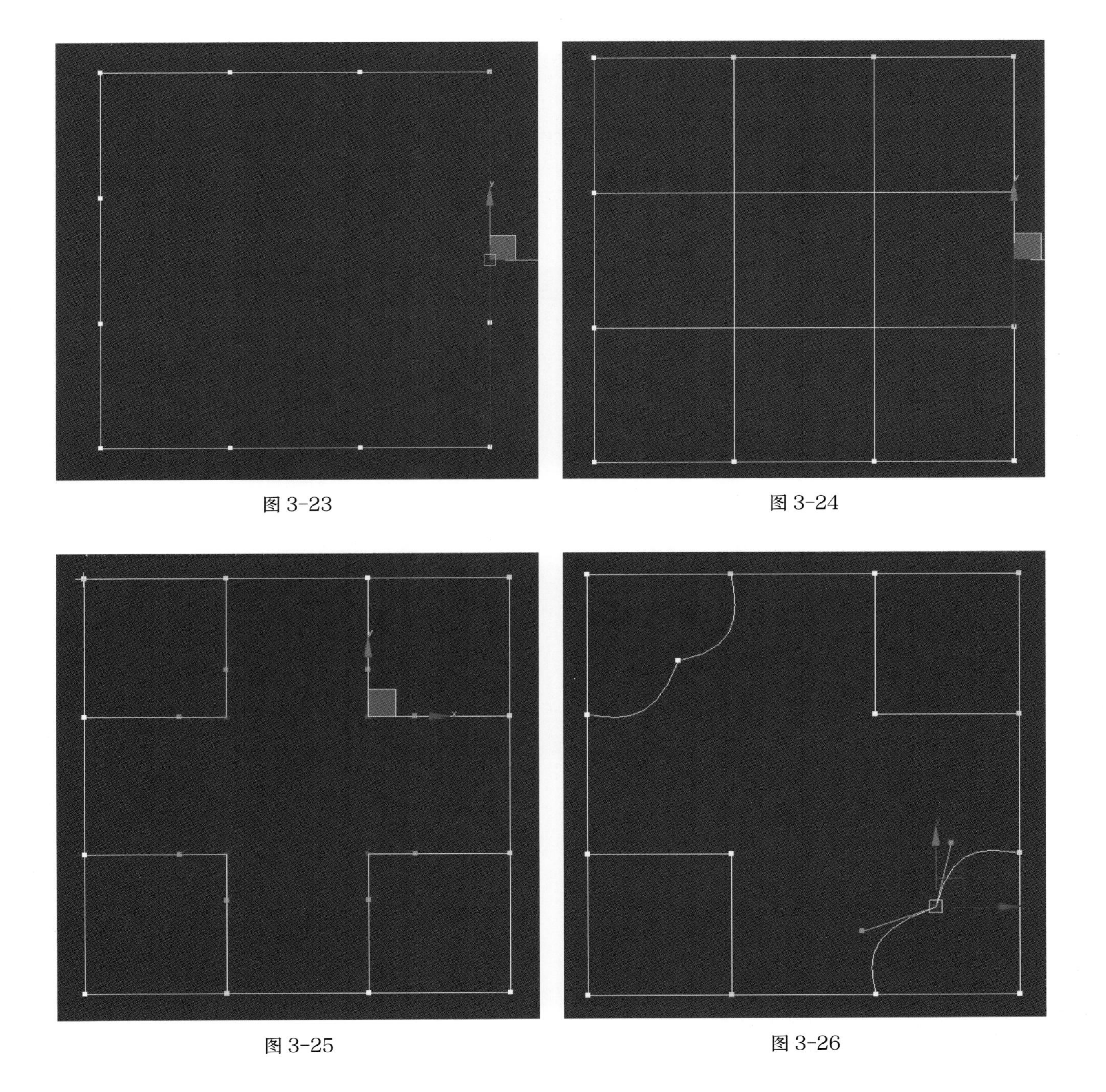

图 3-23

图 3-24

图 3-25

图 3-26

（5）进入“样条线”层级，单击对角“镜像”，勾选“复制”和“以轴为中心”，然后进入“顶点”层级，将重合的顶点焊接，再单击“创建线”按钮，将另两个对角的顶点连接成线，如图 3-27 所示。

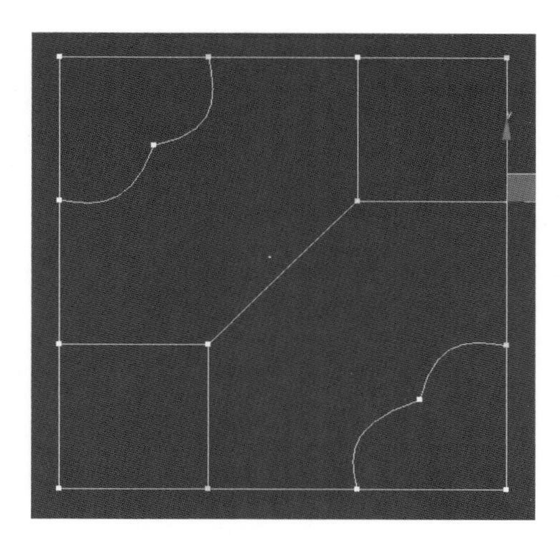

图 3-27

（6）进入“样条线”层级，单击垂直“镜像”，勾选“复制”和“以轴为中心”，如图 3-28 所示。

（7）进入“样条线”层级，将样条线全部选中，单击水平“镜像”，勾选“复制”和“以轴为中心”，如图 3-29 所示。

（8）在修改器列表下拉菜单中选择“可渲染样条线”修改器，参数设置如图 3-30 所示，完成效果如图 3-31 所示。

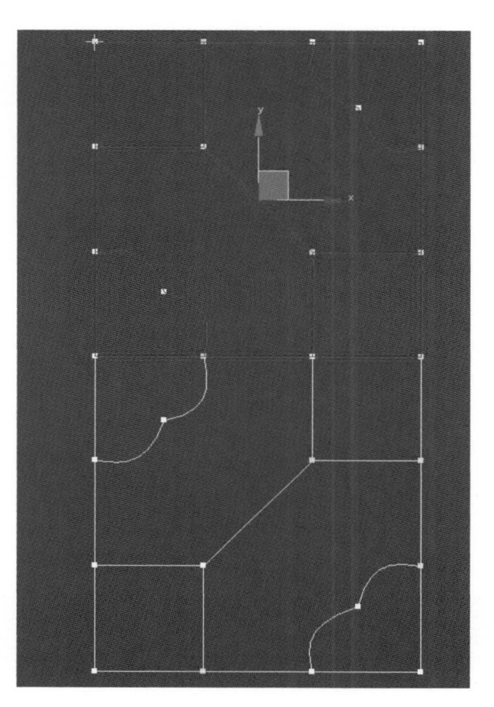

图 3-28

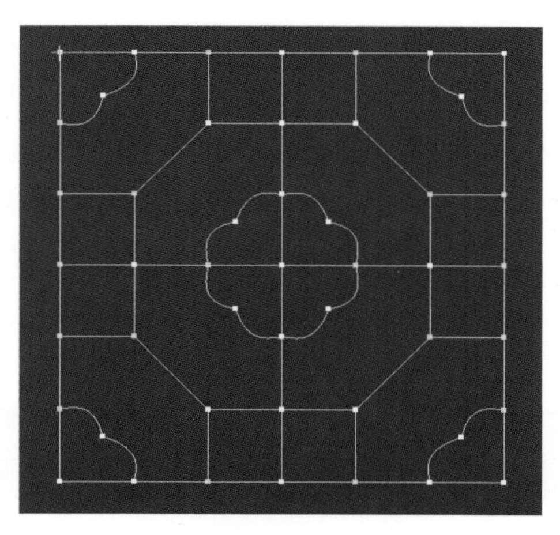

图 3-29

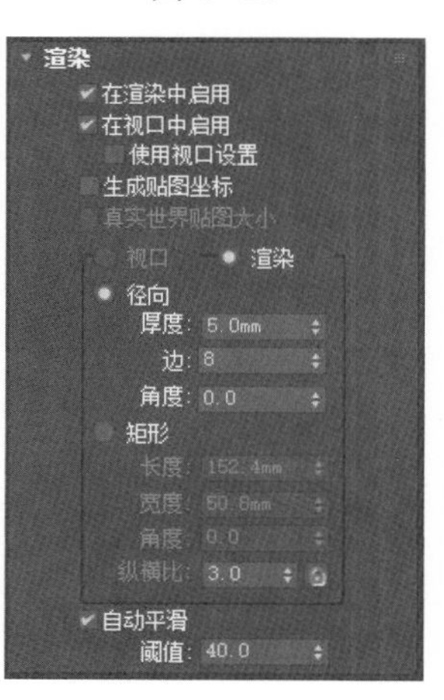

图 3-30

图 3-31

2.“挤出”修改器

“挤出”修改器可以使二维图形沿着其局部坐标系的 Z 轴方向增加厚度，封闭的二维图形可以设置挤出的对象顶面、底面的封闭。

案例——制作墙体

墙体效果如图 3-32 所示。

制作思路：本案例的墙体模型由二维线条编辑和调整后添加“挤出”修改器而成，墙体的截面图形由大矩形、两个小矩形和圆形“布尔”并集而成，然后使用“挤出”修改器使其沿垂直于截面的方向挤出一定的厚度。

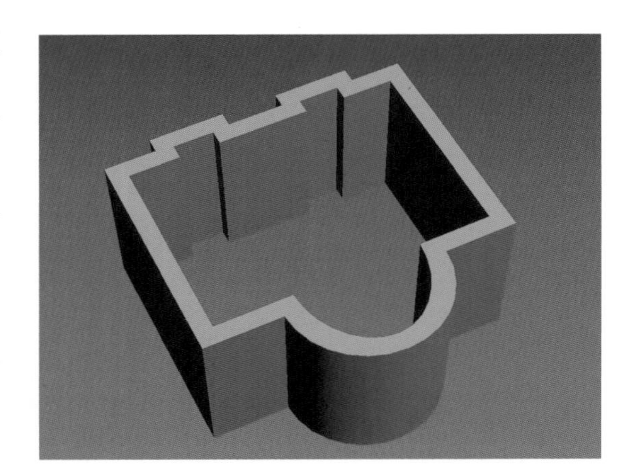
图 3-32

制作步骤如下：

（1）在“创建”面板中单击“图形”按钮，然后在下拉列表中选择“矩形”，在前视图创建一个大矩形，在“参数”卷展栏设置“长度”为 330 mm，“宽度”为 450 mm，然后再创建两个小矩形和一个圆形，在修改器列表下拉菜单中选取“编辑样条线”修改器，进入“样条线”层级，选中大矩形，单击“附加”按钮，依次将其他图形附加，如图 3-33 所示。

（2）进入“样条线”层级，选择大矩形，单击“布尔”并集按钮，依次单击其他图形，并单击“轮廓”按钮，设置数值为 0.2，如图 3-34 所示。

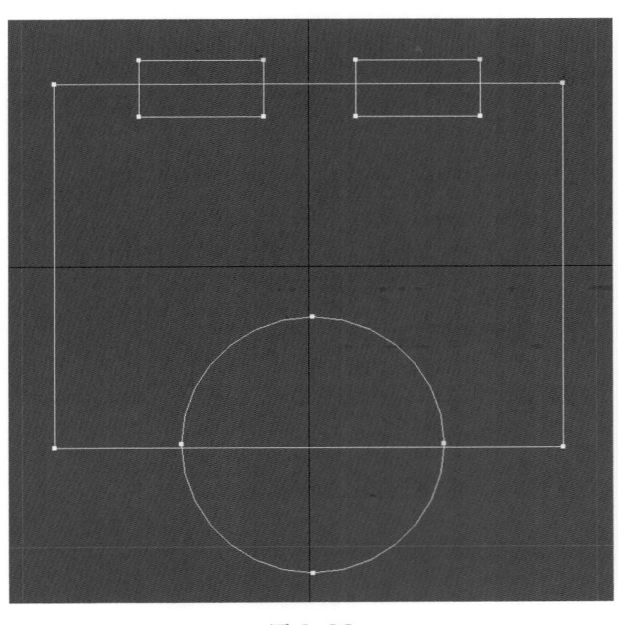
图 3-33

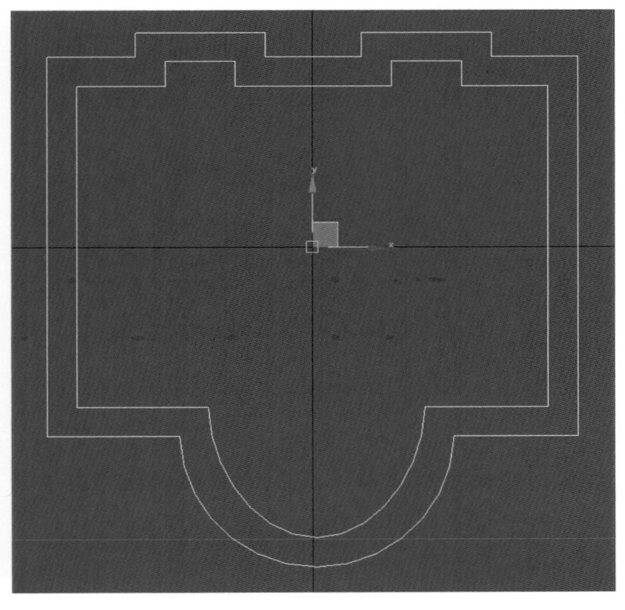
图 3-34

（3）在修改器列表下拉菜单中选择“挤出”修改器，参数设置中的数量为 240 mm，分段为 1，完成效果如图 3-35 所示。

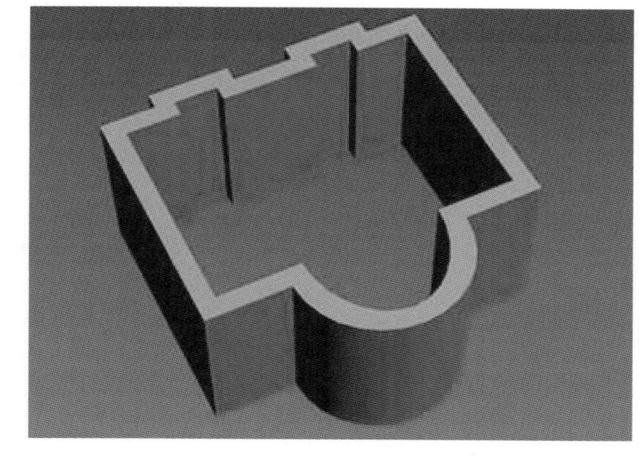
图 3-35

3.“车削”修改器

“车削”修改器可以通过旋转二维图形生成三维模型，大多数中心放射物体都可以通过这种方法完成，如花瓶、酒杯、装饰柱等。

案例——制作花瓶

案例——制作花瓶

花瓶效果如图 3-36 所示。

图 3-36

制作思路：本案例中花瓶的截面图形由二维样条线绘制而成，添加“编辑样条线”修改器进入“顶点”层级调整，然后再单击“轮廓”按钮，添加“车削”修改器而成。

制作步骤如下：

（1）在“创建”面板中单击“图形”按钮，然后在下拉列表中选择“线”，在前视图创建线，在修改器列表下拉菜单中选取“编辑样条线”修改器，进入“顶点”层级，对需要编辑的顶点进行调整，如图 3-37 所示。

（2）进入“样条线”层级，单击“轮廓”按钮，设置数值为 0.2，如图 3-38 所示。

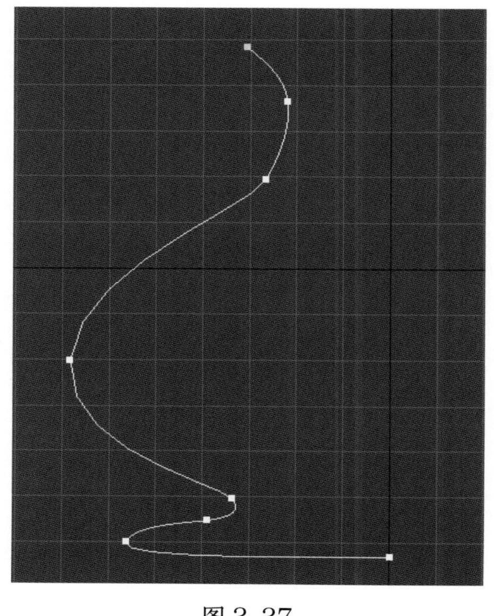
图 3-37

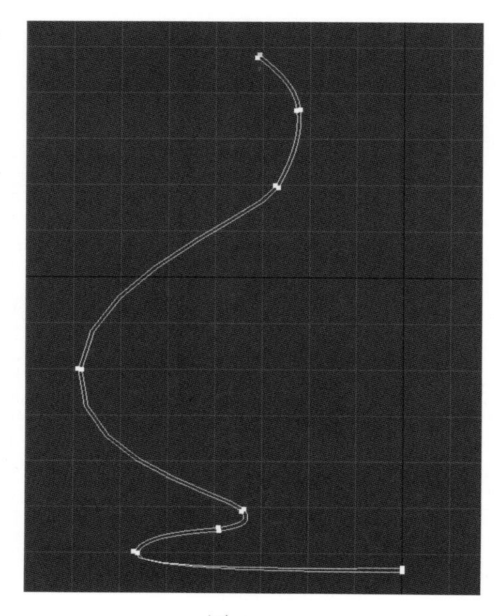
图 3-38

（3）选择花瓶剖面图形，在修改器列表下拉菜单中选择“车削”修改器，参数设置如图 3-39 所示，前视图如图 3-40 所示。

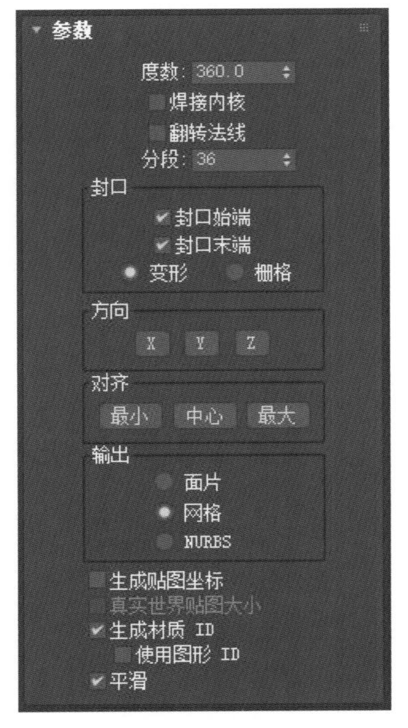

图 3-39

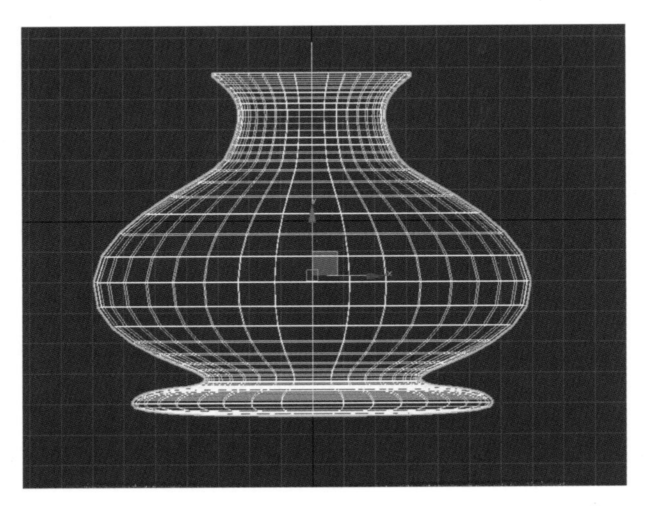

图 3-40

知识链接　焊接内核、翻转法线与对齐

“车削”成型的对象有时中间有撕裂现象，勾选参数的“焊接内核”即可解决；有时模型是黑色显示，勾选参数的“翻转法线”可以解决。

参数中的“对齐”共有三种方式：“最小”是指成型模型以样条线最左侧为轴心，“中心”是指成型模型以样条线中心为轴心，“最大”是指成型模型以样条线最右侧为轴心。

4.“倒角”修改器

“倒角”修改器可以通过挤压二维图形生成三维模型，在边界上加入直角或圆角，多用于制作立体文字和标志。

案例——制作休闲躺椅

休闲躺椅效果如图 3-41 所示。

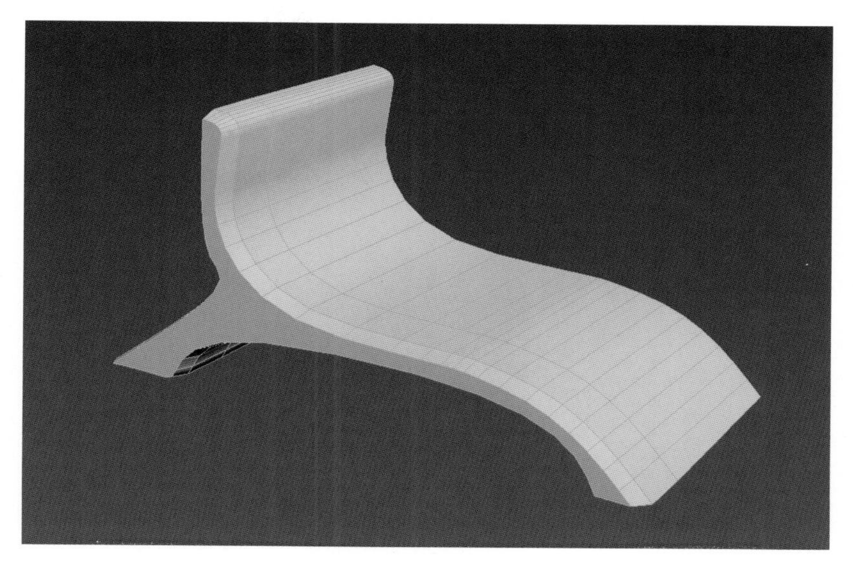

图 3-41

制作思路：在左视图绘制休闲躺椅的侧面轮廓，添加“编辑样条线”修改器，进入“顶点”层级调整，添加“倒角”修改器，对倒角参数进行调整和设置。

制作步骤如下：

（1）在“创建”面板中单击“图形”按钮，然后在下拉列表中选择“线”，在左视图创建休闲躺椅侧面轮廓，在修改器列表下拉菜单中选取“编辑样条线”修改器，进入“顶点”层级，对需要编辑的顶点进行调整，如图 3-42 所示。

（2）选择二维图形，在修改器列表下拉菜单中选择“倒角”修改器，参数设置如图 3-43 所示（级别 1 与级别 3 的轮廓值互为相反数），完成模型。

5.“倒角剖面”修改器

“倒角剖面”修改器是一个更为自由的倒角工具，它要求提供一个二维图形作为倒角的轮廓线，类似后面第四章第一节的“放样”，不同的是制作成型后这条轮廓线不能删除，否则生成的模型将同时被删除，因为它不属于合成物体，仅仅只是一个修改工具。

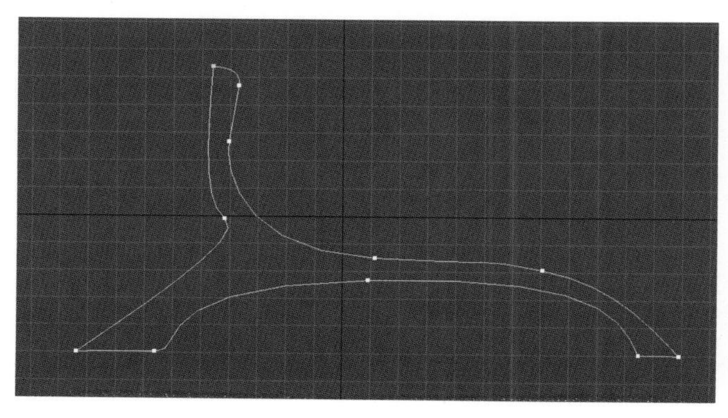

图 3-42

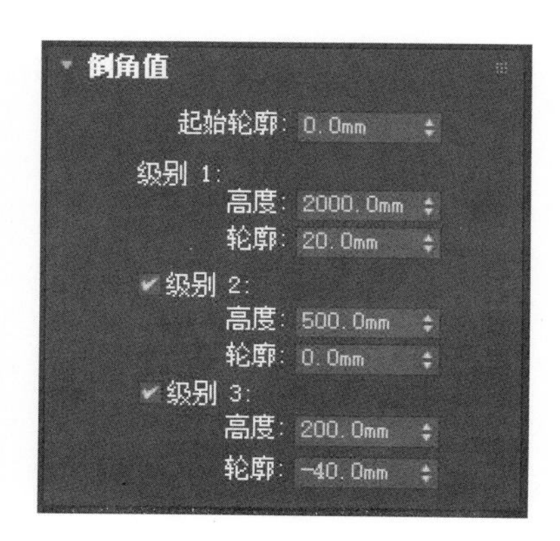

图 3-43

案例——制作室内阴角线

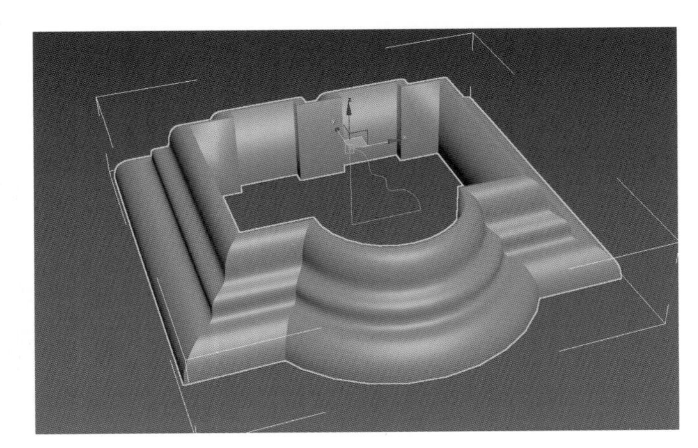
图 3-44

室内阴角线效果如图 3-44 所示。

制作思路：调用前面学习制作的墙体轮廓作为路径，在前视图绘制阴角线剖面，添加“编辑样条线”修改器进入“顶点”层级调整，选择墙体轮廓，添加“倒角剖面”修改器，拾取剖面轮廓而生成。

制作步骤如下：

（1）调用墙体轮廓，如图 3-45 所示，然后前视图绘制阴角线剖面轮廓，在修改器列表下拉菜单中选取“编辑样条线”修改器，进入“顶点”层级，对需要编辑的顶点进行调整，如图 3-46 所示。

（2）选择墙体轮廓线，在修改器列表下拉菜单中选择“倒角剖面”修改器，单击参数中的“拾取剖面”，然后回到前视图单击绘制的阴角线轮廓，完成模型。

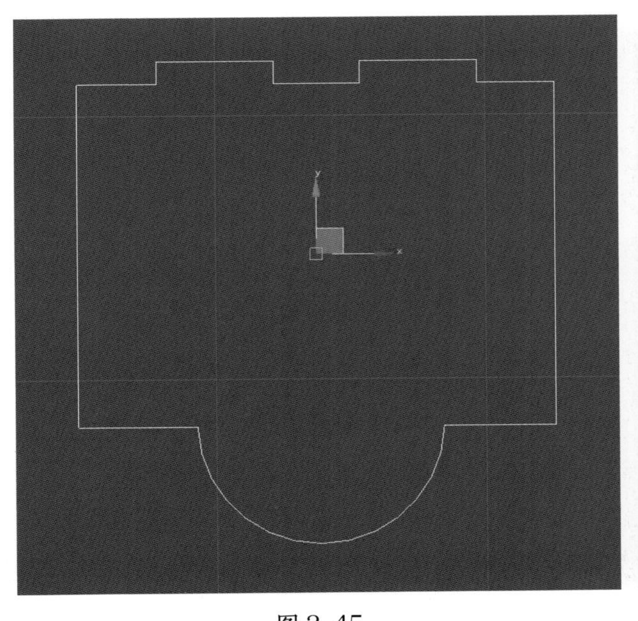
图 3-45

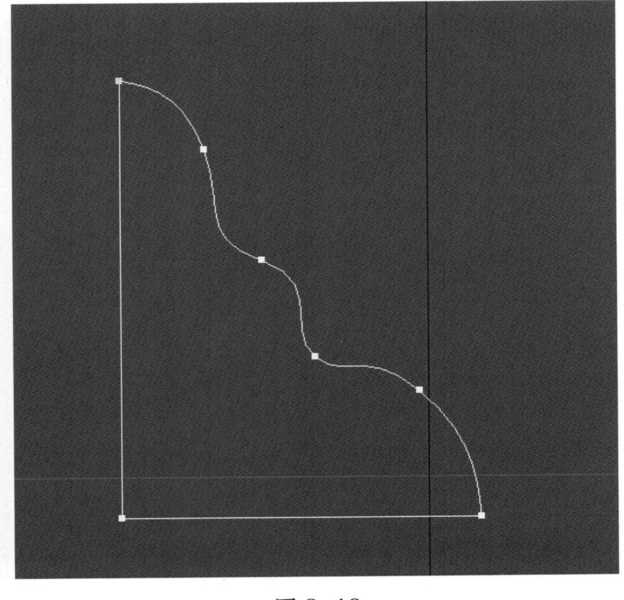
图 3-46

思考与练习

1. 样条线与矩形、圆、椭圆编辑修改的区别有哪些?

2. 绘制二维样条线,添加"挤出"命令制作窗帘,效果如图 3-47 所示。

3. 用二维线添加"挤出"修改器制作椅子,效果如图 3-48 所示。

4. 绘制 4 个矩形,分别添加"编辑样条线"修改器编辑修改,再添加"车削"修改器制作台灯,样条线如图 3-49 所示,效果如图 3-50 所示。

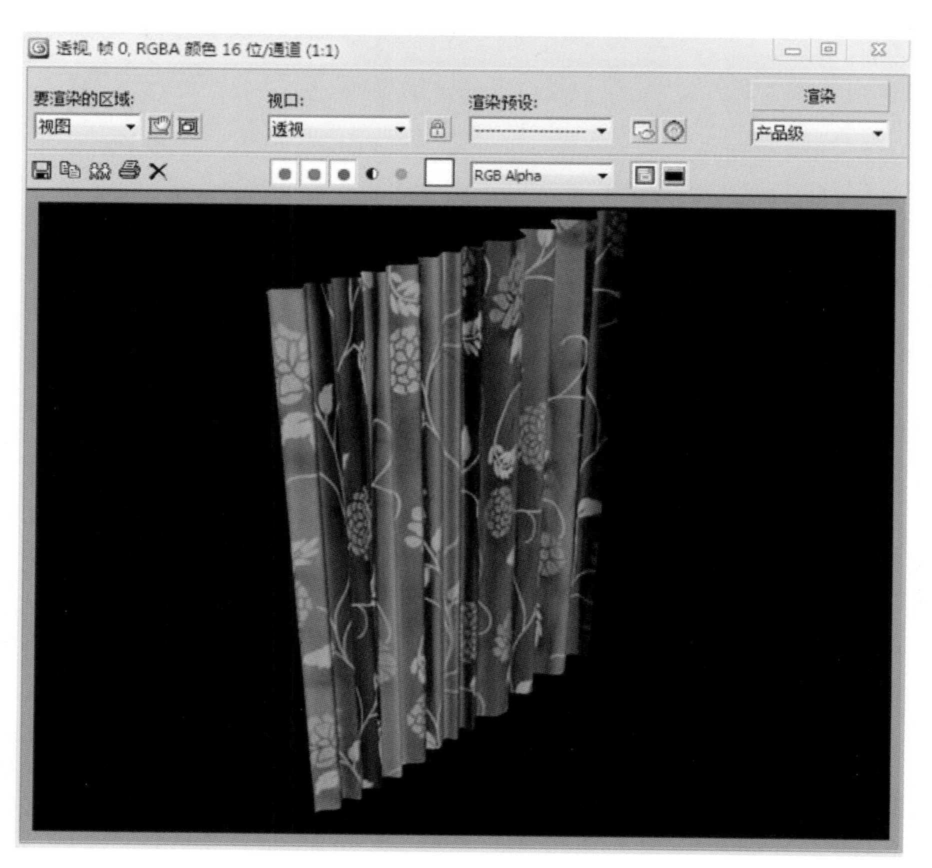

图 3-47

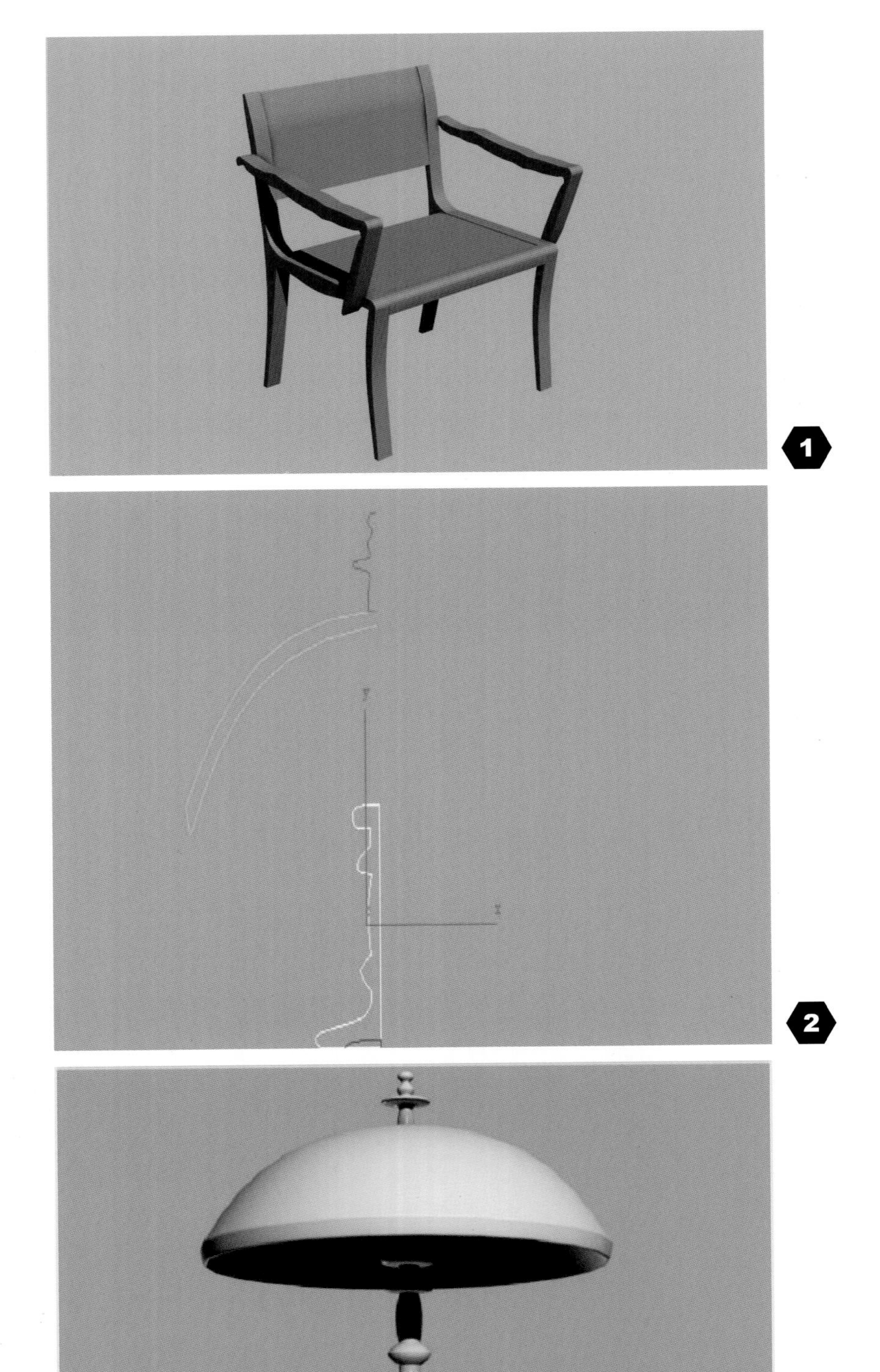

❶ 图 3-48
❷ 图 3-49
❷ 图 3-50

第四章

高级建模

学习目标

◆掌握复合对象的“放样”与“ProBoolean”运算处理

◆掌握单截面放样与多截面放样生成三维模型的方法

◆掌握使用三维修改器制作编辑模型的方法

◆掌握室内空间模型建立的方法

3ds Max 中基础建模、二维图形生成三维模型往往不能完全满足效果图制作的需求。因此，3ds Max 提供了更强大的高级建模功能来制作复杂的模型，如通过创建复合对象的放样建模、多边形建模和使用三维修改器建模等。使用这些方法，可以对创建的模型进行精细的编辑和处理。

第一节 SECTION 1 创建复合对象

复合对象的功能可以理解为是将两个以上的物体通过特定的复合方式结合为一个物体，从而达到修改、编辑模型的目的。3ds Max 提供的复合对象有 12 种类型，分别是变形、散布、一致、连接、水滴网格、布尔、图形合并、地形、放样、网格化、ProBoolean 和 ProCutter，如图 4-1 所示。其中，放样和 ProBoolean 应用得较多，本节将做重点介绍。在“创建”面板中单击“几何体”按钮，然后单击“标准基本体”右侧下拉按钮，从弹出的下拉列表中选择“复合对象”选项，可以看到全部类型，当场景中没有创建物体时，“放样”和“ProBoolean”为灰色不可用状态。

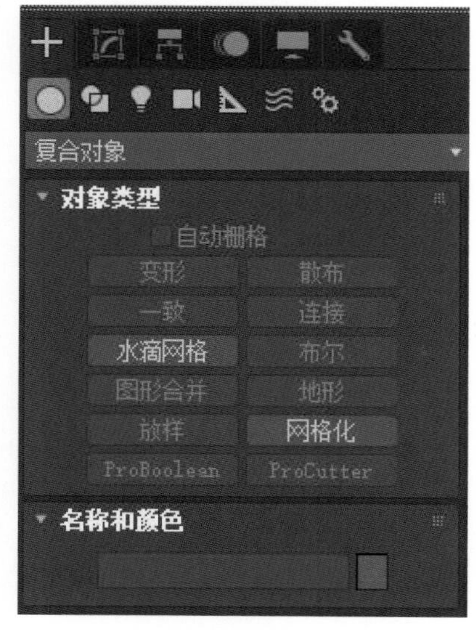

图 4-1

一、放样

放样建模起源于古代造船术，以龙骨为路径，在不同截面处放入木板，从而产生模型。3ds Max 中，用作截面的物体称为“图形”，拉伸的路线称为“路径”。对于截面图形，可以有一个或多个，可以不封闭或封闭；对于路径，一个放样物体只允许有一条。截面图形的调整需要进入图形子层级，可以对图形进行位移、旋转和缩放；路径的调整需要进入路径子层级点级别进行调整。

1. 单截面放样

案例——制作办公椅

办公椅效果如图 4-2 所示。

图 4-2

制作思路：办公椅由三部分组成，靠背和坐垫是切角长方体，支架由二维图形的矩形经过编辑作为路径，以圆形作为截面放样而生成。

制作步骤如下：

（1）在前视图绘制矩形，在“参数”卷展栏设置“长度”为 180 mm，“宽度”为 100 mm，在修改器列表下拉菜单中选取“编辑样条线”修改器，进入“线段”层级，“拆分”加点，如图 4-3 所示。

（2）进入子层级点级别，在左视图将所选择的点调整为三维路径，如图 4-4 所示。

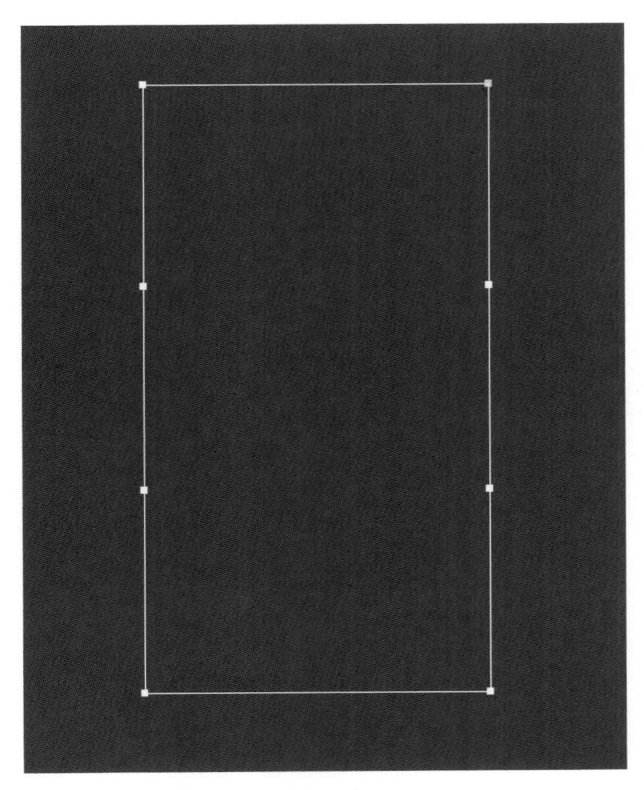

图 4-3

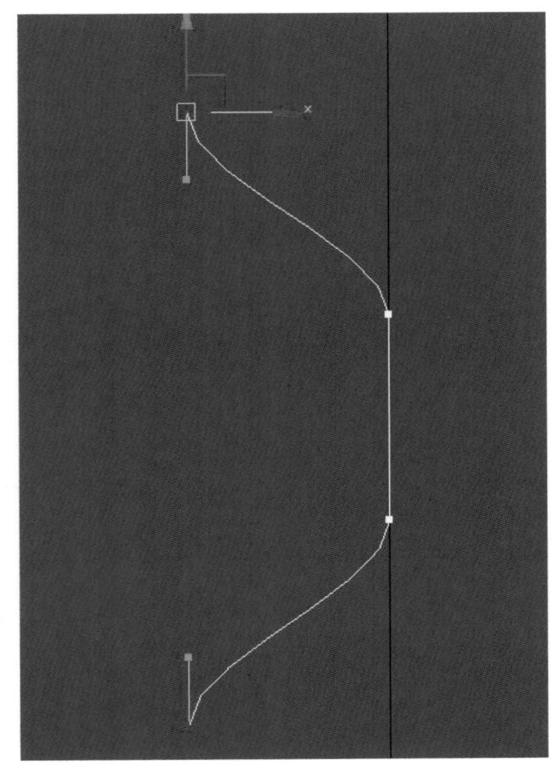

图 4-4

（3）在前视图创建半径为 4 mm 的圆，选择编辑完成的矩形，进入“创建”面板中复合面板下的“放样”，单击“获取图形”，如图 4-5 所示，然后在前视图单击圆，透视视图如图 4-6 所示。

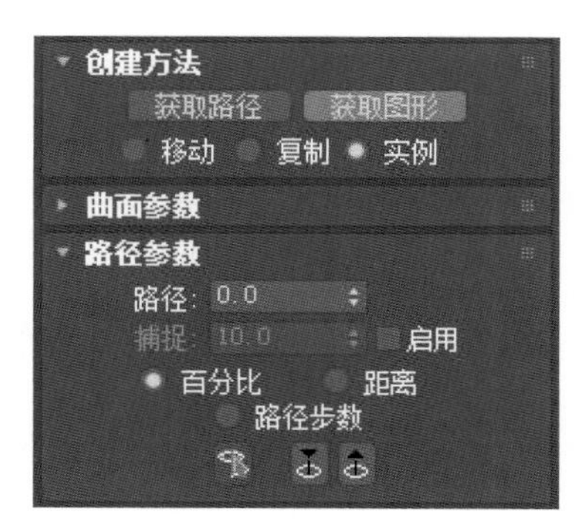

图 4-5

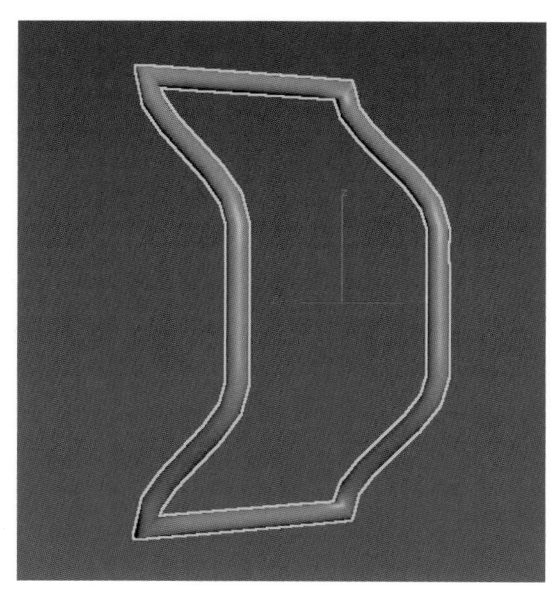
图 4-6

（4）在顶视图创建切角长方体作为坐垫，在“参数”卷展栏设置“长度”为 65 mm，“宽度”为 95 mm，“高度”为 15 mm，“圆角”为 3 mm，“圆角分段”为 5。在前视图创建切角长方体作为坐垫，在“参数”卷展栏设置“长度”为 70 mm，“宽度”为 95 mm，“高度”为 15 mm，“圆角”为 3 mm，“圆角分段”为 5，用“选择并旋转”工具在左视图调整其位置，如图 4-7 所示。

（5）为了使放样模型具有平滑效果，可以在“路径”下的“编辑样条线”层级为其在转折处加点。最后选取放样物体，调整颜色，如图 4-8 所示。

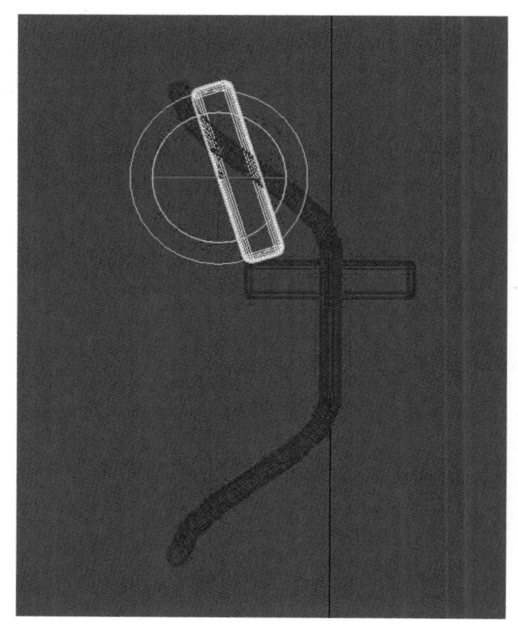
图 4-7

图 4-8

知识链接　获取路径与获取图形

先选择截面图形获取路径与先选择放样路径再获取截面图形从本质上对于创建的模型没有影响，但是模型位置会随之改变。若以路径造型为创建模型的位置，就需要先选择路径再单击“获取图形”，反之亦然。

2. 多截面放样

在放样物体的一条路径上允许有多个不同的截面图形存在，它们共同控制放样物体的外形。当前路径位置会以黄色十字交叉显示，此位置的截面图形显示为绿色。

（1）路径的编辑。多截面放样的截面图形位置通过路径参数来调整、控制，在放样物体列表中单击左侧的“+”，选取“路径”，进入“路径参数”面板，如图 4-9 所示。

路径：设置数值，以确定插入点在路径上的位置。

捕捉：勾选启用，默认为 10，在百分比方式下每调节一次路径值，会移动 10% 的距离。

：用于手动选择截面图形，将其作为当前所在位置会以绿色显示。

：用于上下翻动选择截面图形，依次向下或向上选择。

（2）截面图形的编辑。在放样物体列表中单击左侧的“+”，选取“图形”，进入“图形命令”面板，如图 4-10 所示。

多截面放样截面图形的编辑主要是指对齐命令的编辑，共提供 6 种对齐方式。“居中”是指将截面图形的中心对齐在路径上，“默认”是指恢复最初截面图形放置在路径上的位置，“左”是指将截面图形左边界对齐在路径上，“右”是指将截面图形右边界对齐在路径上，“顶”是指将截面图形顶边界对齐在路径上，“底”是指将截面图形底边界对齐在路径上。

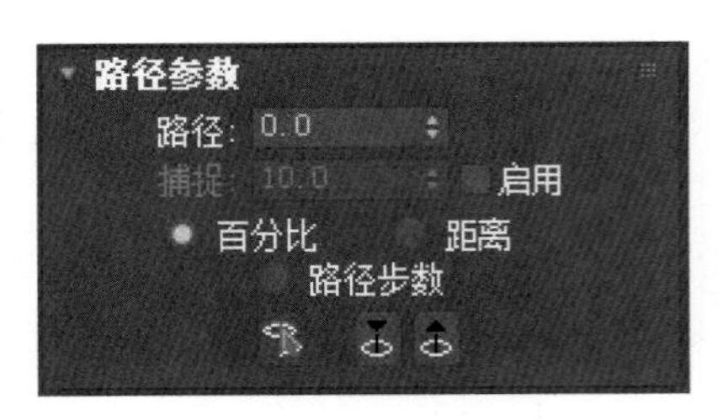

图 4-9

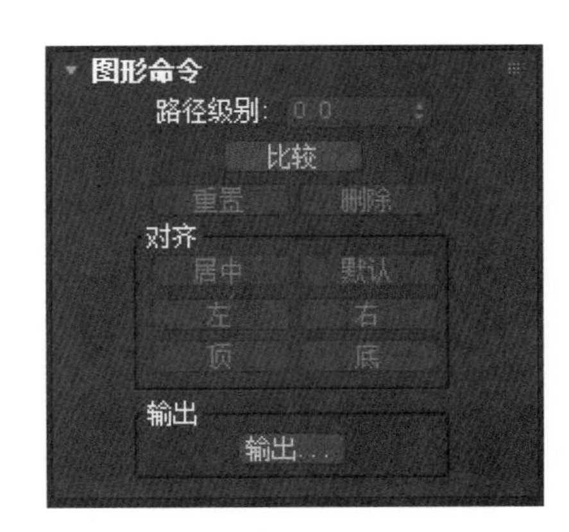

图 4-10

案例——制作廊柱

案例——制作廊柱

廊柱效果如图 4-11 所示。

制作思路：廊柱由一根样条线作为路径、两个多边形作为截面图形放样而成。在多截面放样中，尽量使多个截面的曲线保持相同的位置和节点，绘制圆形一般用多边形，另一截面图形利用“复制”编辑修改，从而得到两个相同位置和节点的图形，最后进入“变形”面板下的“缩放”命令，对其进行编辑调整。

制作步骤如下：

（1）在前视图绘制多边形，将“边数”设置为 20，添加样条曲线，进入点级别，隔点选择，轴向选择“视图”，轴心选择“使用选择中心”缩放，得到向中心缩放的图形，如图 4-12 所示。

（2）为了创建点数相同的截面，用“Shift+ 缩放”复制已经创建的图形，如图 4-13 所示，将修改堆栈删除，由此得到两个相同位置和节点的图形，如图 4-14 所示。

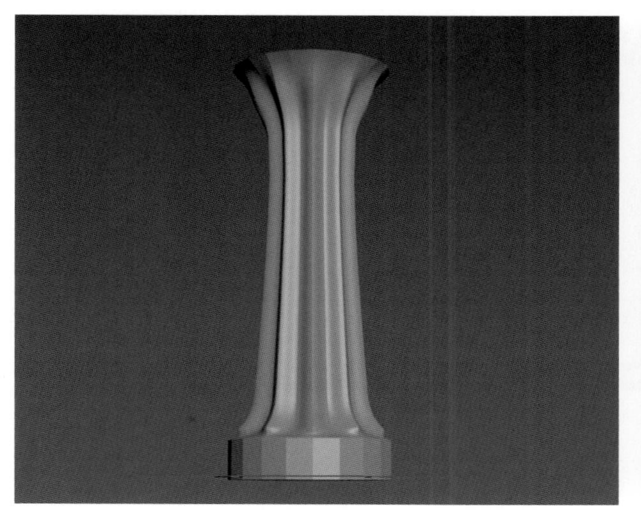
图 4-11

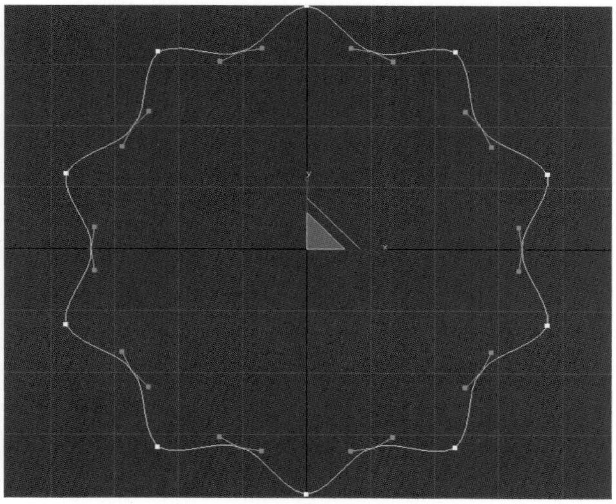

图 4-12

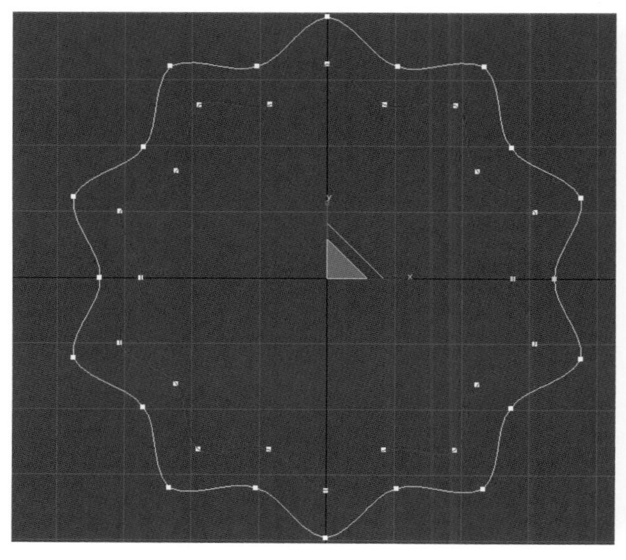
图 4-13

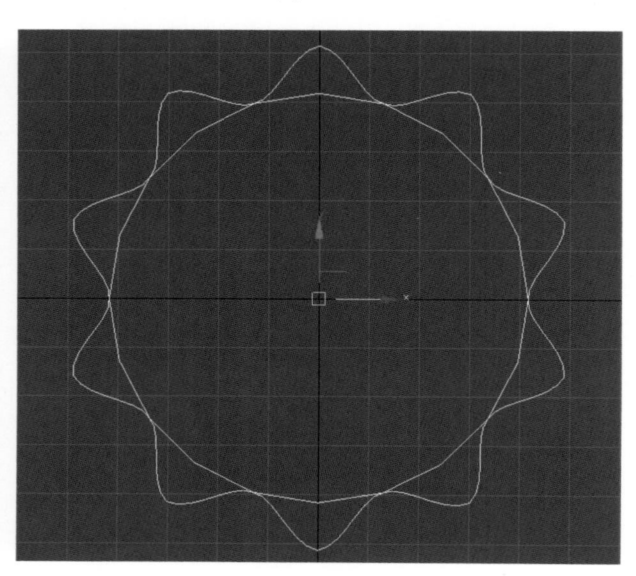
图 4-14

（3）按住“Shift”键在前视图由下至上创建样条线，然后进入“创建”面板中“复合”面板下的“放样”，单击“获取图形”，在前视图单击圆，然后依次在路径为 9、100 处获取图形圆，在路径为 12、90 处获取图形多边形，模型效果如图 4-15 所示。

（4）单击“变形”面板下的“缩放”按钮，在弹出的“缩放变形”面板中，使用 加点工具加点，并用移动工具调整各点的位置，单击右键将点更改为“Bezier 平滑”，廊柱首尾均加点调整，如图 4-16 所示，模型效果如图 4-17 所示。

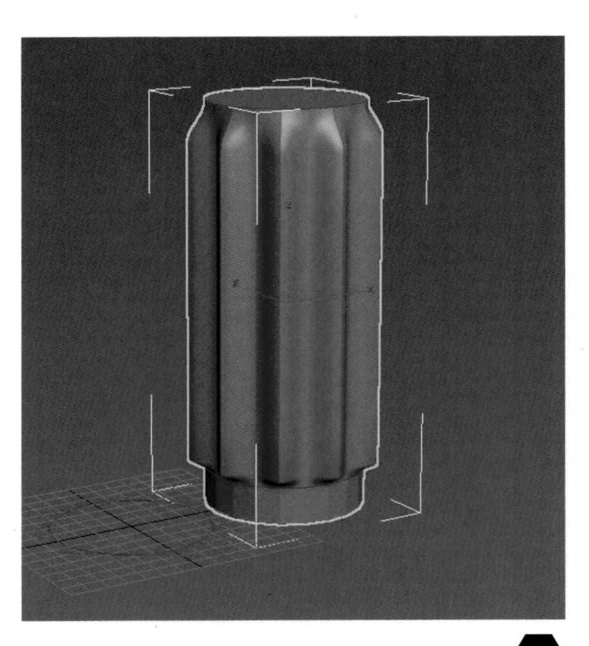

❶

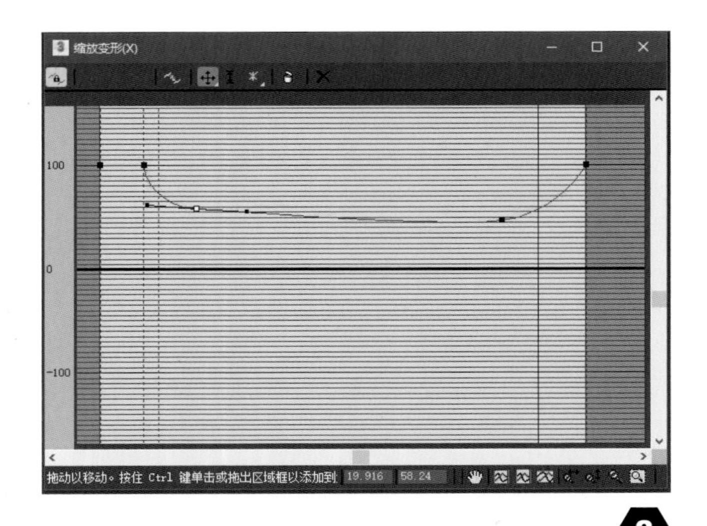

❷

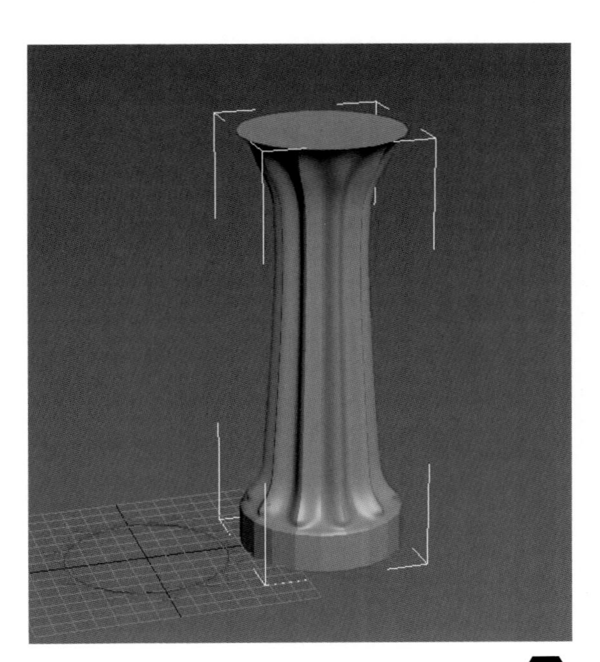

❸

❶ 图 4-15
❷ 图 4-16
❸ 图 4-17

二、ProBoolean（超级布尔）

ProBoolean(超级布尔)是对两个或两个以上的物体进行并集、差集的运算，从而得到新的三维模型，与布尔相比更方便，生成的模型三角面也较少，不会出现自交错误，下面以一个墙体的案例来介绍 ProBoolean（超级布尔）的运用。

案例——墙体ProBoolean（超级布尔）

布尔运算

墙体 ProBoolean（超级布尔）效果如图 4-18 所示。

制作思路：本案例调用前面制作的挤出模型，然后复制创建长方体，再进入复合对象的 ProBoolean（超级布尔）差集运算而成。

制作步骤如下：

（1）调用挤出的三维模型，在顶视图创建长方体，在“参数”卷展栏设置“长度”为 35 mm，“宽度”为 60 mm，高度为 50 mm，复制该长方体，顶视图如图 4-19 所示。

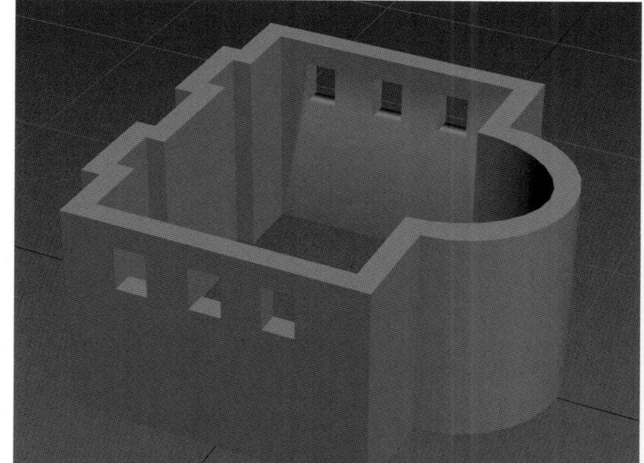

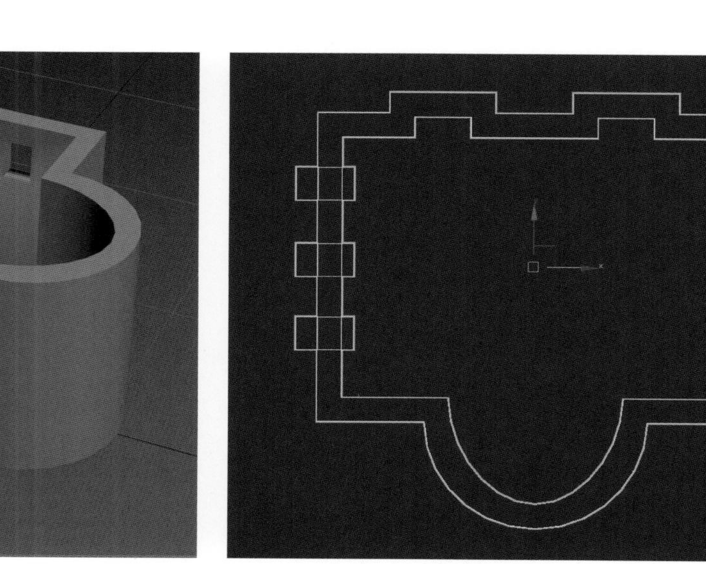

❶ 图 4-18
❷ 图 4-19

（2）选择墙体，进入复合对象，单击“ProBoolean（超级布尔）”，在“参数”面板中选取“差集”，单击“开始拾取”按钮，然后在顶视图或透视视图逐个单击需要减去的长方体，如图 4-20 所示。

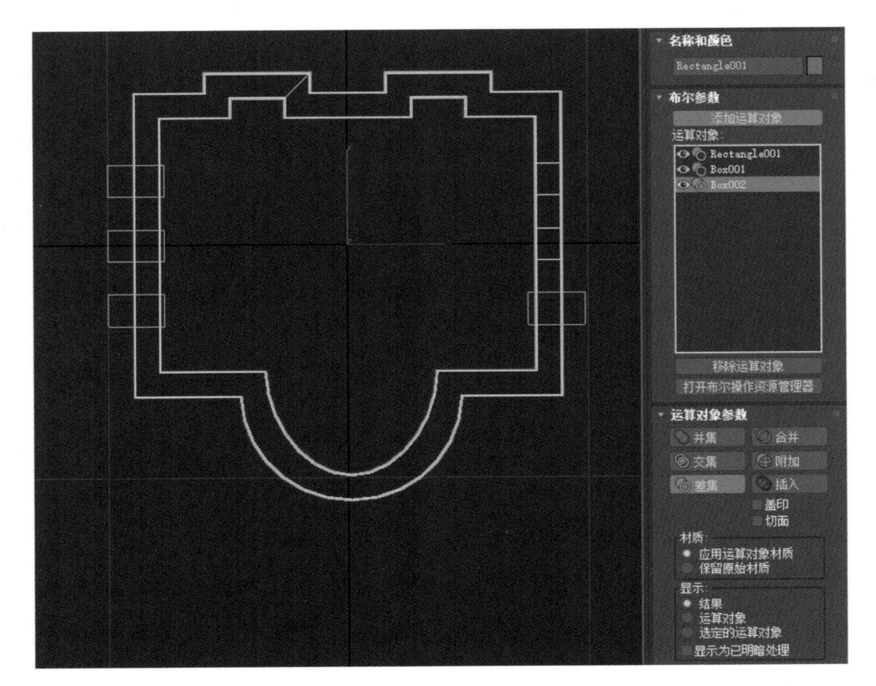

图 4-20

第二节 SECTION 2 多边形建模

多边形建模是 3ds Max 系统中最成熟、最强大的建模方法，运用多边形建模可以创建大多数建筑模型。

一、多边形建模的概念

多边形建模是一种整体建模方法，在正式制作模型前需要对创建的模型进行几何结构分析，将模型分解为一个比较简单的几何体或几个几何体的组合，然后再进入制作。由于多边形物体是一种网格物体，所以，在进一步深入编辑时可以添加“编辑多边形”或“编辑网格”修改器，在功能及使用上“编辑多边形”或“编辑网格”修改器几乎是一致的，都是针对点、边、面的编辑操作。不同的是添加“编辑网格”修改器后的物体是由三角面构成的框架结构，添加“编辑多边形”修改器后的物体既可以是三角网格模型，也可以是四边形或者更多。

二、多边形建模的步骤

多边形建模一般通过以下 3 个步骤完成模型创建。

1. 创建基本型，一般是根据观察总结，在标准几何体、扩展几何体两类简单的几何体中创建，也可以用二维图形添加修改器而生成。

2. 在修改器列表添加“编辑多边形”或“编辑网格”修改器，也可以在物体上单击鼠标右键选择

“转化为可编辑网格”或者“转化为可编辑多边形”，进入子层级进行编辑修改。子层级包括顶点、边、边界、多边形和元素五个子层级，可以在任何一个子层级对模型进行深层的精细加工。

3. 添加“网格平滑”命令增加模型细节。

三、“编辑多边形”修改器的应用

模型转化为可编辑多边形后，可进入子层级（点、边、边界、多边形和元素）对模型进行深层精细加工；可以执行移动、旋转和缩放等基本的修改变动，也可以按住“Shift”键的同时拖动复制；还可以提供更多的对多边形网格的编辑。“可编辑多边形”的子层级卷展栏会根据选择的模式而变化，常用的是选择、软选择和编辑三部分，下面将分述各子层级的主要调节参数。

顶点层级下的编辑面板的选择、软选择和编辑顶点三部分，如图 4-21 所示。

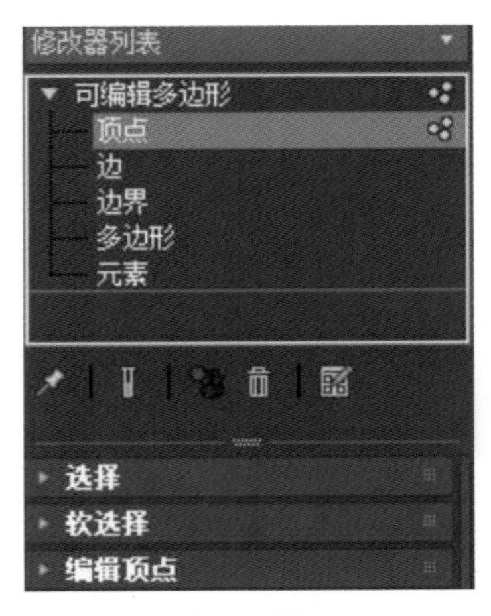

图 4-21

1. 选择卷展栏

忽略背面：勾选此项，背面不被选择；不勾选则会选中正面及背面。

收缩：单击该按钮，对当前选择的子物体进行外围方向的收缩选择。

扩大：单击该按钮，对当前选择的子物体进行外围方向的扩大选择。

环形：单击时将会选择与当前选择边平行的边，仅用于边或者边界层级。

循环：在选择的边对齐方向以四点传播方式扩展选择，仅用于边或边界层级。

2. 软选择卷展栏

使用软选择：勾选后，在对点进行选择移动时，所选点周围的点会随设置的数值联动。

衰减：调节所选点对周围影响的范围大小。

收缩、膨胀：调节软选择控制曲线的曲率。

3. 编辑卷展栏

每一个子层级都有相应的编辑卷展栏，会根据选择的模式不同而变化，最常用的子层级有点、边和多边形。

顶点：以顶点为最小单位进行选择编辑。

边：以边为最小单位进行选择编辑。

边界：用于选择开放的边，非边界的边不能被选择，单击边界上的某一条时，整个边界线将全部被选择。

多边形：以四边形为最小单位进行选择编辑。

元素：以元素为最小单位进行选择编辑。

可编辑多边形按钮形态如图 4-22 所示。

图 4-22

编辑多边形（1）

（1）“顶点”模式下的编辑顶点卷展栏如图 4-23 所示，其参数含义如下：

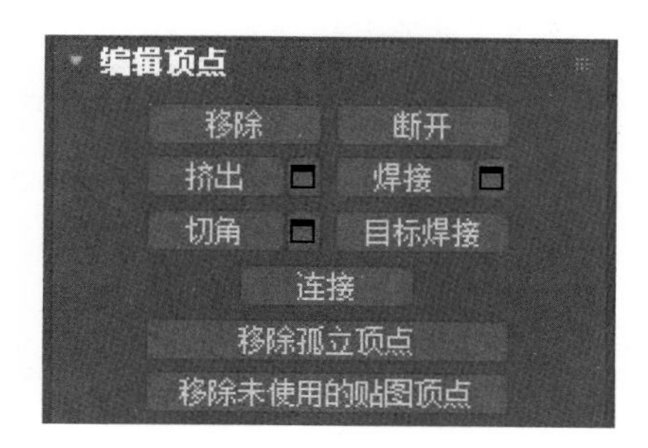

图 4-23

移除：移除当前选择的点。移除与删除的不同是去除顶点但不破坏表面的完整，周围的点将重新结合。

断开：单击后会在选择点的位置创建更多的点，在使用移动工具移动点时，该点所在的表面会出现分裂。

挤出：按下此按钮可在视图中手动对选择的点进行挤压操作。拖动鼠标时，选择的点会沿着法线方向在挤压同时创建出新的多边形表面。右侧的按钮可以通过输入数值来设置挤压阈值。

焊接：用于顶点之间的焊接操作。在视图中选择需要焊接的点，单击此按钮，在阈值范围内的点将被焊接为一个点，右侧的按钮可以通过输入数值来设置焊接阈值。

切角：按下此按钮拖动选择点将会进行切角处理，右侧的按钮可以通过输入数值来设置切角阈值。

目标焊接：按下此按钮后，在视图中将选择的点拖动到需要焊接的顶点，将会自动进行焊接。

连接：在选择点之间产生新的边。

移除孤立顶点：单击后将删除所有孤立的点。

移除未使用的贴图顶点：删除不能用于贴图的点。

（2）“边”模式下的编辑边卷展栏如图 4-24 所示。边与边界层级的一些命令的功能与点层级相关命令的功能相同，这里不再重复，其他参数含义如下：

插入顶点：手动对可视边进行细分，在边上单击可以加入任意点。

移除：移除选择的边，移除的边周围的面会重新进行结合。

编辑三角剖分：单击按钮后，多边形内部隐藏的边以虚线显示，选择顶点并拖动至对角顶点，鼠标显示为“+”图标，释放鼠标后四边形内部边的划分方式改变。

（3）“多边形”模式下的编辑多边形卷展栏如图 4-25 所示，其参数含义如下：

挤出：可以对选择的多边形进行挤出操作，单击右侧的“设置”按钮 ，弹出对话框。挤出的类型分为三种：组法线、本地法线和按多边形。“组法线”挤出将按选择的多边形平均法线方向挤出，“本地法线”挤出将沿着选择的多边形自身法线方向挤出，“按多边形”挤出对同时选择的多个表面单独挤出，如图 4-26 所示。

编辑多边形（2）

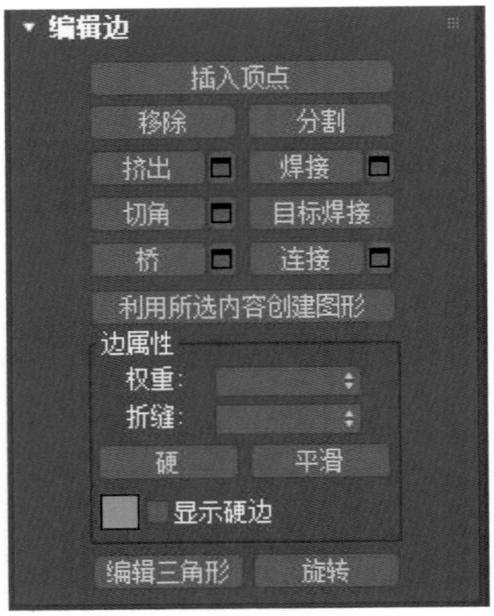

编辑边
插入顶点
移除
分割
挤出
焊接
切角
目标焊接
桥
连接
利用所选内容创建图形
边属性
权重：
折缝：
硬
平滑
显示硬边
编辑三角形
旋转

图 4-24

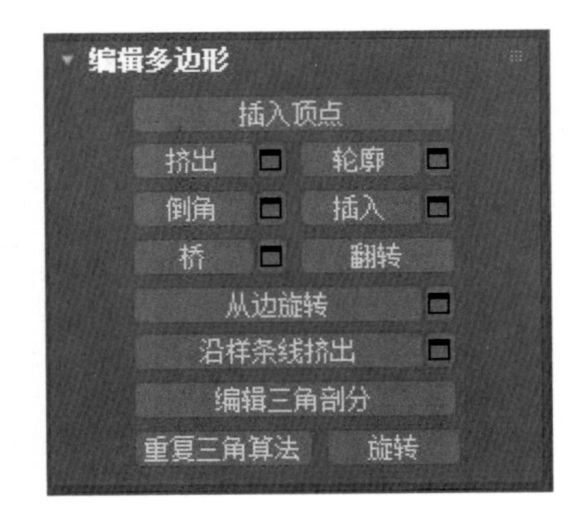

编辑多边形
插入顶点
挤出
轮廓
倒角
插入
桥
翻转
从边旋转
沿样条线挤出
编辑三角剖分
重复三角算法
旋转

图 4-25

组法线效果
本地法线效果
按多边形效果

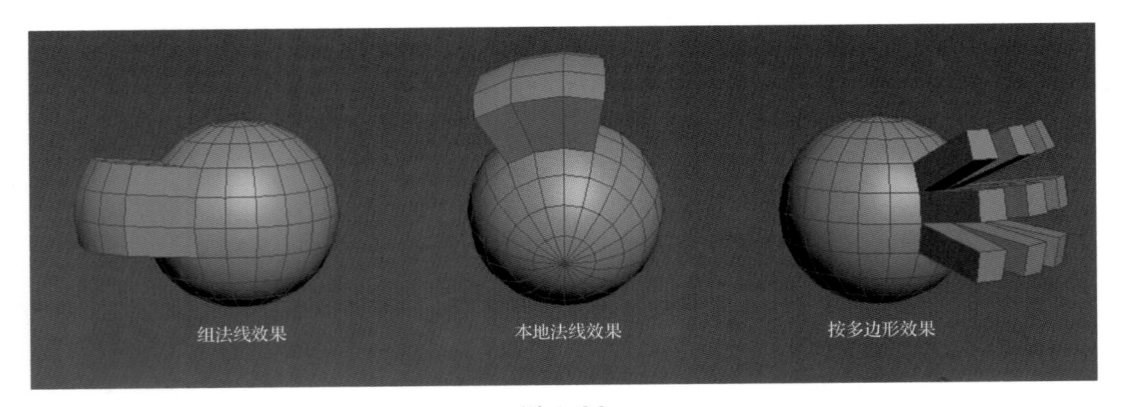

图 4-26

轮廓：用于增大或缩小轮廓边的尺寸，单击“设置”按钮 ，可以通过输入数值来控制轮廓边的大小。

倒角：对选择的多边形进行挤出和轮廓处理，单击 “设置”按钮 ，可以进行数值调控。倒角类型设置与挤出类型设置相同。

插入：在“轮廓”功能之上增加产生新的面，单击 “设置”按钮 ，可以进行数值调控。

从边旋转：选择多边形后单击多边形的某条边，即以指定的某条边为枢轴进行旋转挤出，如图 4-27、图 4-28 所示。

沿样条线挤出：选择的多边形沿样条线挤出。选择多边形后拾取样条线即可挤出模型选择的多边形，如图 4-29 所示。根据对话框继续编辑沿样条线挤出的多边形，可使其锥化和扭曲，如图 4-30 所示。

编辑三角剖分：自动对多边形内部三角面重新划分。

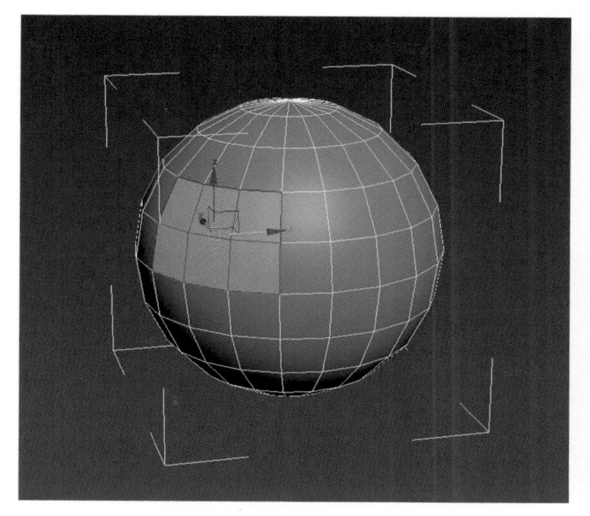

图 4-27

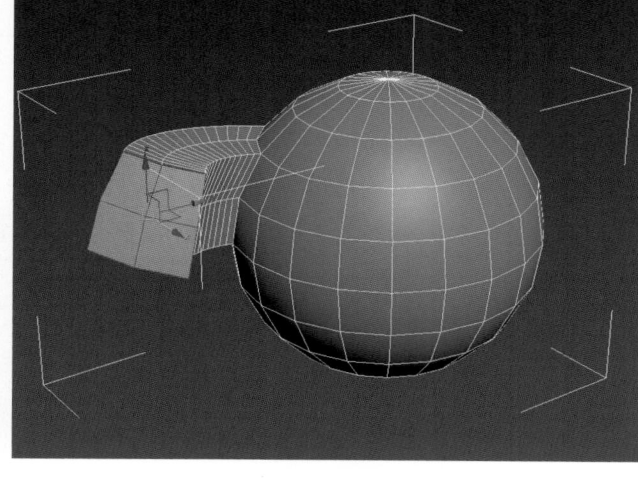

图 4-28

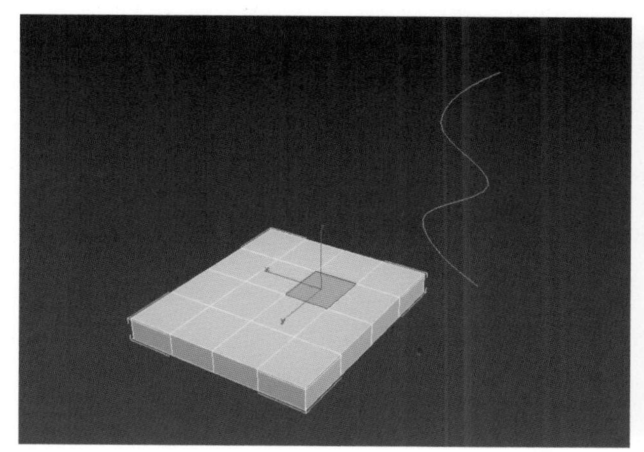

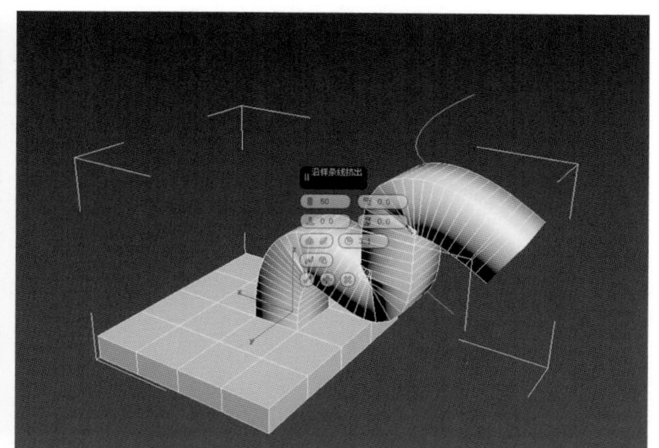

图 4-29

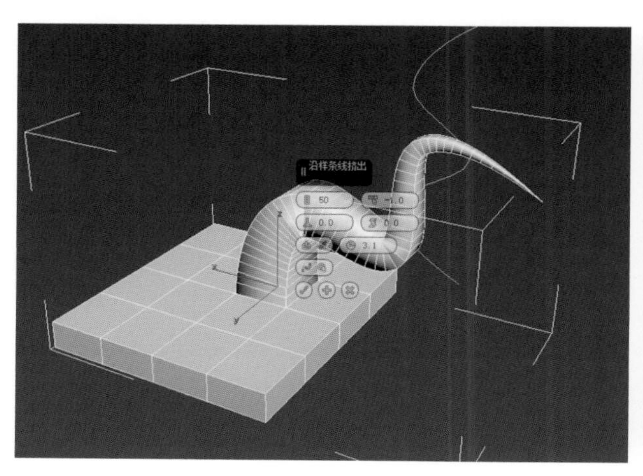

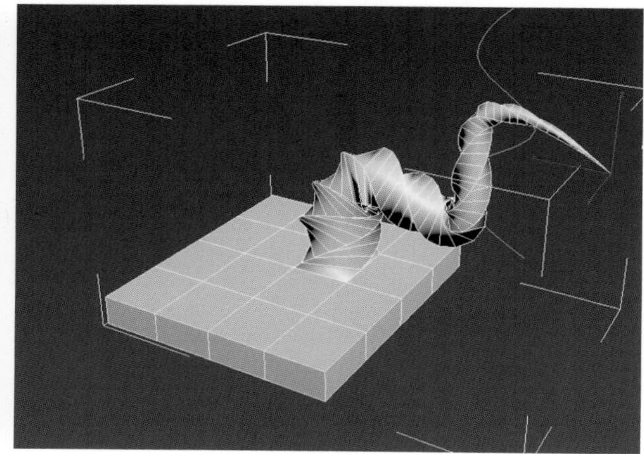

图 4-30

案例——制作液晶电视机

液晶电视机效果如图 4-31 所示。

制作思路：本案例的电视机由长方体和圆柱体添加“编辑多边形”命令编辑而成，主要是进入子层级的多边形层级进行“倒角”“挤出”等修改，最后再对两个创建的模型使用对齐工具。

图 4-31

制作步骤如下：

（1）在前视图创建一个长方体，在“参数”卷展栏设置长度为 700 mm，宽度为 1 000 mm，高度为 50 mm，长度分段为 1，宽度分段为 1，高度分段为 1，从修改器列表添加“编辑多边形”命令。

（2）进入子层级多边形，在透视视图选择作为屏幕的面，单击“插入”命令，移动鼠标使选择的面具有厚度，如图 4-32 所示。

（3）继续添加“挤出”命令，数值为 –5 mm，如图 4-33 所示。

图 4-32

图 4-33

（4）进入多边形层级，选择电视机模型背面的多边形，添加“倒角”命令，设置倒角类型为“按多边形”，将挤出值设置为 15 mm，轮廓值设置为 –12 mm，按“Enter”键确定，如图 4-34 所示。

（5）在顶视图创建一个圆柱体，参数设置如图 4-35 所示。

（6）选择创建的圆柱体，从修改器列表添加“编辑多边形”命令，进入多边形层级，选择圆柱体中心的多边形，添加“挤出”命令，将挤出值设置为 65 mm，如图 4-36 所示。

❶ 图 4-34
❷ 图 4-35
❸ 图 4-36

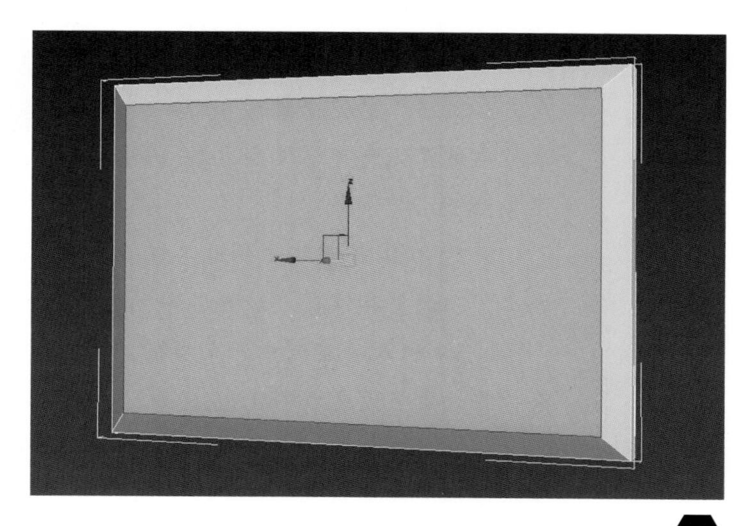

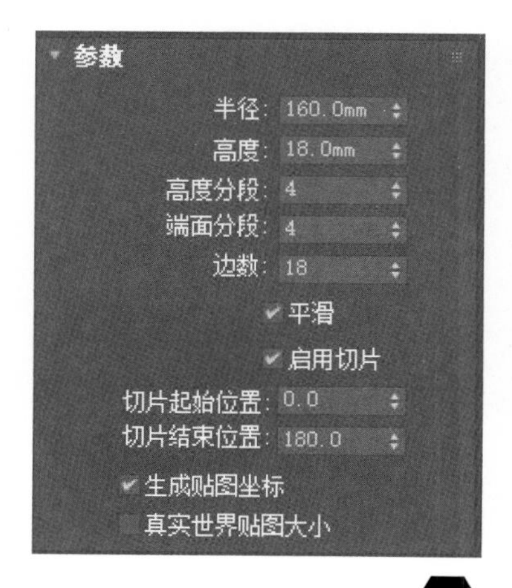

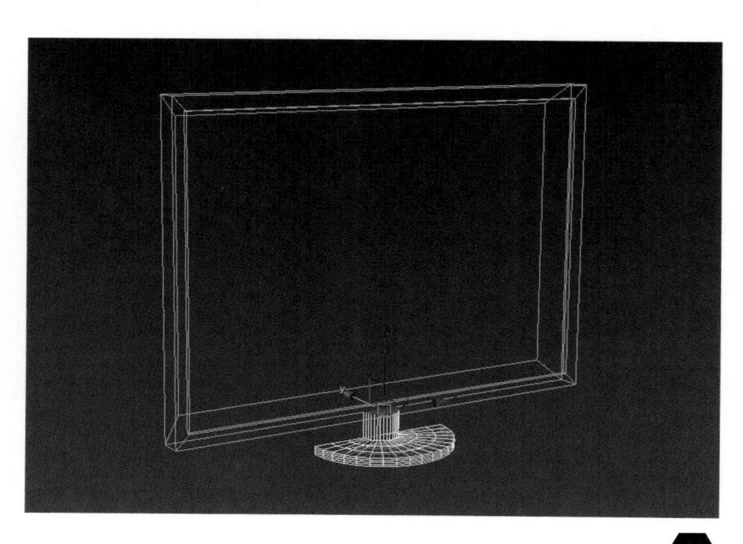

案例——制作背景墙

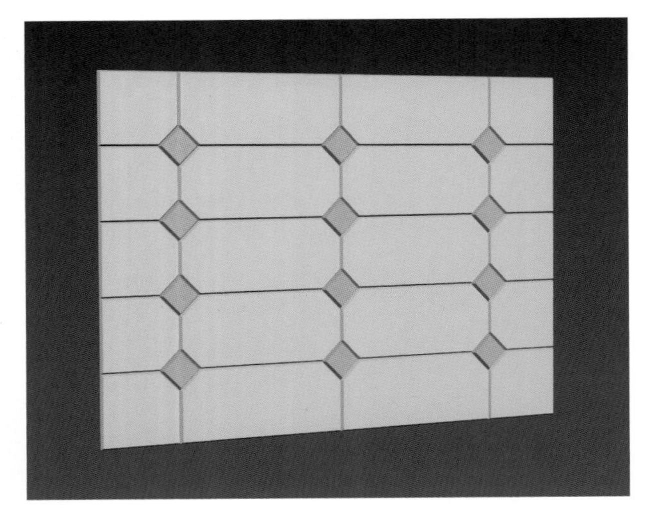
图 4-37

背景墙效果如图 4-37 所示。

制作思路：本案例的背景墙由平面转化为可编辑多边形编辑而成，主要是进入多边形子层级进行编辑修改。

制作步骤如下：

（1）在前视图创建一个平面，在“参数”卷展栏设置长度为 3 300 mm，宽度为 4 500 mm，长度分段为 5，宽度分段为 4，单击鼠标右键转化为可编辑多边形，如图 4-38 所示。

（2）进入子层级中的边层级，在前视图将选择的两条边沿 *X* 轴缩放，选取“选择轴心”，调整其位置，如图 4-39 所示。

（3）进入子层级中的点层级，在前视图选择外框以外的所有点，添加“切角”命令，将切角值设置为 180 mm，如图 4-40 所示。

（4）进入多边形层级，在前视图选择所有的多边形，添加“倒角”命令，设置倒角类型为“按多边形”，将挤出值设置为 36 mm，轮廓值设置为 −16 mm，按“Enter”键确定，如图 4-41 所示。

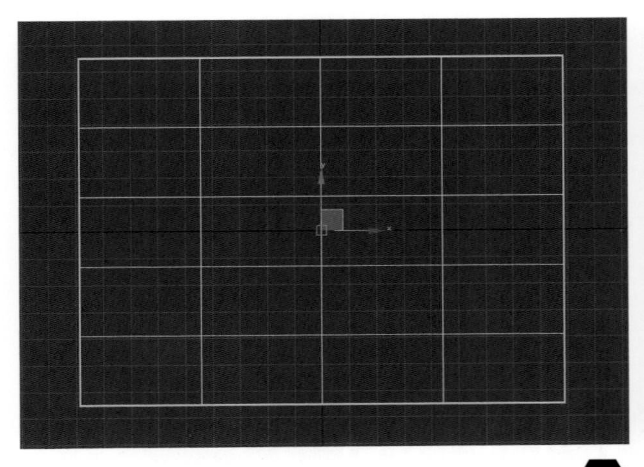
1

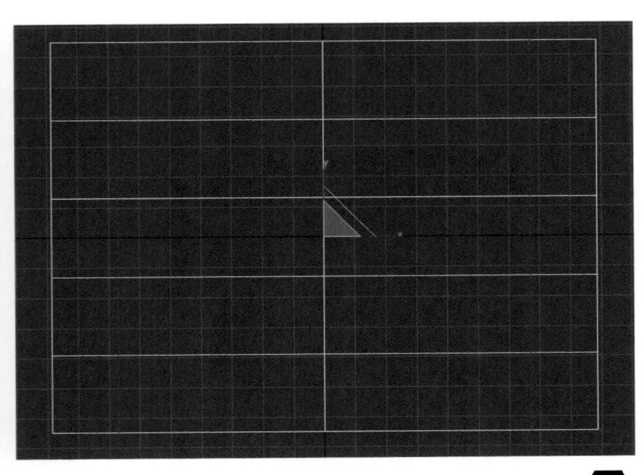
2

❶ 图 4-38
❷ 图 4-39

（5）在多边形层级，选择“切角”的多边形，单击“选择”卷展栏下的“扩大”按钮，选择区域将扩大一周，然后再添加“挤出”命令，将挤出值设置为 10 mm，选择“分离”命令，按默认值确认，如图 4-42 所示，最后给分离出的多边形设置颜色。

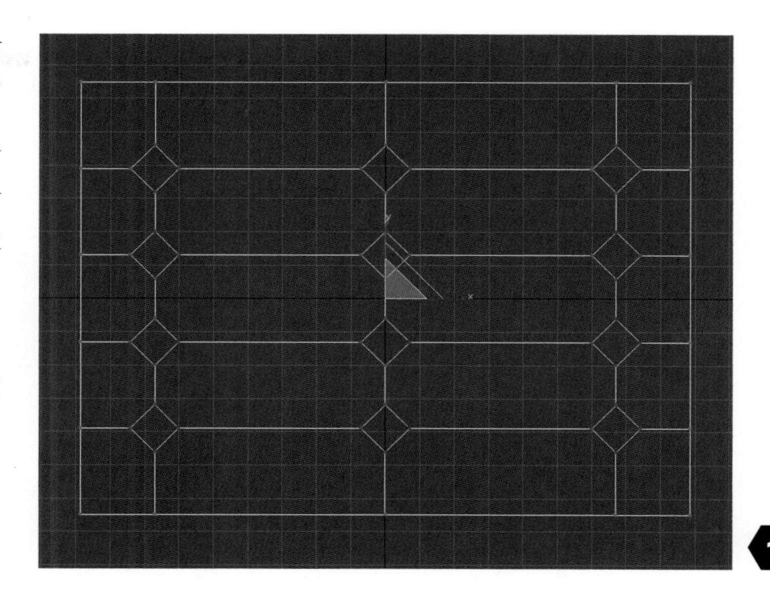

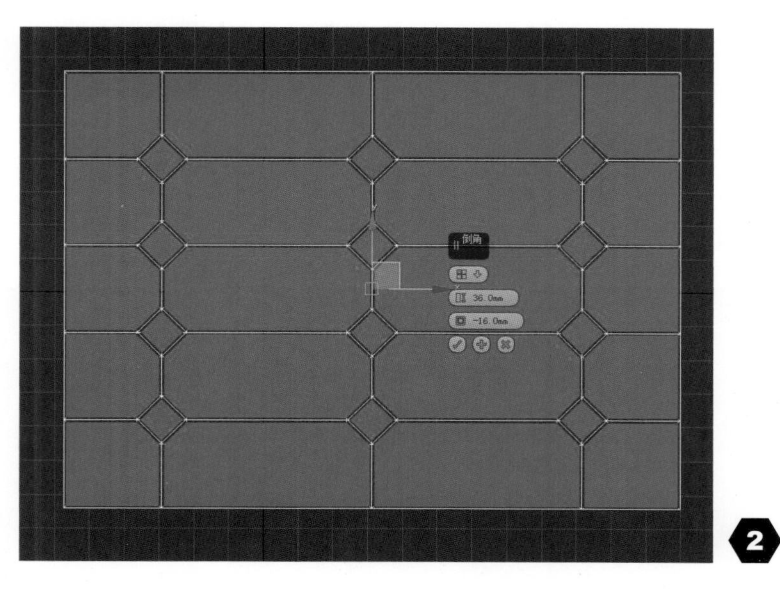

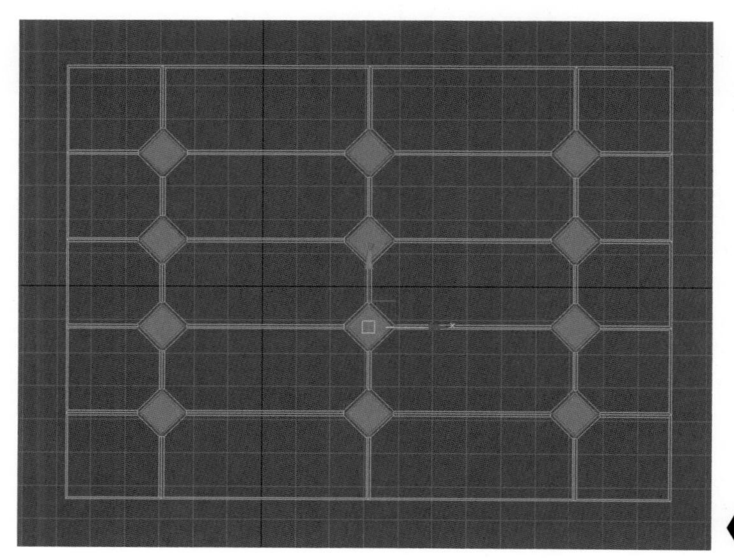

❶ 图 4-40
❷ 图 4-41
❸ 图 4-42

案例——管状体制作沙发

案例——管状体制作沙发

沙发制作效果如图 4-43 所示。

制作思路：本案例的沙发由 3 个管状体编辑而成的沙发靠背、扶手和沙发腿组成，沙发凳面由圆柱体、长方体经过添加修改器编辑修改而成。

图 4-43

制作步骤如下：

（1）在"创建"面板中，单击"几何体"按钮，然后在下拉列表中选择"标准基本体"，然后单击"管状体"按钮，在顶视图创建一个管状体，然后在"参数"卷展栏设置"半径 1"为 130 mm，"半径 2"为 120 mm，"高度"为 –135 mm，勾选"启用切片"，"切片起始位置"为 –242.5 mm，"切片结束位置"为 –118.5 mm，顶视图与前视图如图 4-44 所示。

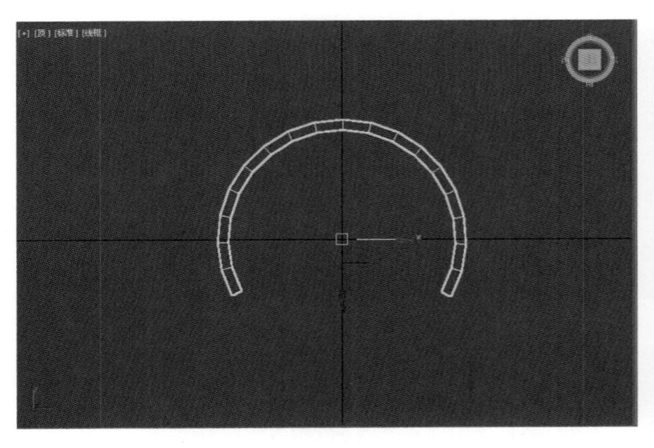
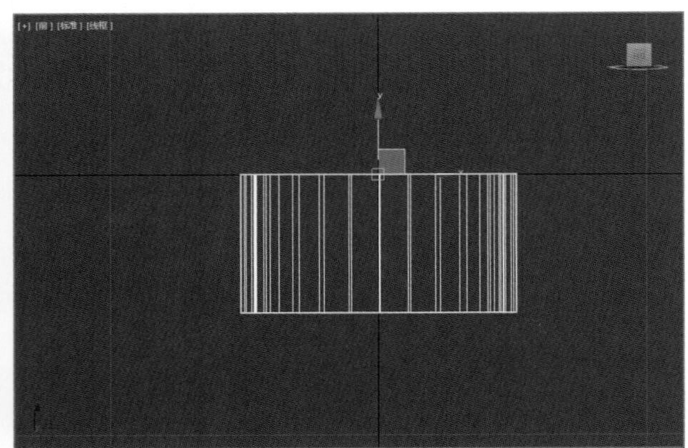
图 4-44

（2）在修改器列表下拉菜单中选择"编辑多边形"修改器，进入点层级编辑修改，结果如图 4-45 所示。

（3）在顶视图创建第二个管状体作为扶手，参数设置及顶视图如图 4-46 所示。

（4）在修改器列表下拉菜单中选择"编辑多边形"修改器，进入点层级编辑修改，结果如图 4-47 所示。

（5）在修改器列表下拉菜单中选择"网格平滑"，继续在顶视图创建第三个管状体，参数设置及顶视图如图 4-48 所示。

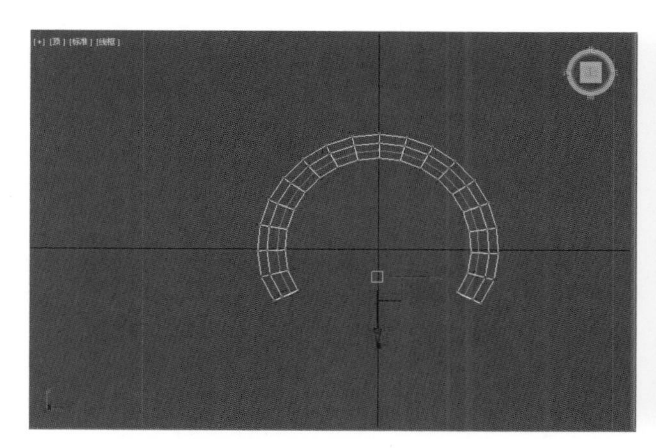

❶

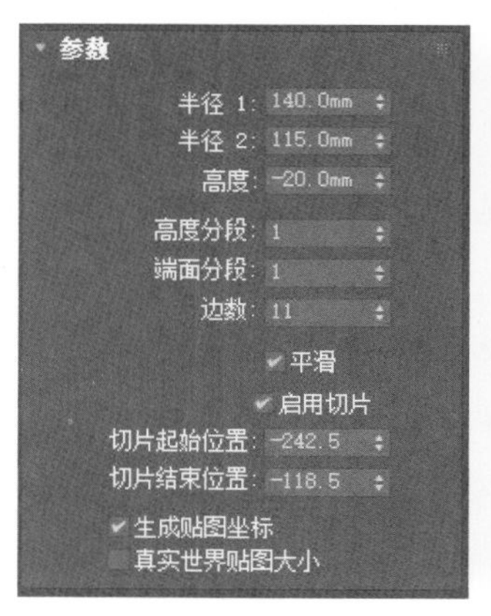

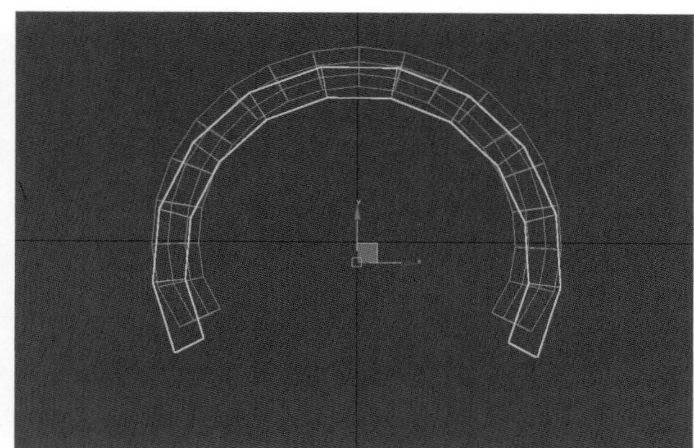

❷

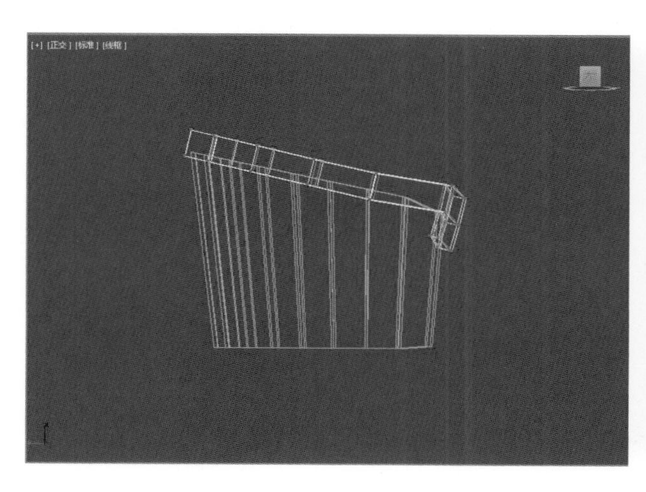

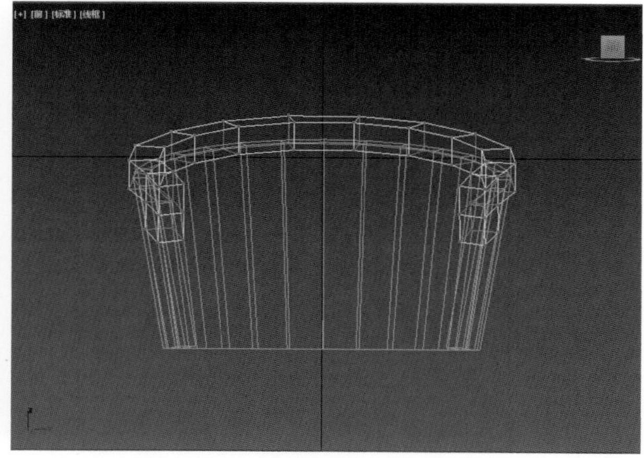

❸

❶ 图 4-45
❷ 图 4-46
❸ 图 4-47

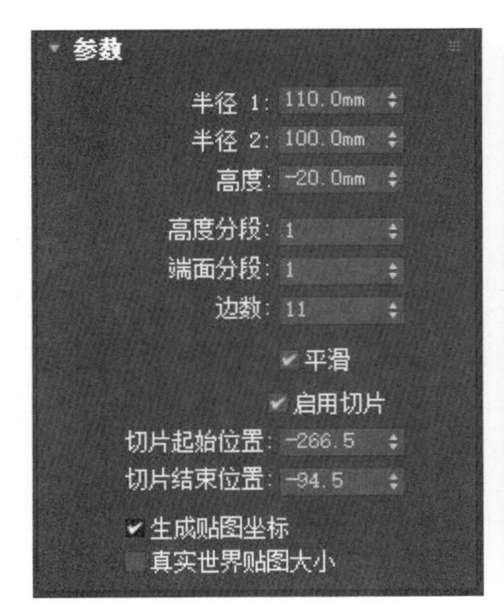

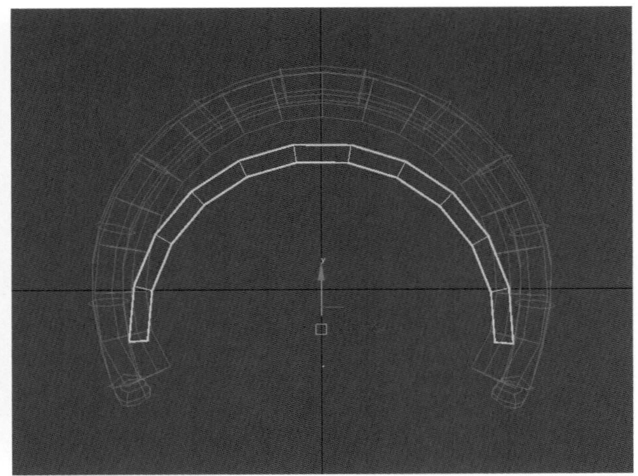

图 4-48

（6）在修改器列表下拉菜单中选择“编辑多边形”修改器，进入各层级编辑修改，最终效果如图 4-49 所示。

（7）在顶视图创建一个圆柱体作为沙发凳面，在修改器列表下拉菜单中选择“FFD2×2×2”修改器，用“选择并移动”工具调整控制点，如图 4-50 所示。

（8）在顶视图创建一个长方体作为沙发坐垫，如图 4-51 所示。

（9）在修改器列表下拉菜单中选择“松弛”修改器，再添加“FFD3×3×3”修改器，用“选择并移动”工具调整控制点，顶视图及前视图如图 4-52 所示。至此，沙发制作完毕。

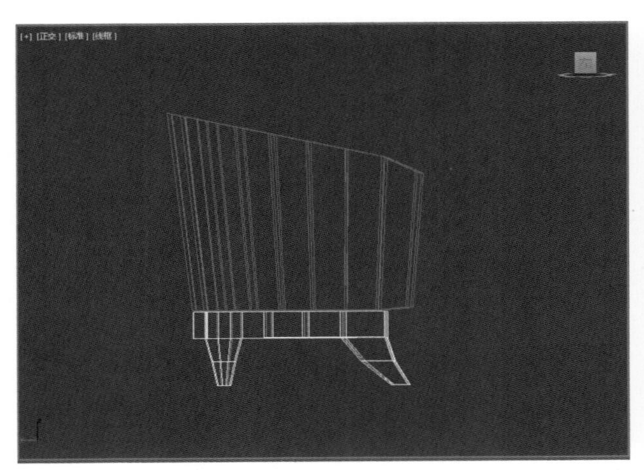
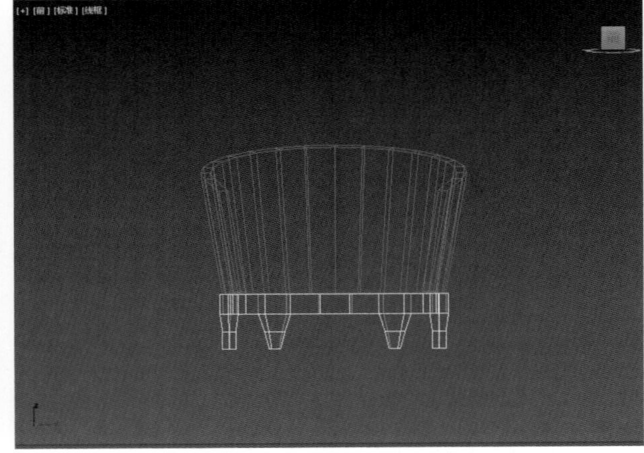

图 4-49

❶ 图 4-50
❷ 图 4-51
❸ 图 4-52

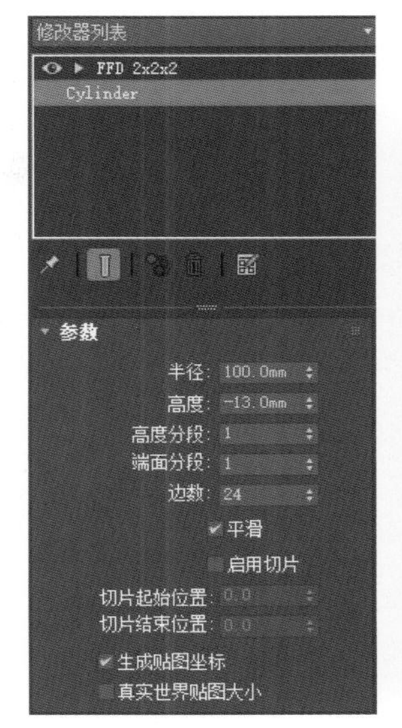

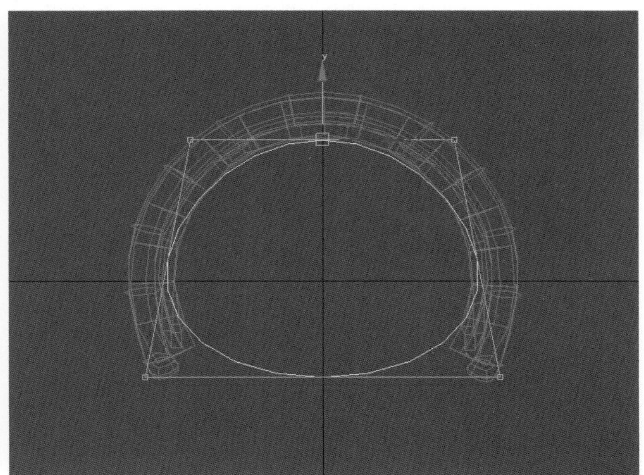

❶

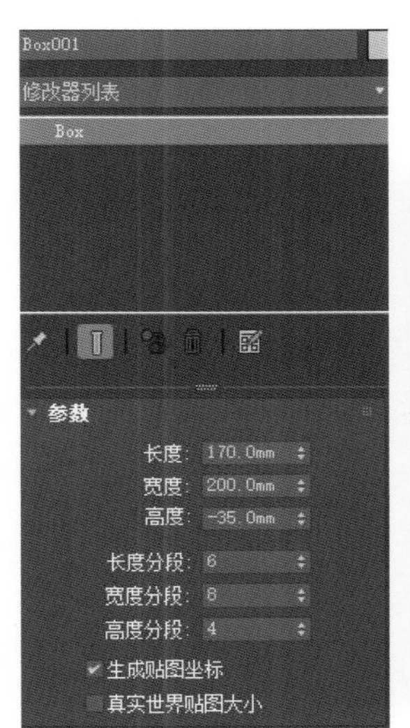

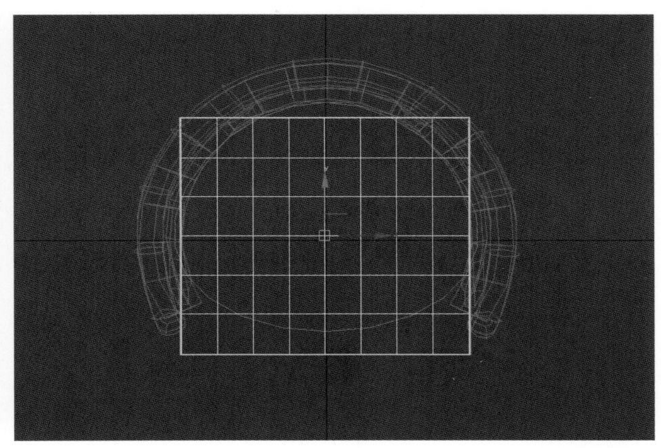

❷

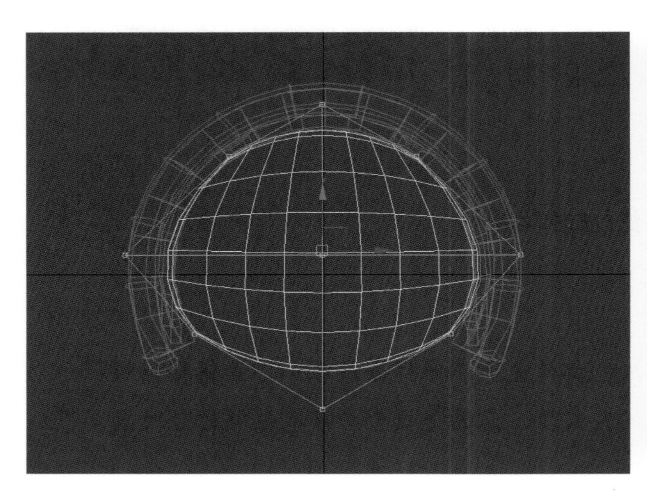

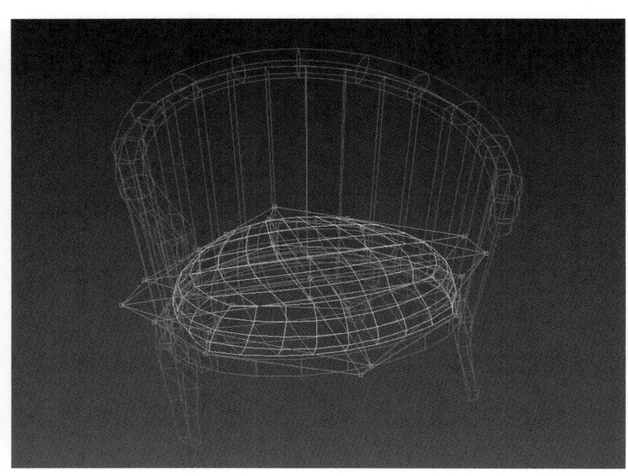

❸

第三节 SECTION 3 三维修改器

通过几何体创建的模型往往不能完全满足效果图的要求，因此，需要使用修改器对基础模型进行修改，从而使得模型更加精细。本节主要介绍三维修改器的使用方法和应用技巧。

一、“弯曲”修改器

“弯曲”修改器的“参数”卷展栏如图 4-53 所示，它可以对已选择的物体进行弯曲变形操作，并通过 *X*、*Y*、*Z* 轴的“轴向”调控弯曲的角度和方向，可以用“限制”选项中的“上限”和“下限”调整弯曲的影响范围。

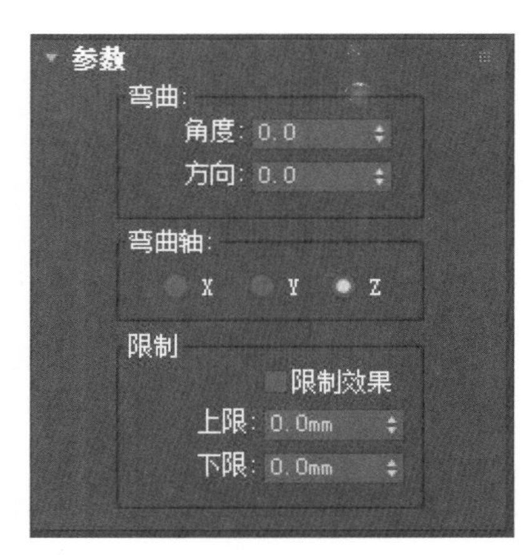

图 4-53

案例——制作旋转楼梯

案例——制作旋转楼梯

旋转楼梯效果如图 4-54 所示。

制作思路：本案例的旋转楼梯由楼梯和扶手组成，都是先由二维样条线添加“编辑样条线”命令绘制出基本模型，再添加“弯曲”修改器编辑而成的，需要注意的是模型必须有足够的分段数，否则达不到所需要的效果。

制作步骤如下：

图 4-54

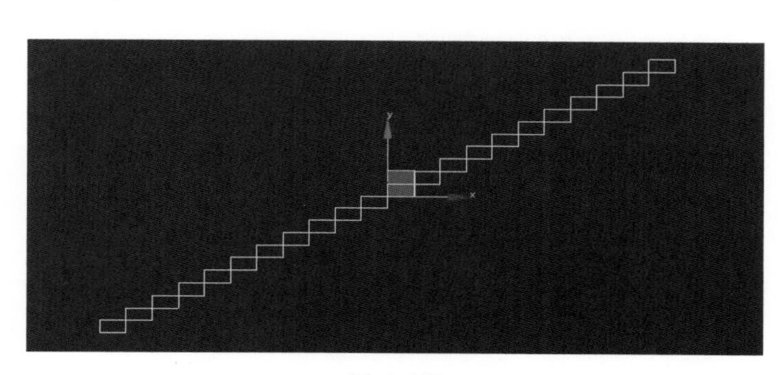

图 4-55

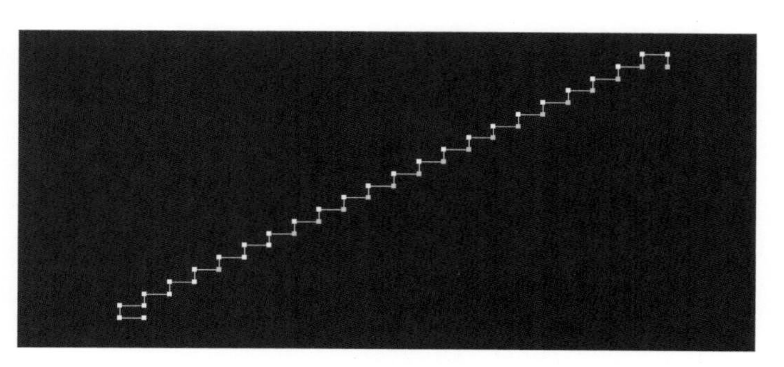

图 4-56

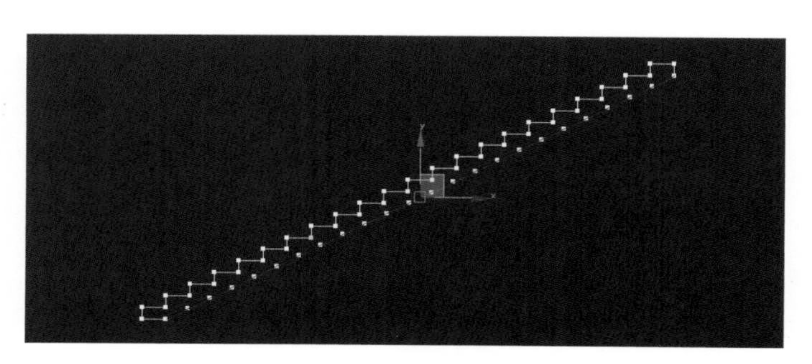

图 4-57

（1）在前视图创建矩形，在“参数”卷展栏设置“长度”为 150 mm，“宽度”为 300 mm，单击“捕捉”按钮，设置为“顶点”方式，复制 21 份，如图 4-55 所示。

（2）选择任意一矩形，从修改器列表添加“编辑样条线”命令，单击“附加多个”按钮，将所有矩形附加为一个整体，然后进入子层级“线段”，删除选择的线段，如图 4-56 所示。

（3）进入子层级“顶点”，单击“连接”按钮，将两个顶点连接为线段，再选择所有的顶点，单击“焊接”（用默认值），然后进入子层级“线段”，单击“拆分”，数值为 22，如图 4-57 所示。

（4）进入子层级“线段”，在前视图将选择的线段复制并移动，并且单击“分离”按钮将选择的线段分离独立，如图 4-58 所示。

（5）在前视图绘制线，单击“捕捉”按钮，设置为“顶点”和“中点”方式，先绘制线，再绘制楼梯扶手，如图 4-59 所示。

（6）选择矩形修改的样条线，从修改器列表添加“挤出”命令，挤出值为 1 200 mm，如图 4-60 所示。

（7）选择绘制的扶手，从修改器列表添加“编辑样条线”命令，单击“附加多个”按钮，将所有样条线附加为一个整体，再进入“渲染”卷展栏，勾选“在渲染中启用”和“在视口中启用”，设置径向厚度值为 50 mm，如图 4-61 所示。

（8）在顶视图复制另一侧的扶手，用移动工具调整两侧扶手位置，如图 4-62 所示。

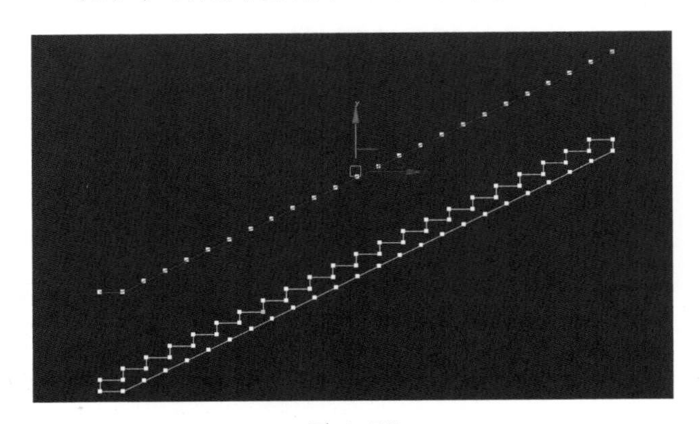

图 4-58

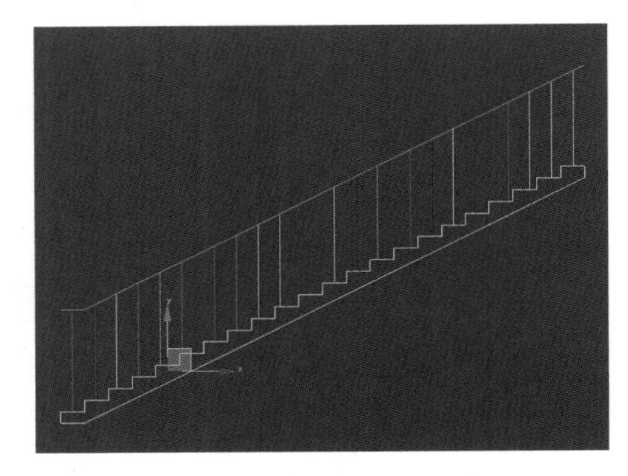

图 4-59

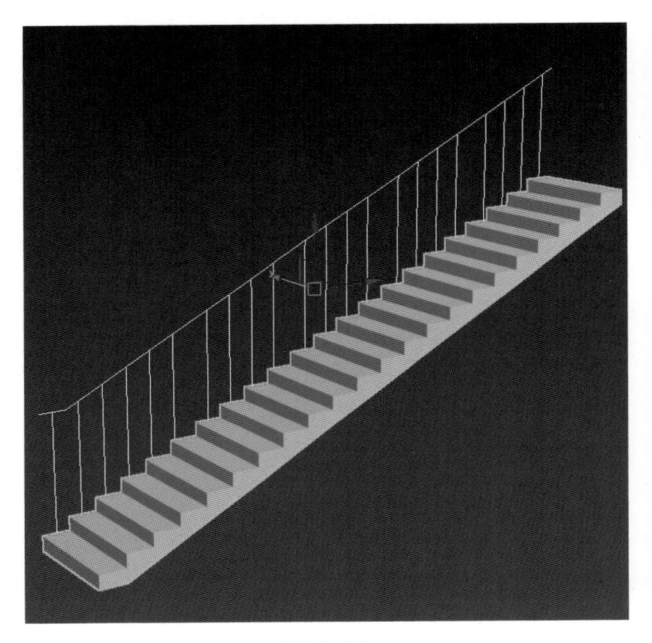

图 4-60

图 4-61

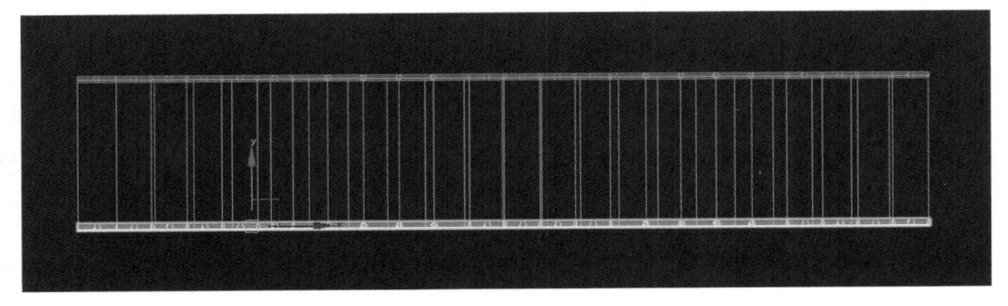

图 4-62

（9）在前视图选择所有的模型，从修改器列表添加“弯曲”命令，“弯曲轴”选择X，“角度”为180，“方向”为90，如图4-63所示。至此，旋转楼梯制作完成。

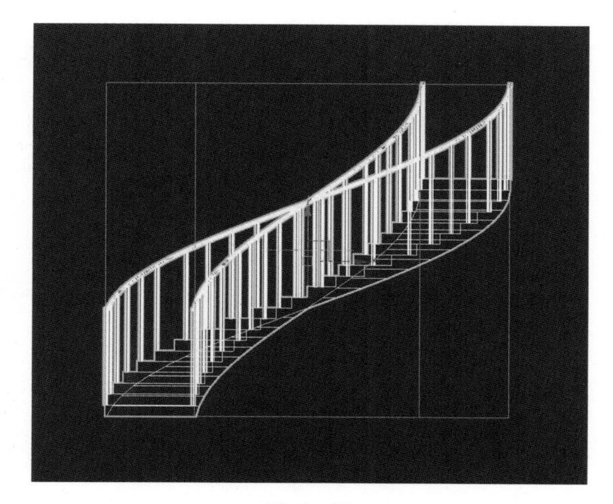

图 4-63

二、“锥化”修改器

“锥化”修改器的“参数”卷展栏如图4-64所示，通过缩放模型的两端使其产生锥形效果。“数量”决定锥化倾斜的程度，正值向外，负值向内，“曲线”决定锥化的弯曲程度，正值向外，负值向内；可以通过X、Y、Z轴的“轴向”调控锥化主轴和效果轴向；可以用“限制”选项中的“上限”和“下限”调整影响范围。

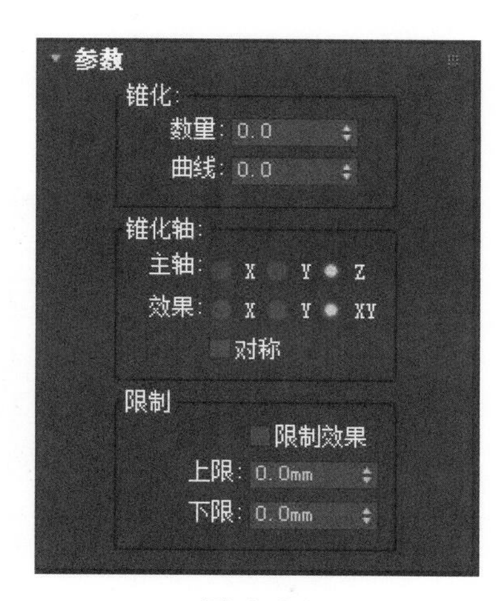

图 4-64

案例——制作凳子

凳子模型如图4-65所示。

制作思路：本案例的凳子由顶、底分别嵌套管状体的圆柱体添加三维修改器“锥化”制作而成，两个管状体需要与圆柱体对齐，然后移动“锥化”的Gizmo中心至对象底部，调整锥化曲线而完成模型制作。

制作步骤如下：

（1）在顶视图创建圆柱体，在“参数”卷展栏设置“半径”为45 mm，“高度”为95 mm，“高度分段”为12，“边数”为32。

（2）在顶视图创建管状体，在“参数”卷展栏设置“半径1”为47 mm，“半径2”为45 mm，“高度”为5 mm，“边数”为32，将管状体对齐圆柱体，并复制一个管状体放至圆柱体顶部，结果如图4-66所示。

（3）由修改器列表为创建对象添加“锥化”命令，然后移动“锥化”的Gizmo中心至对象底部，在“参数”卷展栏设置锥化“曲线”为0.88，如图4-67所示，透视效果图如图4-68所示。

图 4-65

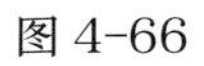

图 4-66

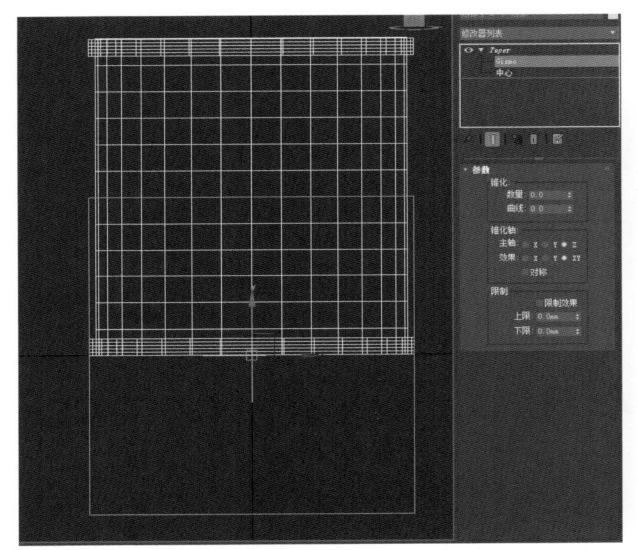

图 4-67

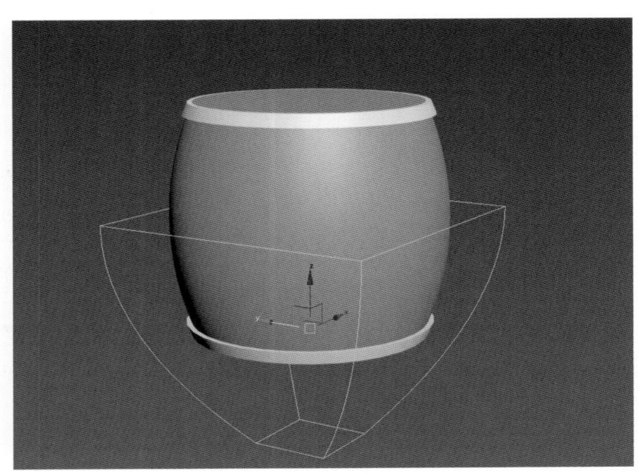

图 4-68

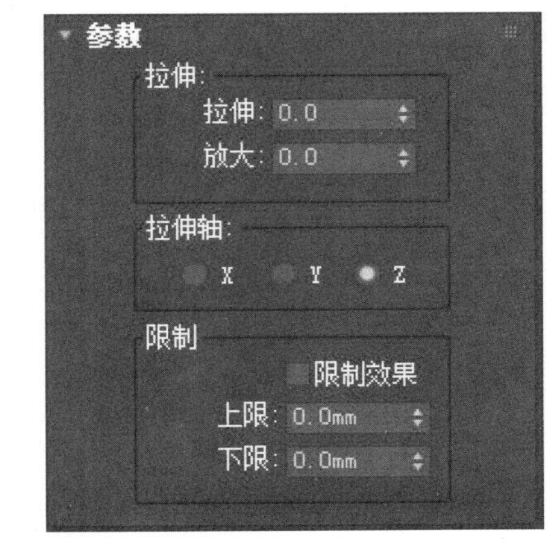

图 4-69

三、“拉伸”修改器

“拉伸”修改器的“参数”卷展栏如图 4-69 所示，“拉伸”设置强度，“放大”设置拉伸中部扩大变形的程度；可以通过 *X*、*Y*、*Z* 轴的“轴向”调控拉伸依据的坐标轴向；可以用“限制”选项中的“上限”和“下限”调整影响范围。

案例——靠背

靠背模型如图 4-70 所示。

制作思路：本案例的靠背由切角长方体添加“拉伸”“影响范围”“网格平滑”等命令编辑而成，需要注意的是初始的模型必须有足够的分段，才可以达到编辑修改的最终效果。

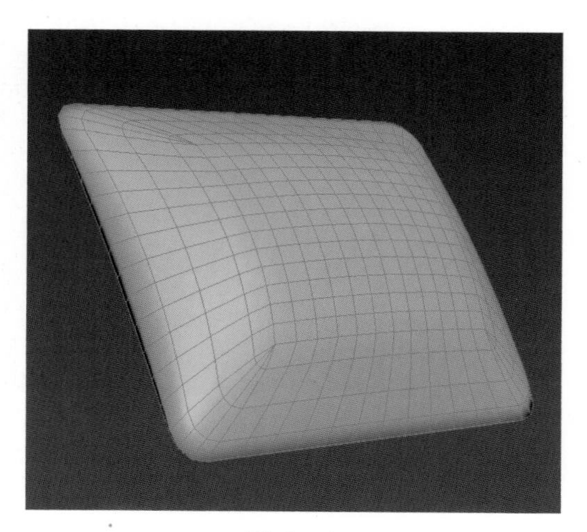

图 4-70

制作步骤如下：

（1）在顶视图创建切角长方体，在“参数”卷展栏设置“长度”为 180 mm，“宽度”为 240 mm，“高度”为 60 mm，“圆角”为 15，“长度分段”为 12，“宽度分段”为 12，“高度分段”为 3，“圆角分段”为 3，模型效果如图 4-71 所示。

（2）从修改器列表为创建的模型添加“拉伸”命令，“参数”卷展栏设置“拉伸轴”为 Z，“拉伸”为 –0.5，如图 4-72 所示。

（3）从修改器列表继续添加“FFD3×3×3”修改器，修整模型整体形态，如图 4-73 所示。

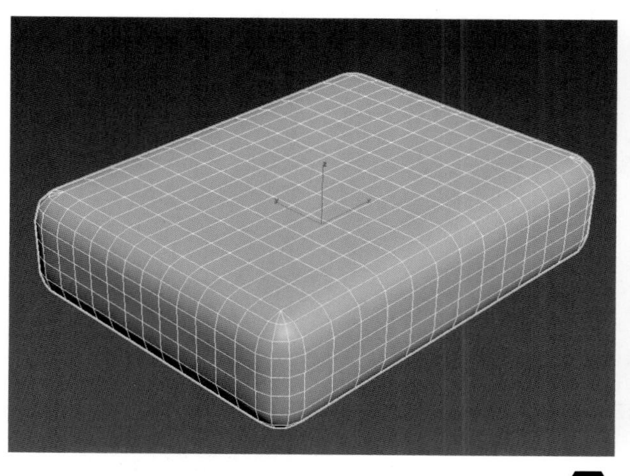

❶

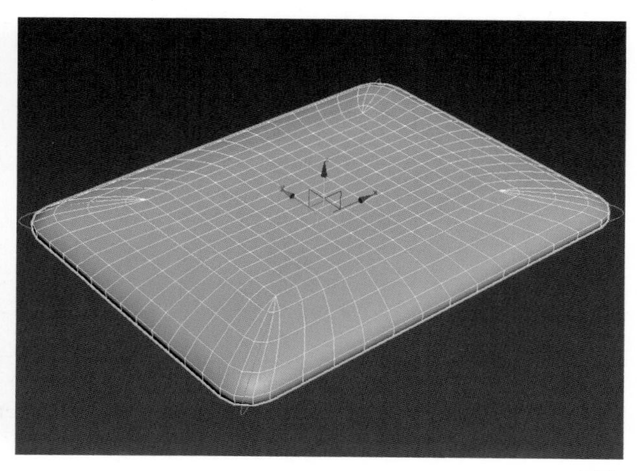

❷

❶ 图 4-71
❷ 图 4-72

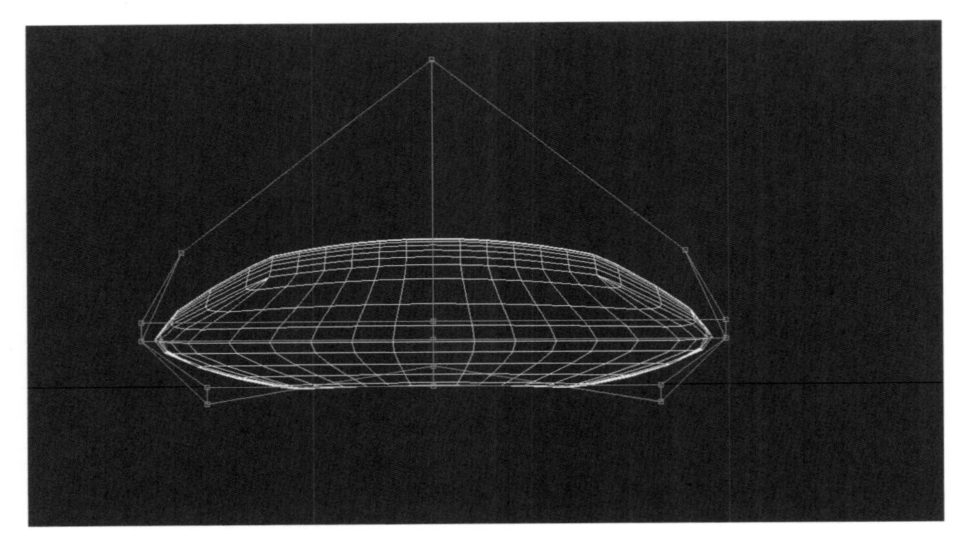

图 4-73

四、“扭曲”修改器

“扭曲”修改器的“参数”卷展栏如图 4-74 所示，“角度”设置扭曲的角度值，“偏移”设置扭曲向上或向下的偏向度；可以通过 X、Y、Z 轴的“轴向”调控扭曲的坐标轴向；可以用“限制”选项中的“上限”和“下限”调整影响范围。

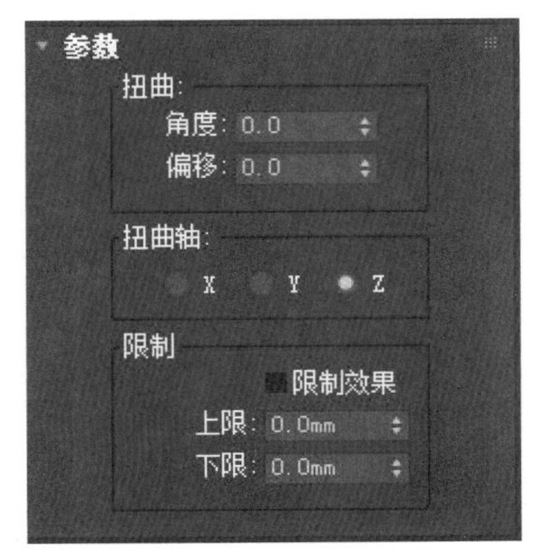

图 4-74

案例——制作落地灯

落地灯效果如图 4-75 所示。

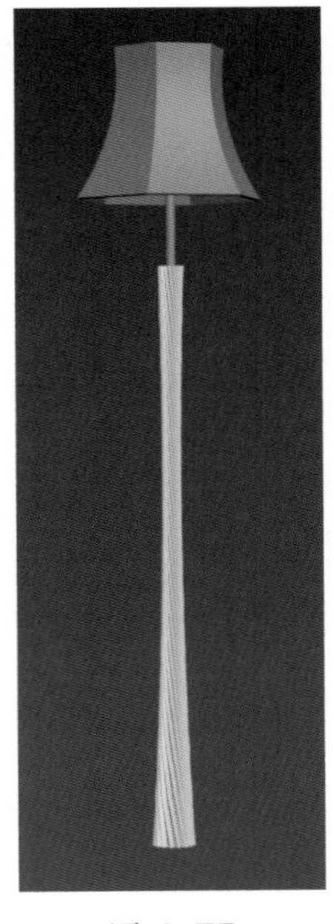

图 4-75

制作思路：本案例的落地灯由三部分组成：两个二维图形通过添加三维修改器命令创建的对象以及一个圆柱体。此案例添加了三维修改器的“挤出”“锥化”“扭曲”“壳”等命令，最后再通过“对齐”命令调整其位置而生成。

制作步骤如下：

（1）在顶视图创建二维图形星形，在“参数”卷展栏设置“半径1”为 40 mm，“半径 2”为 30 mm，“点”为 16，“圆角半径 1”为 6 mm，如图 4-76 所示，模型效果如图 4-77 所示。

（2）从修改器列表为创建的星形添加“挤出”命令，在“参数”卷展栏设置“数量”为 1 000 mm，“分段”为 16，如图 4-78 所示。

（3）接着再从修改器列表为创建对象添加“锥化”命令，在“参数”卷展栏设置锥化“数量”为 –0.4，“曲线”为 –1.3，如图 4-79 所示。

图 4-76

图 4-77

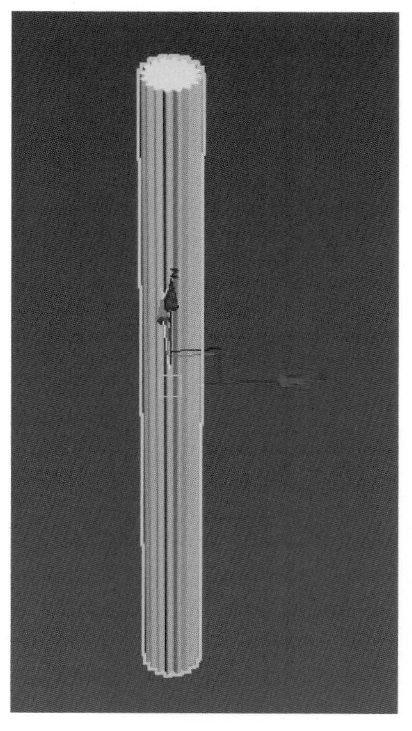

图 4-78

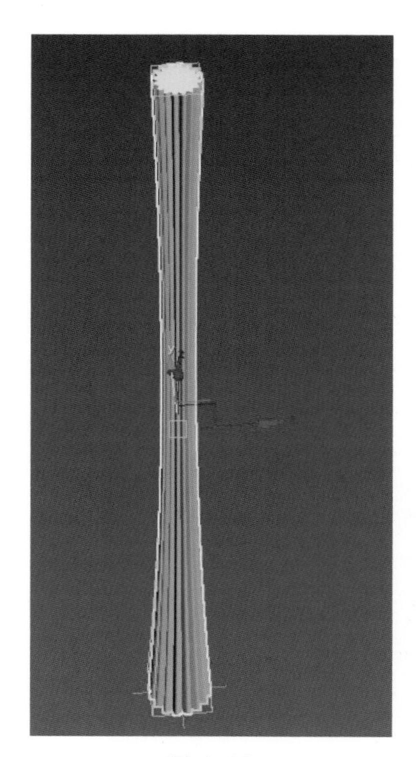

图 4-79

（4）继续从修改器列表为创建对象添加“扭曲”命令，在“参数”卷展栏设置“扭曲”为 360，如图 4-80 所示。

（5）在顶视图创建二维图形多边形，在“参数”卷展栏设置“半径”为 160 mm，“边数”为 6。

（6）从修改器列表为创建图形添加“挤出”命令，在“参数”卷展栏设置“数量”为 260 mm，“分段”为 12，“封口”取消“封口始端”勾选，如图 4-81 所示。

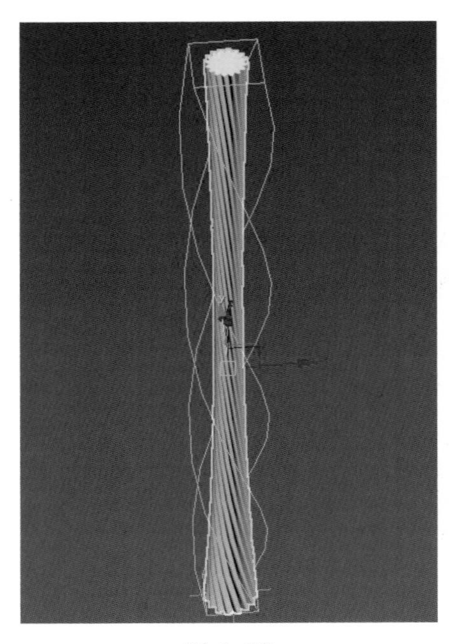

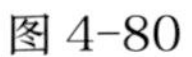

图 4-80

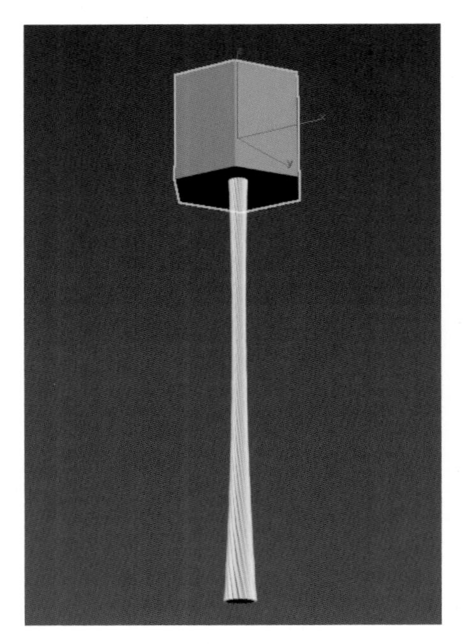

图 4-81

（7）再从修改器列表为挤出对象添加“锥化”命令，在“参数”卷展栏设置锥化“数量”为 –0.4，“曲线”为 –0.65，如图 4-82 所示。

（8）接着再由修改器列表为对象添加“壳”命令，在“参数”卷展栏设置 “内部量”为 4.85 mm，“外部量”为 1 mm。

（9）在顶视图创建圆柱体，在“参数”卷展栏设置“半径”为 8 mm，“高度”为 160 mm，“高度分段”为 1，将所创建的对象用对齐工具放置在合适的位置，如图 4-83 所示。

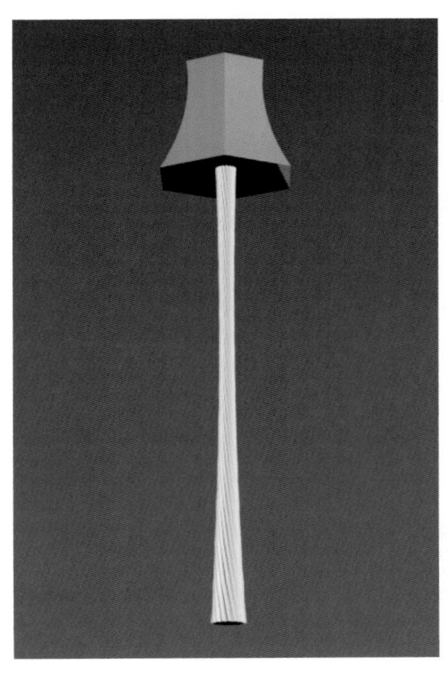

图 4-82

图 4-83

案例——制作床

床的制作效果如图 4-84 所示。

制作思路：本案例的床模型共由三部分组成，床的主体可以用“切角长方体”完成制作，床头主体可以用“矩形”通过“修改与挤出”命令制作，床头的装饰板可以用“长方体”通过“弯曲”命令完成制作。

制作步骤如下：

（1）在“创建”面板中，单击“几何体”按钮，然后在下拉列表中选择“扩展基本体”，然后单击“切角长方体”按钮，在顶视图创建切角长方体。在“参数”卷展栏设置“长度”为 1 400 mm，“宽度”为 2 000 mm，“高度”为 340 mm，如图 4-85 所示。

图 4-84

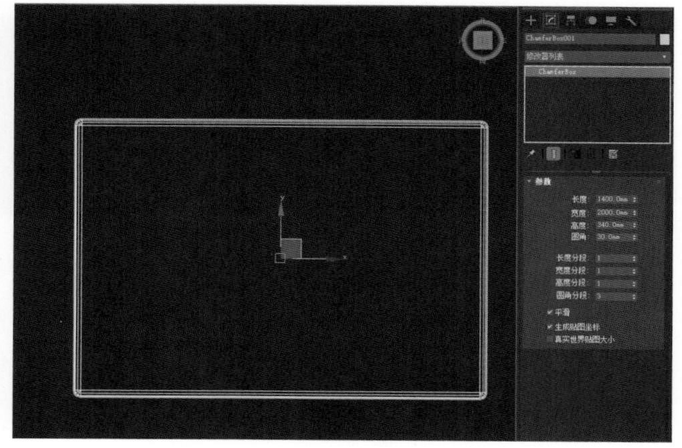

图 4-85

（2）在前视图创建切角长方体，“长度”为 350 mm，“宽度”为 50 mm，“高度”为 500 mm，“圆角”为 5 mm，“长度分段”为 15，在“修改器列表”中选择“弯曲”命令，弯曲“角度”为 −50，“弯曲轴”勾选 Y，如图 4-86 所示。

图 4-86

（3）复制另一个切角长方体，在“创建”面板中，单击“几何体”按钮 ，然后在下拉列表中选择“标准基本体”，再单击“圆柱体”按钮，在前视图创建圆柱体。在“参数”卷展栏设置“半径”为 15 mm，“高度”为 300 mm，“边数”为 18，如图 4-87 所示。

图 4-87

（4）复制另两个圆柱体，在“创建”面板中单击“图形”按钮，然后在下拉列表中选择“样条线”，再单击“矩形”按钮，在前视图创建一个矩形，“长度”为 750 mm，“宽度”为 300 mm，“角半径”为 10 mm，如图 4-88 所示。

图 4-88

（5）在修改器列表中选择“编辑样条线”命令，进入点层级调整矩形，然后在修改器列表中添加“挤出”修改器，挤出值为 1 500 mm，如图 4-89 所示。

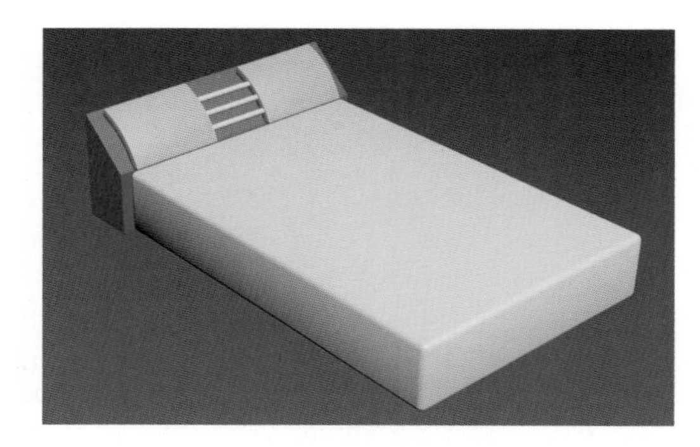

图 4-89

综合案例——桌子

综合案例——桌子

桌子效果如图 4-90 所示。

图 4-90

制作步骤如下：

（1）在“创建”面板中单击“图形”按钮，然后在下拉列表中选择“样条线”，再单击“矩形”按钮，在顶视图创建一个矩形，如图 4-91 所示。

（2）在修改器列表中选择“编辑样条线”命令，编辑修改矩形，然后再添加“挤出”修改器，挤出值为 30 mm，如图 4-92 所示。

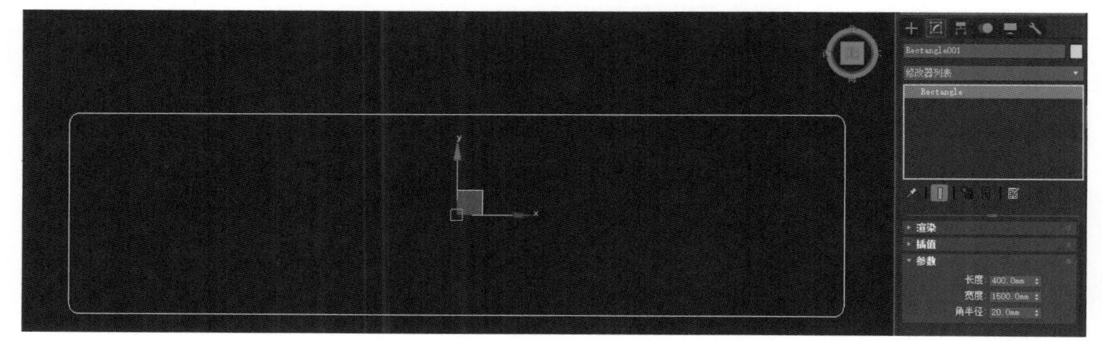

图 4-91

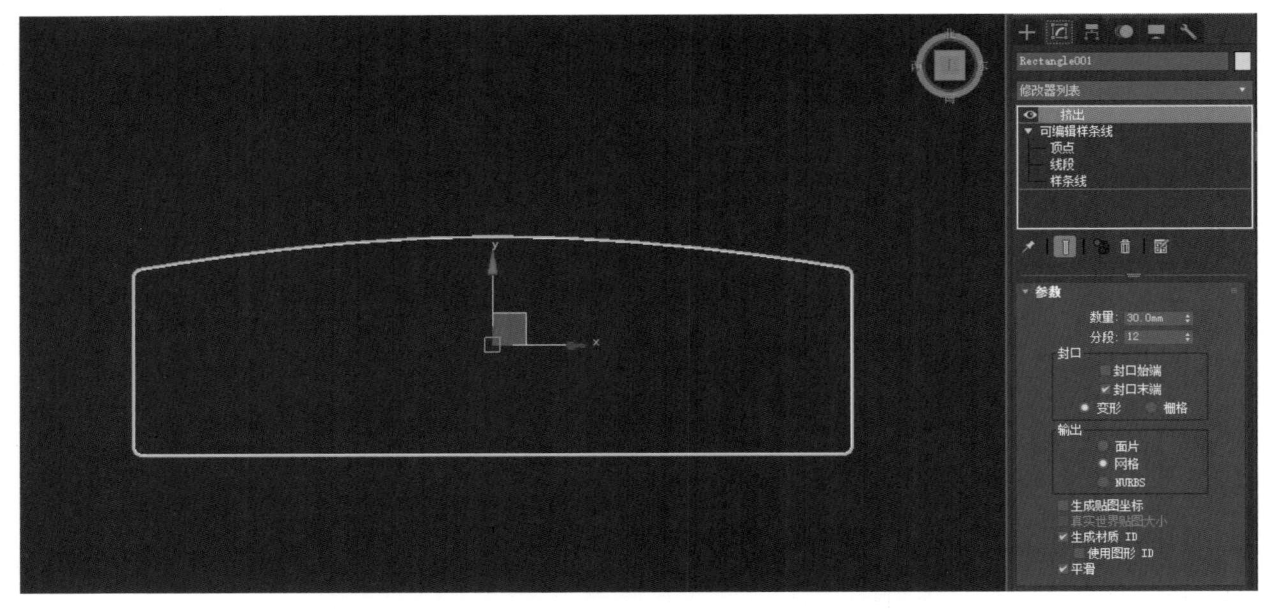

图 4-92

（3）在修改器列表中选择“锥化”修改器，锥化“曲线”为 0.07，如图 4-93 所示。

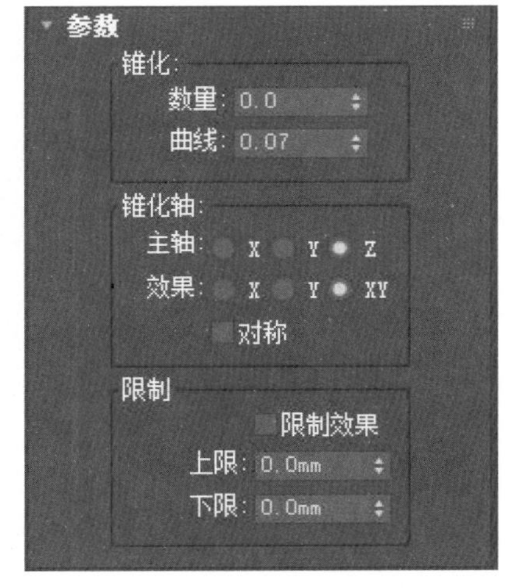

图 4-93

（4）在前视图绘制一个矩形，在修改器列表中选择“编辑样条线”命令，将矩形轮廓设置成双线，然后再添加“挤出”修改器，挤出值为 350 mm，如图 4-94 所示。

（5）使用“选择并移动”工具复制完成三个抽屉，如图 4-95 所示。

（6）单击“捕捉”按钮，设置为“顶点”方式，在前视图绘制矩形，用“选择并移动”工具调整至抽屉后挡板位置，在修改器列表中选择“挤出”命令，挤出值为 5 mm，如图 4-96 所示。

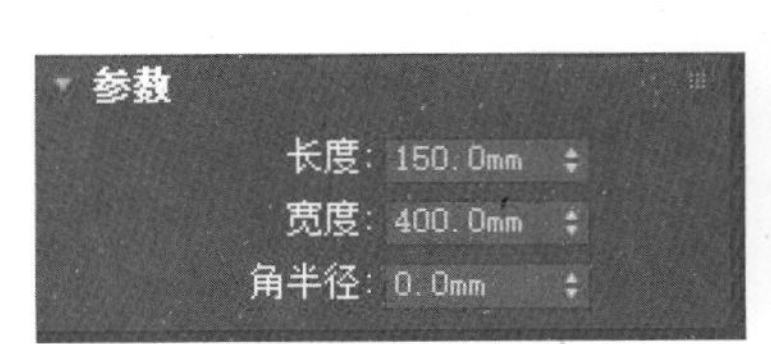

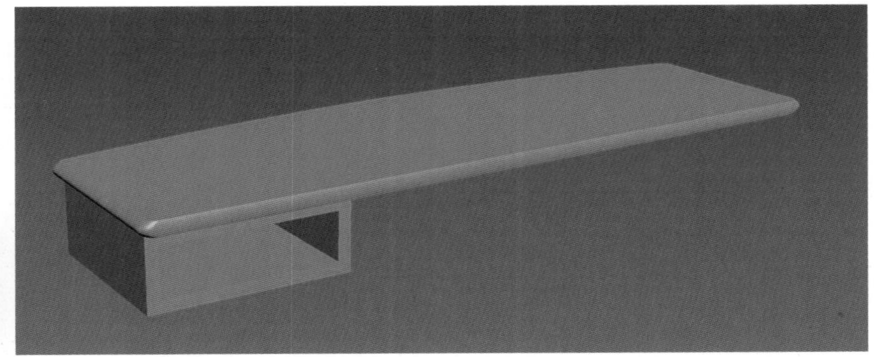

图 4-94

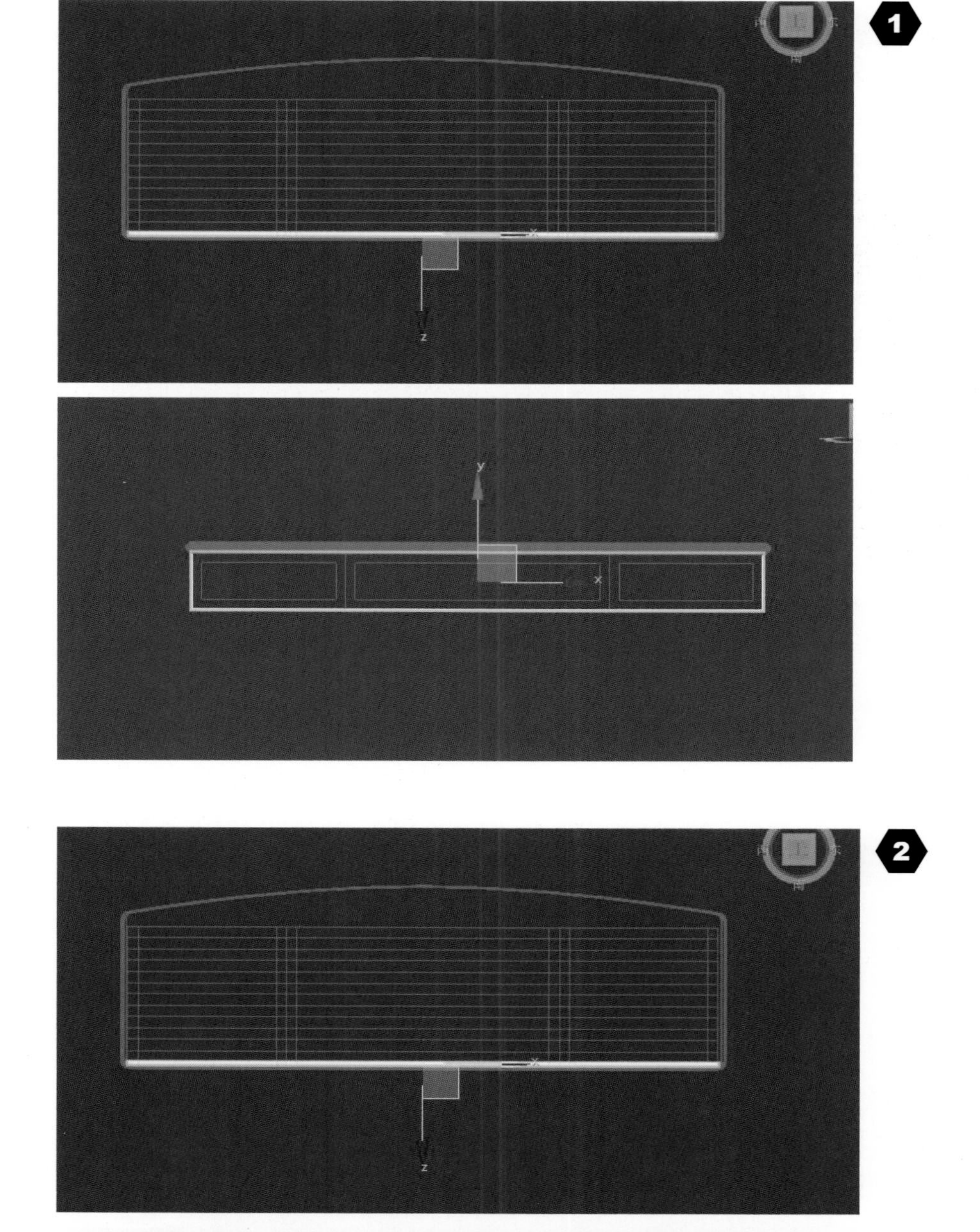

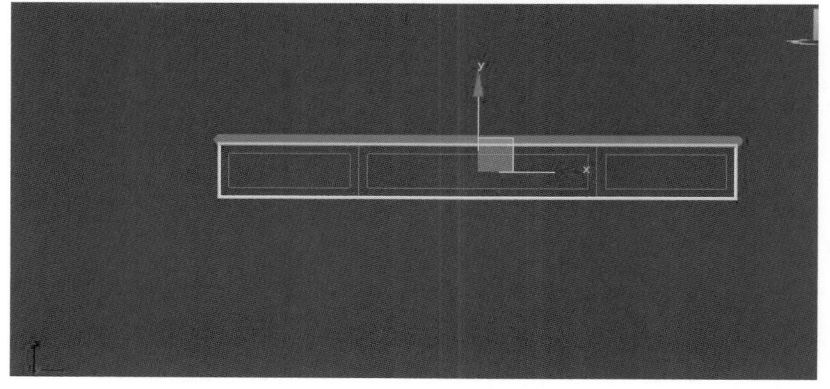

❶ 图 4-95
❷ 图 4-96

（7）选择“切角长方体”，在前视图分别制作三个抽屉前面板，如图 4-97 所示。

（8）在前视图绘制矩形，在修改器列表中选择“编辑样条线”命令，将矩形轮廓设置成“双线”，然后再添加“倒角”修改器，如图 4-98 所示。

（9）在“创建”面板中单击“图形”按钮，在下拉列表中选择“样条线”，在前视图绘制桌腿，编辑调整后在修改器列表中选择“车削”命令，复制其余桌腿，样条线如图 4-99 所示，添加“车削”修改器后的模型如图 4-100 所示。

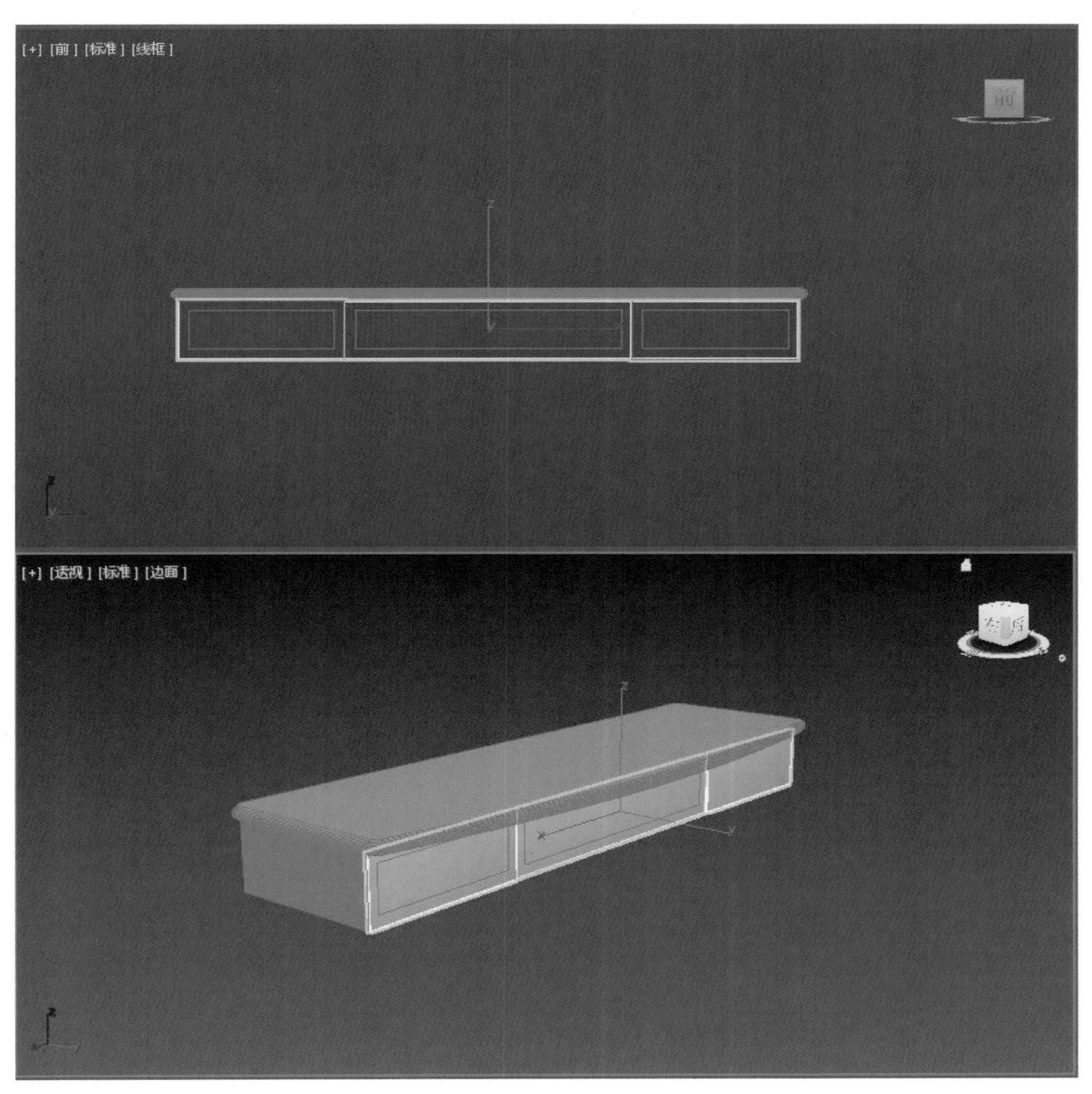

图 4-97

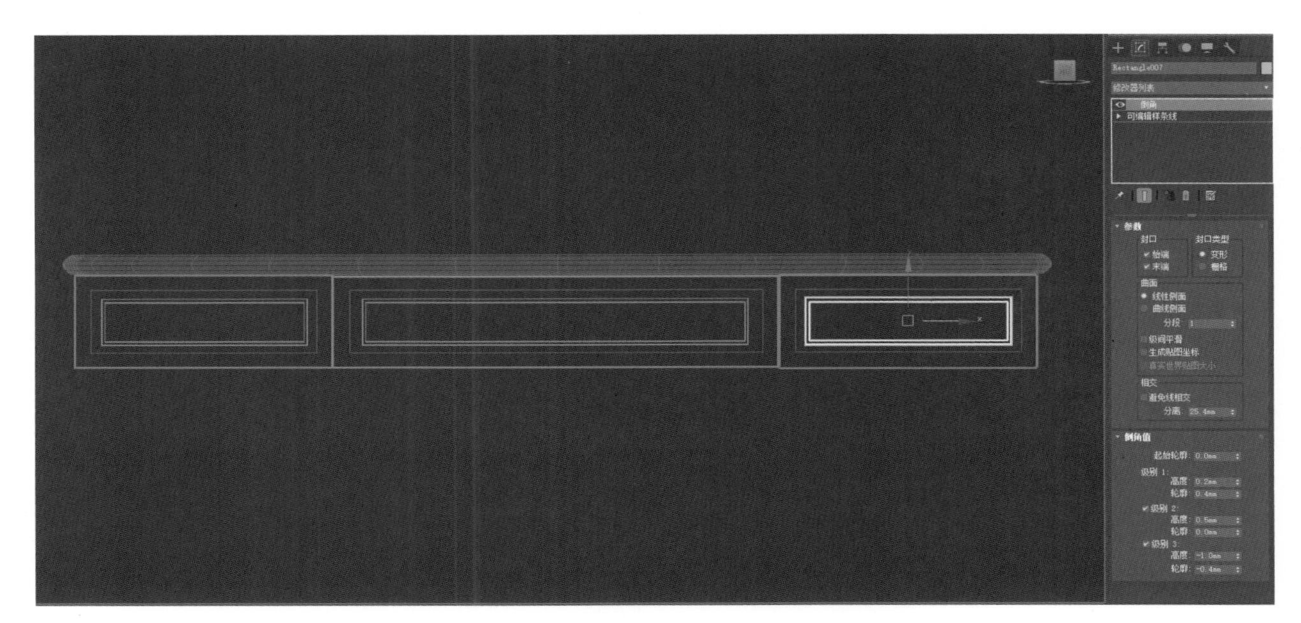

图 4-98

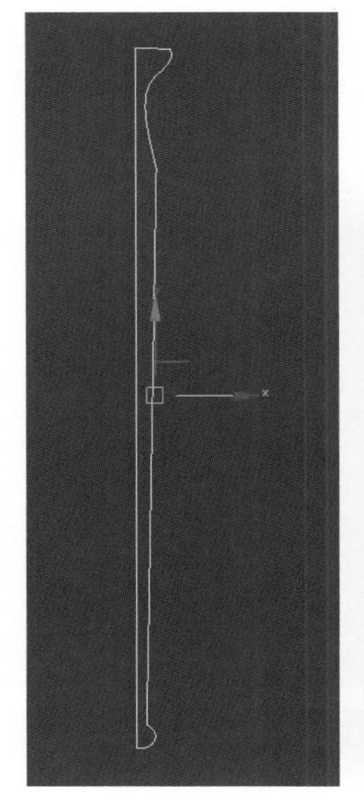

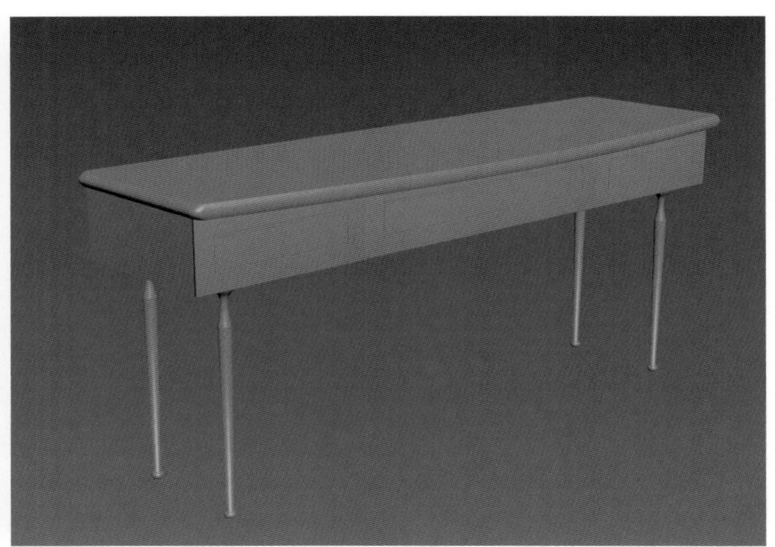

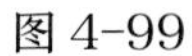

图 4-99　　图 4-100

（10）制作抽屉把手。在“创建”面板中，单击“几何体”按钮，在下拉列表中选择“扩展基本体”，在前视图创建“油罐”，在修改器列表中选择“编辑网格”命令，进入点层级，调整结果如图 4-101 所示。

（11）复制抽屉把手，用“选择并移动”工具将其放置至抽屉前面板，如图 4-102 所示。

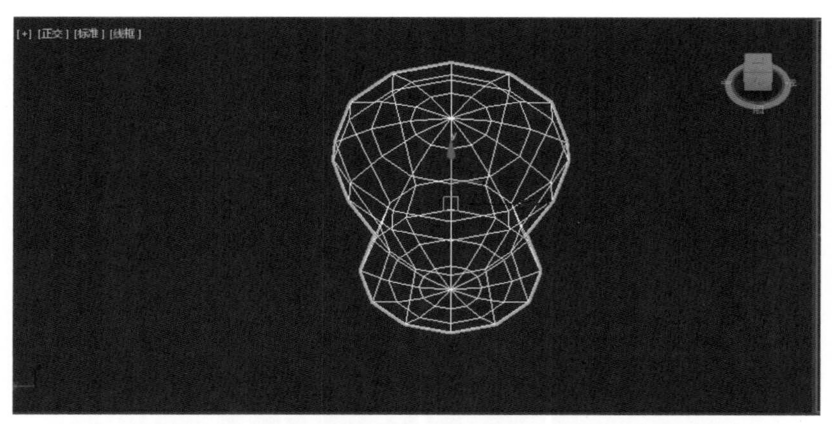

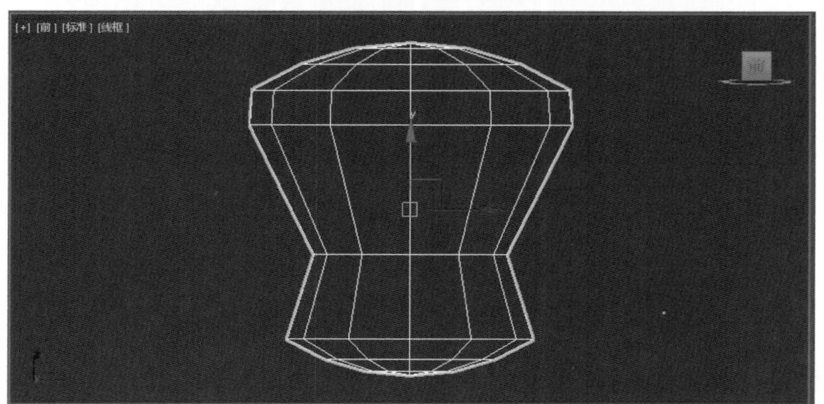

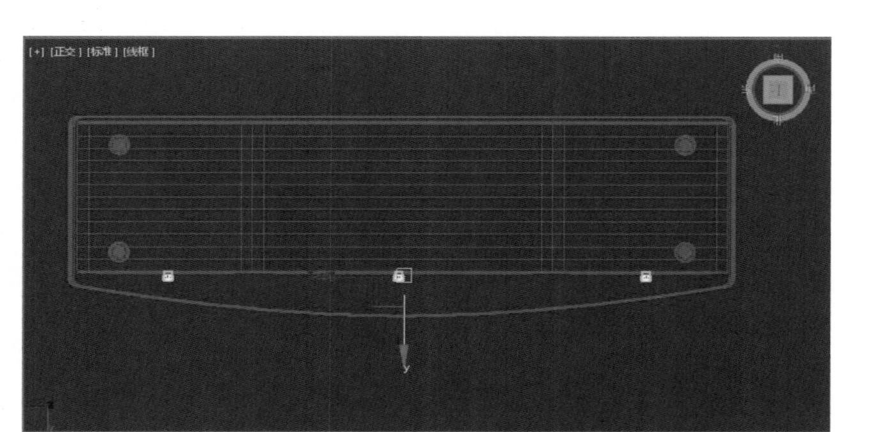

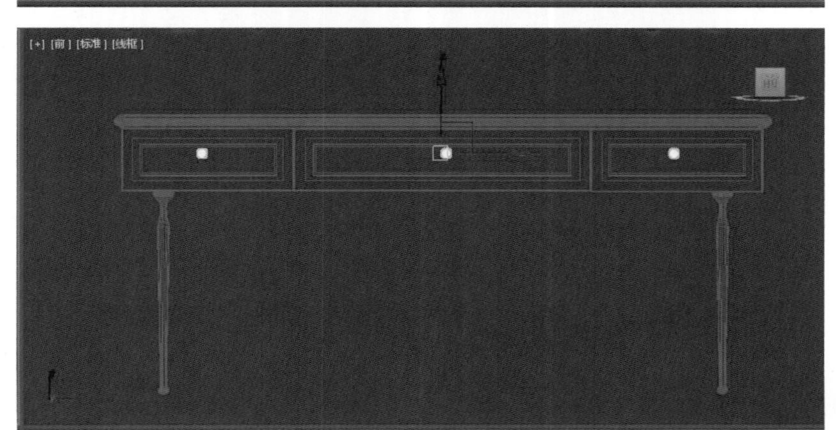

❶ 图 4-101

❷ 图 4-102

第四节 SECTION 4 建立室内空间模型

通过二维线与几何体创建室内空间模型，是最简便、高效的方法之一，也是现今室内设计制作中最主流的方法。本节主要讲解二维线与几何体配合建模制作在室内设计中的应用。

基础户型图的绘制可通过导入 CAD 户型图及二维线建模来完成，这也是室内效果图不可或缺的一部分。

案例——室内户型图模型

室内户型图模型效果如图 4-103 所示。

制作思路：本案例的户型图模型由两部分组成，分别是 CAD 户型图和二维线模型建立，CAD 户型图导入过程中需注意文件的基本单位，在二维线建模过程中，需要开启“捕捉”命令，最终完成 3ds Max 室内户型图基础模型。

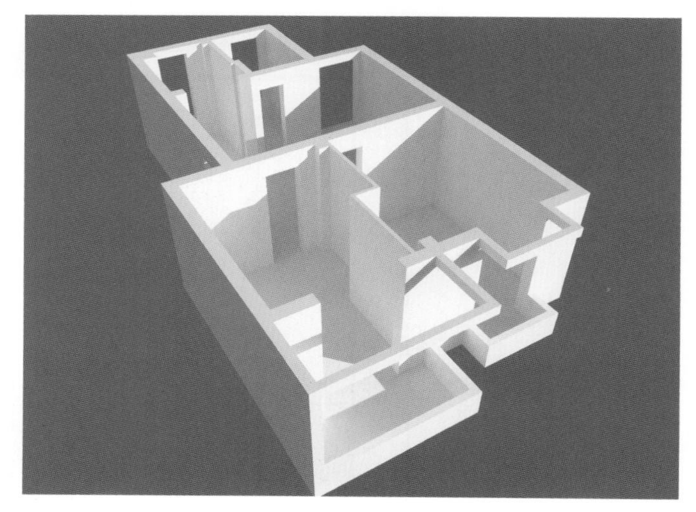

图 4-103

制作步骤如下：

（1）在 3ds Max 中导入 CAD 户型图，点击“文件”按钮，在下拉菜单中点击“导入”，如图 4-104 所示。

室内空间建模

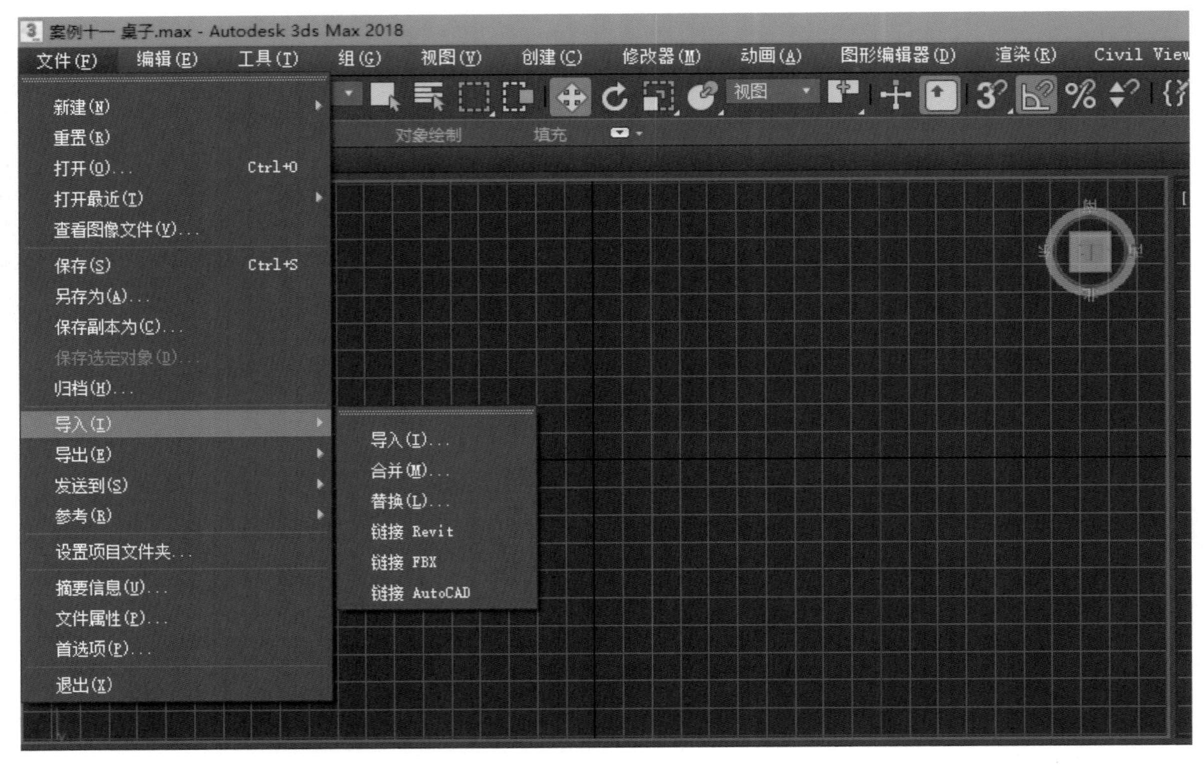

图 4-104

（2）在弹出的界面中选择要导入的 CAD 户型图，如图 4-105 所示。

（3）在弹出的界面中要注意导入的 CAD 图纸与 3ds Max 的基础单位是否一致，并勾选“重缩放”，如图 4-106 所示。还要勾选“焊接附近顶点”选项，数值为默认数值，如图 4-107 所示。

（4）完成所有设置后，在四视图中都可以观察到导入的 CAD 户型图，如图 4-108 所示。

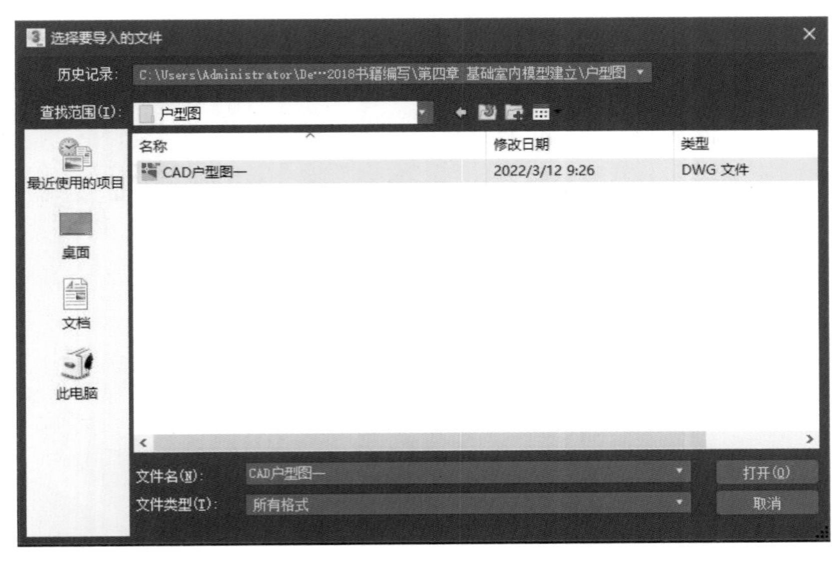

图 4-105

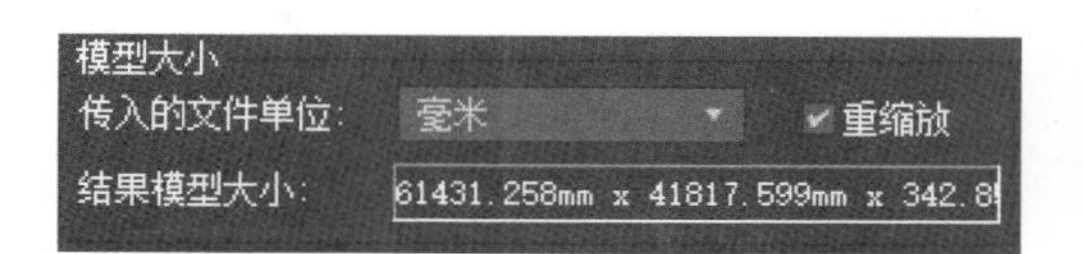

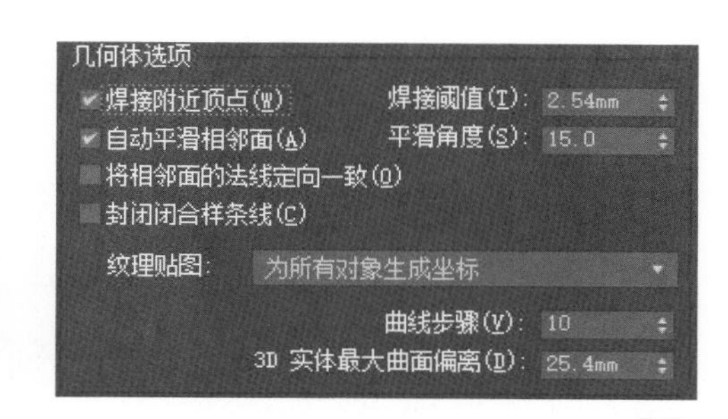

❶ 图 4-106
❷ 图 4-107
❸ 图 4-108

（5）在顶视图框选 CAD 户型图，并将 CAD 户型图在 3ds Max 中的位置信息修改至 0 位，如图 4-109 所示。

图 4-109

（6）在顶视图框选 CAD 户型图，并将 CAD 户型图冻结，使其不可移动或修改，如图 4-110 所示。

（7）开启“捕捉”命令，在“捕捉”面板中勾选“顶点”，如图 4-111 所示，在“选项”面板中勾选“捕捉到冻结对象”，如图 4-112 所示。

（8）在“创建”面板下单击“图形”按钮，选择创建“线”，如图 4-113 所示。

❶

❷

❸

❹

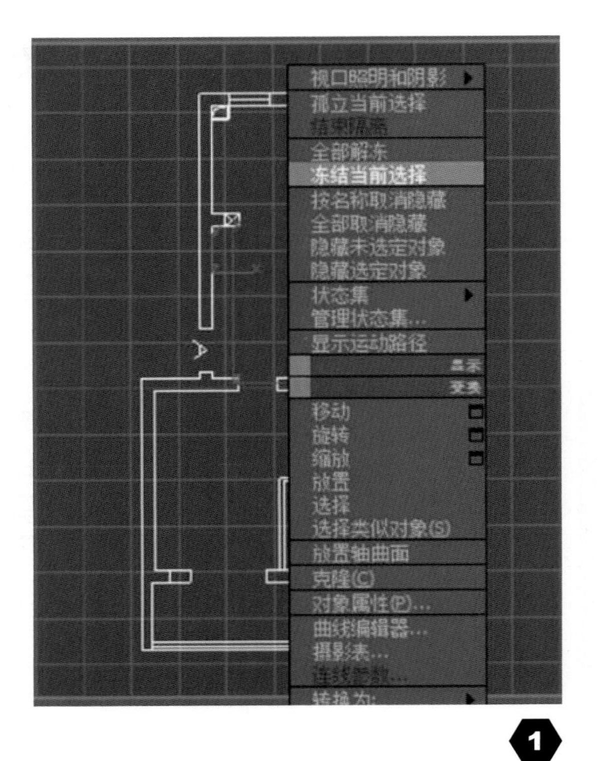

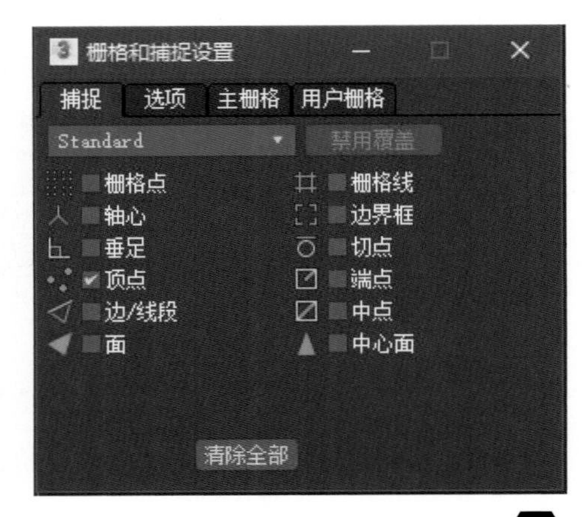

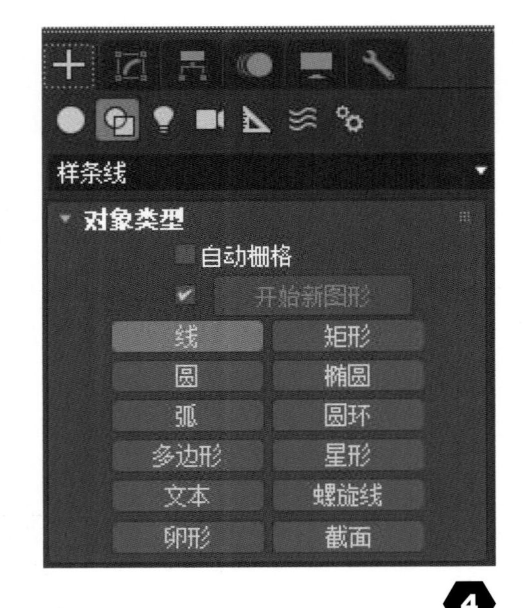

❶ 图 4-110
❷ 图 4-111
❸ 图 4-112
❹ 图 4-113

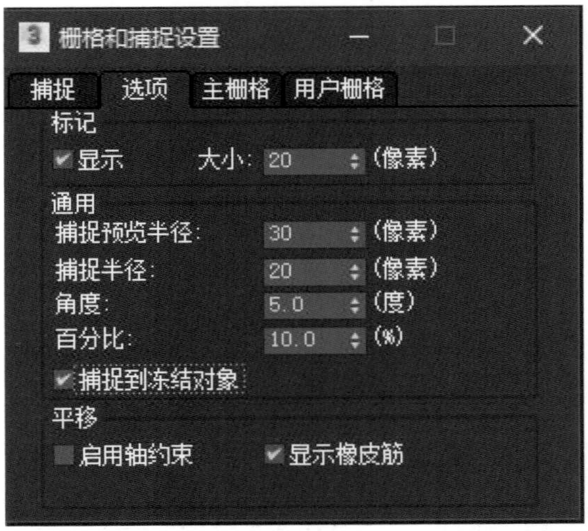

（9）在顶视图按 CAD 户型图创建二维线，注意要空出窗户与门的位置，如图 4-114 所示。

（10）完成 CAD 户型图中所有墙体的二维线绘制，如图 4-115 所示。

（11）选择绘制完成的二维线，在修改器列表中选择“挤出”命令，挤出值为 2 800 mm，如图 4-116 所示。

（12）回到顶视图，在门的位置创建矩形，为室内创建门梁，并为矩形添加“挤出”命令，挤出值为 400，选择并移动到合适的位置上，如图 4-117 所示。

（13）在顶视图窗户的位置创建矩形，为室内创建窗户上墙体、下墙体，并为矩形添加“挤出”命令，挤出值分别为外 200 与 600，选择并移动到合适的位置上，如图 4-118 所示。

（14）在“创建”面板下单击“图形”按钮，按照 CAD 户型图用二维线的方式创建地面，如图 4-119 所示。

（15）为创建好的二维线图形添加“挤出”命令，挤出值为 10 mm，完成室内地面的创建，如图 4-120 所示。

（16）为创建好的室内模型添加统一颜色，如图 4-121 所示。

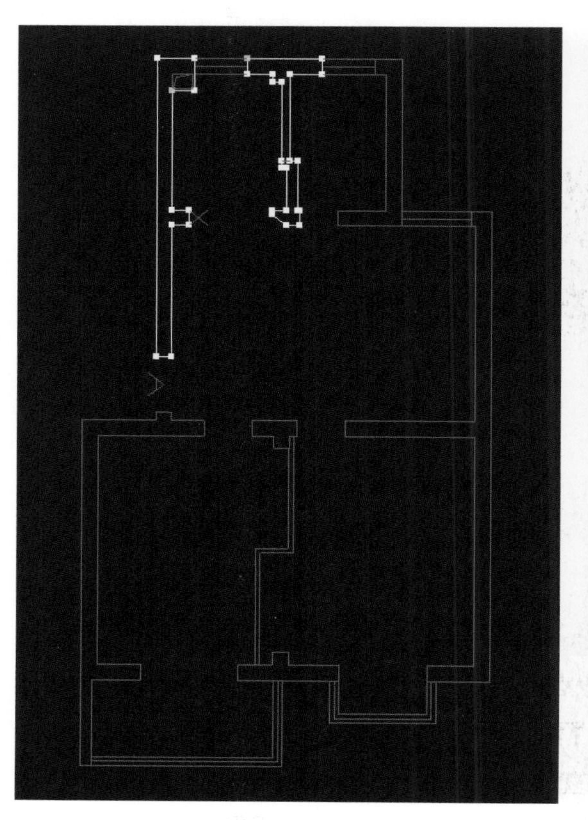

图 4-114

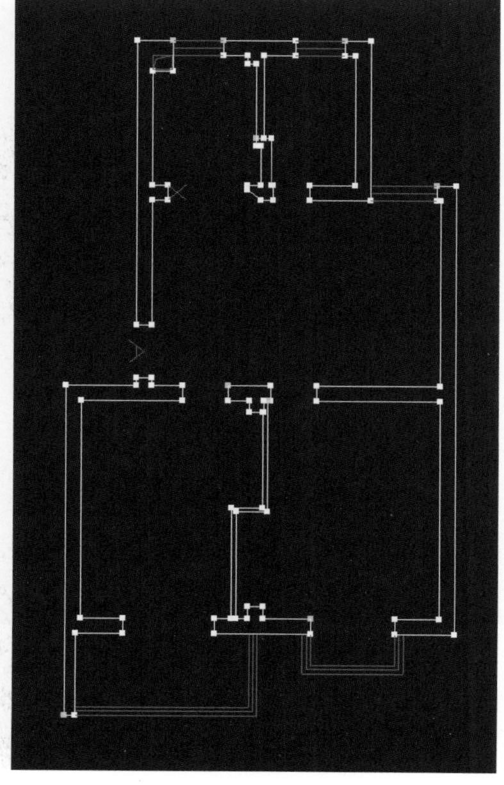

图 4-115

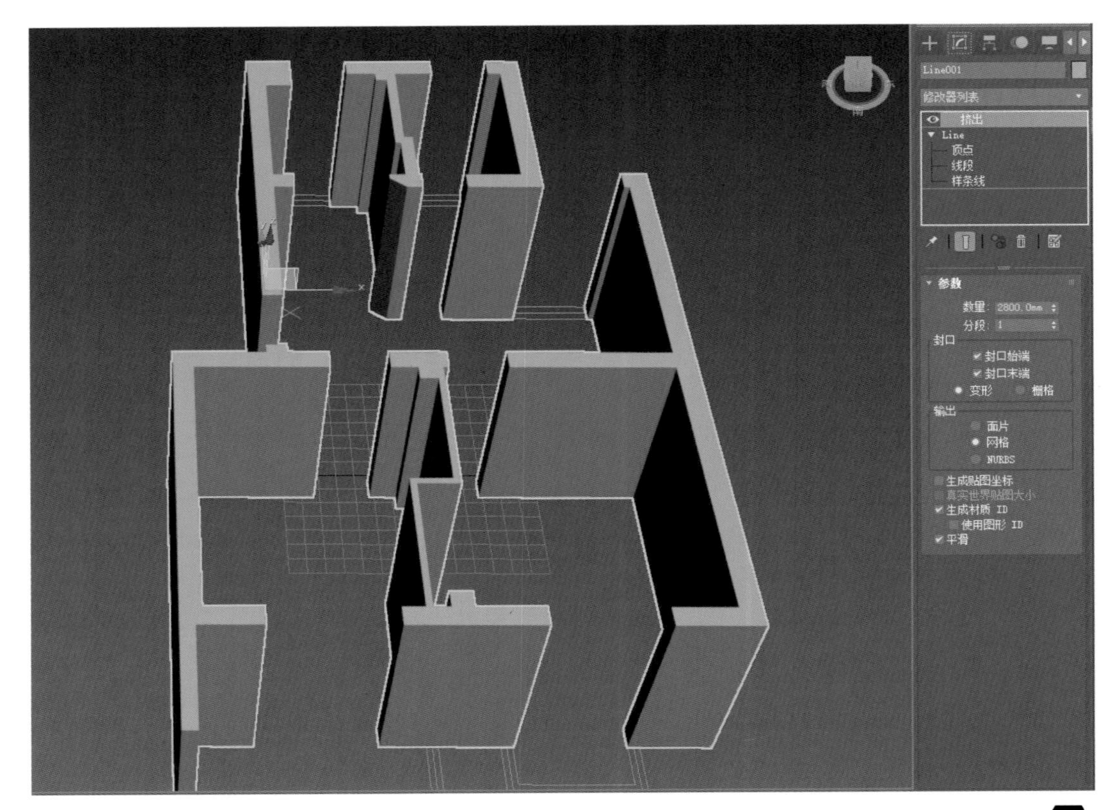

❶

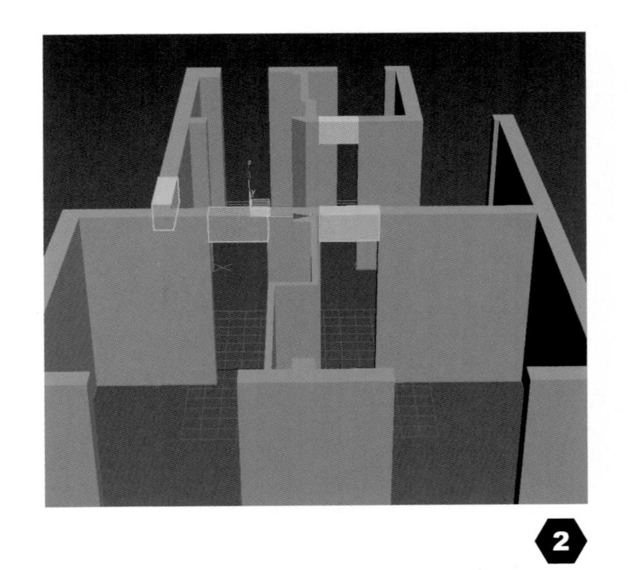
❷

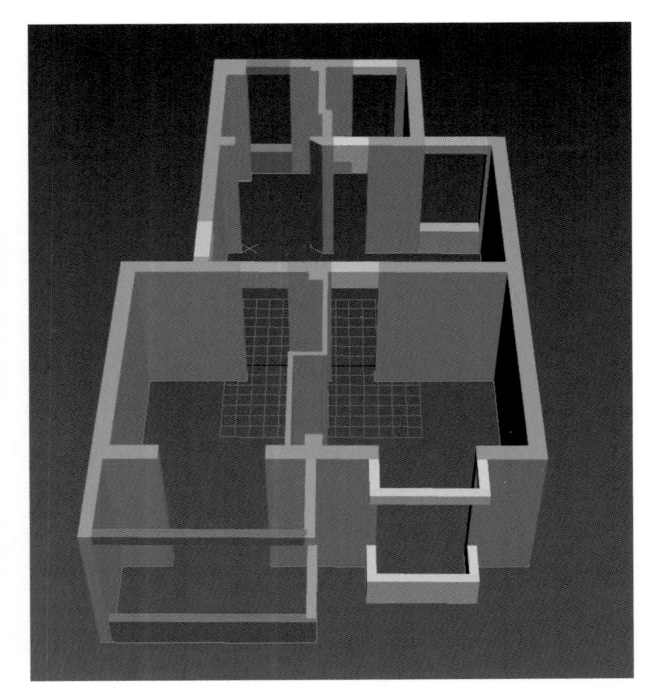
❸

❶ 图 4-116
❷ 图 4-117
❸ 图 4-118

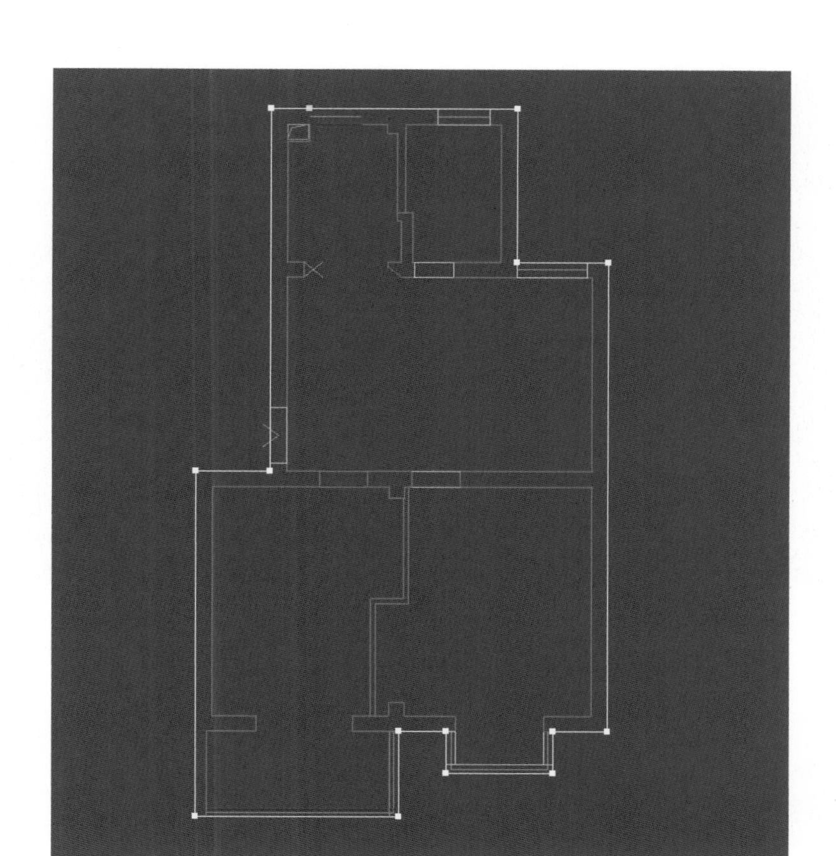

图 4-119

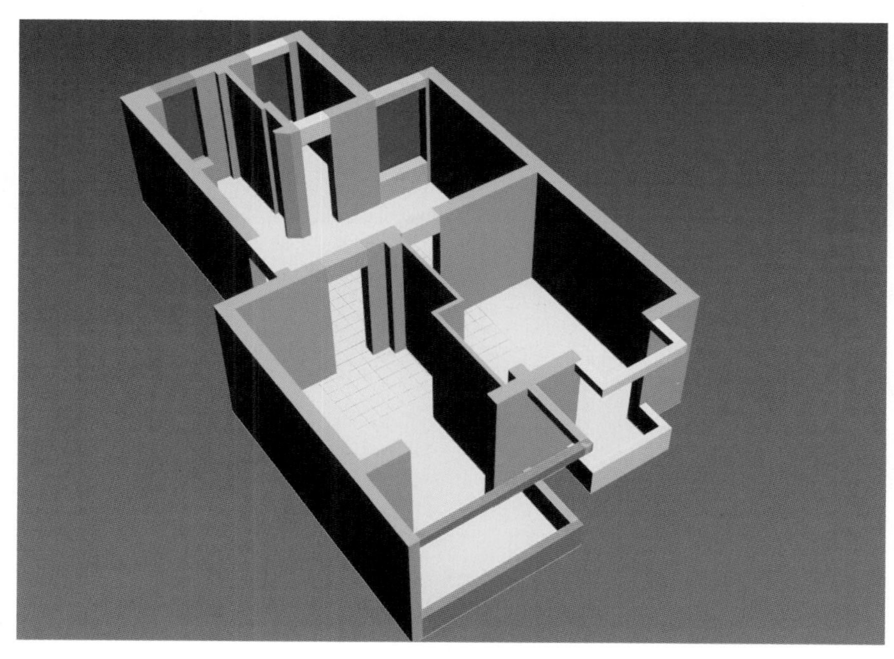

图 4-120

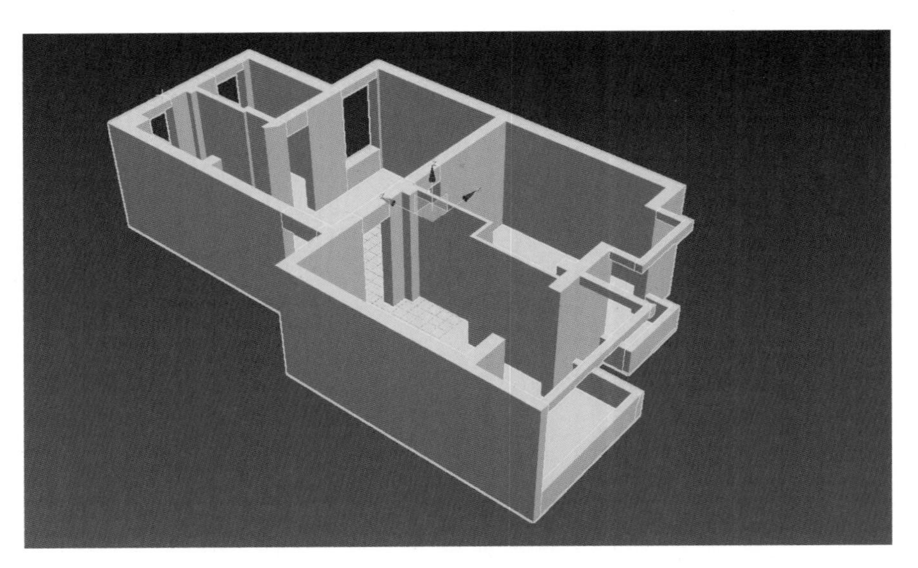

图 4-121

思考与练习

1. 用“放样”制作桌子台布，如图 4-122 所示。

2. 使用“放样”“弯曲”“编辑多边形”创建椅子，如图 4-123 所示。

3. 创建如图 4-124 所示的书橱模型。

4. 根据所提供的 CAD 户型图，制作室内空间模型，如图 4-125 所示。

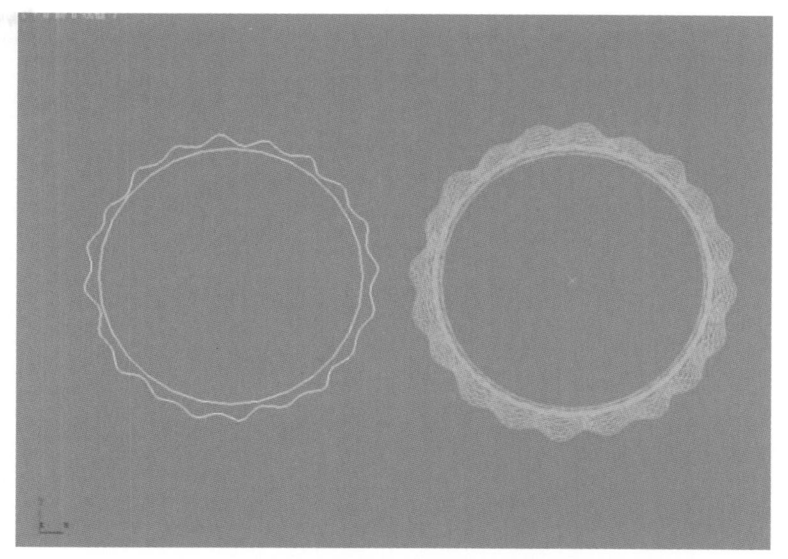

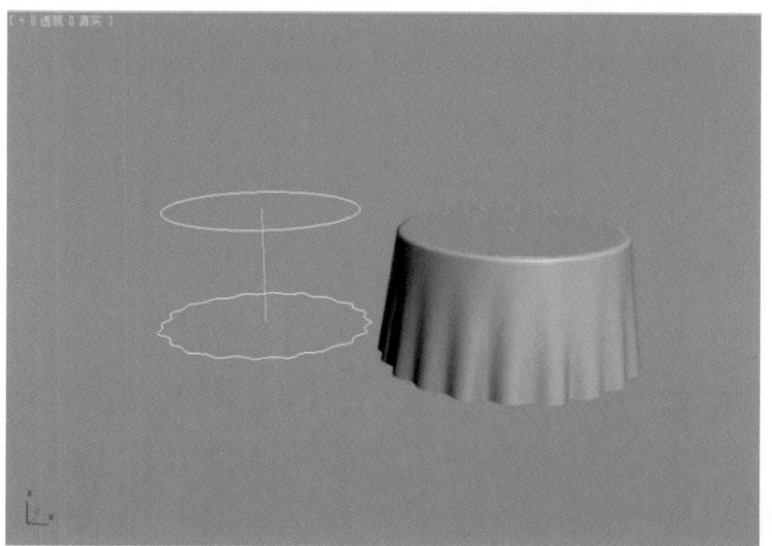

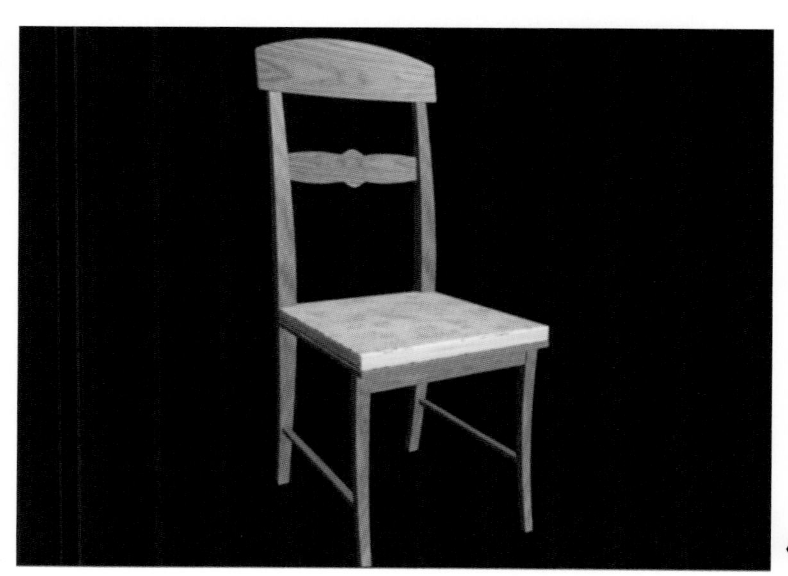

❶ 图 4-122
❷ 图 4-123

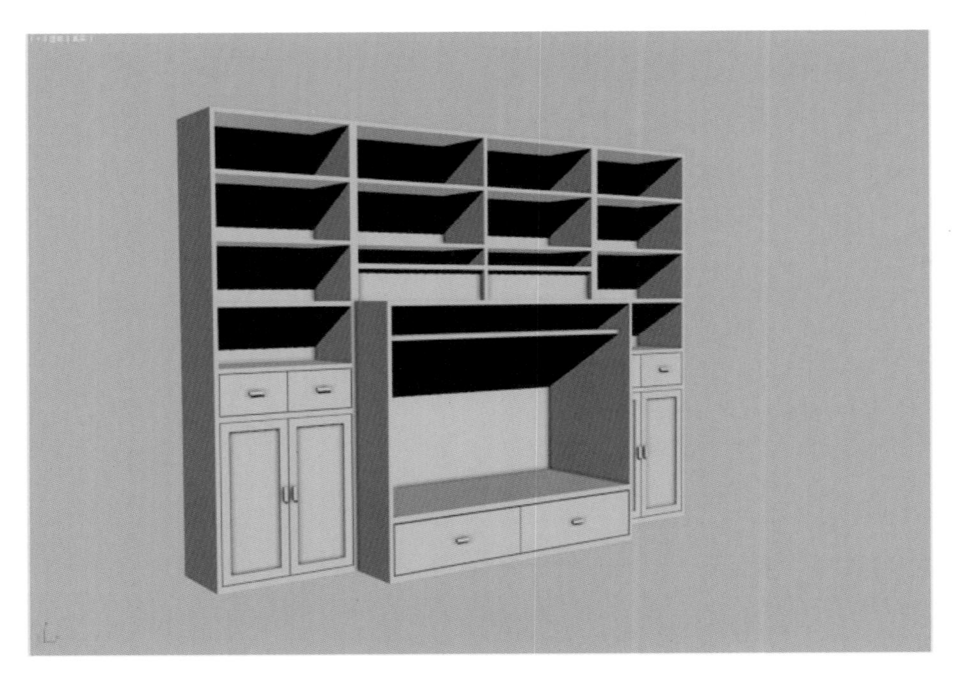

图 4-124

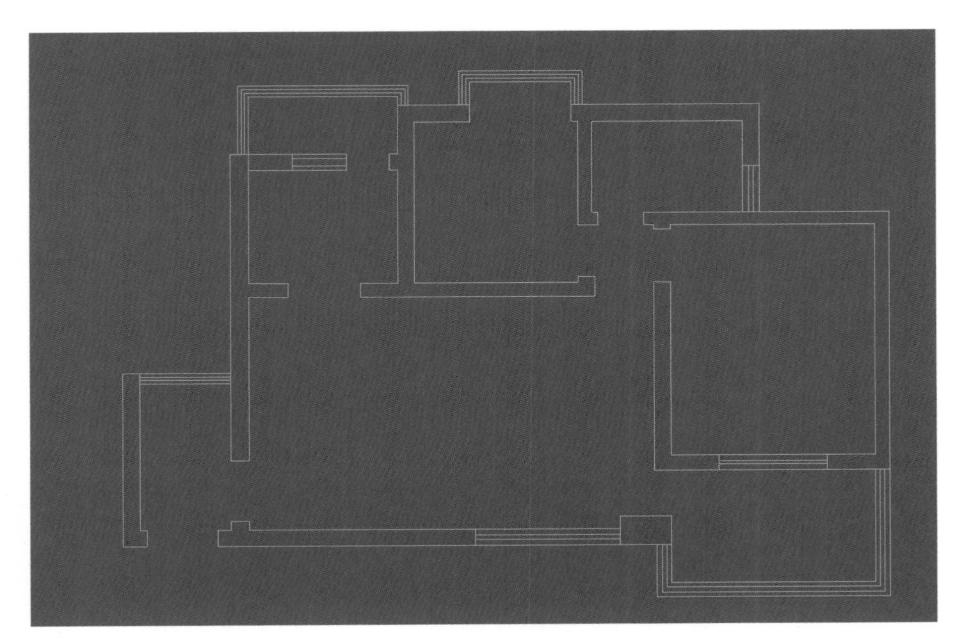

图 4-125

第五章

材质与贴图

学习目标

- ◆了解材质调制的基本原理和贴图通道
- ◆掌握材质编辑器的使用方法
- ◆掌握不同类型贴图的调制方法
- ◆掌握贴图坐标的使用方法

材质与贴图是两个既相互联系又有所不同的概念。材质主要用于模拟物体如何反射和传播光线，贴图是将图片包裹到三维物体的表面，这样可以用简单的方法模拟出复杂的视觉效果，主要用于模拟物体纹理、反射、折射、灯光投影等，也可以用于指定场景背景与灯光投影。系统提供了材质编辑器用于创建、调节材质，并将其指定到场景中；材质贴图浏览器用于检索材质和贴图。

第一节 SECTION 1 材质和贴图概述

一、材质和贴图的作用

在 3ds Max 中创建的模型只有系统默认的颜色，这些简单的颜色无法体现现实物体的各种质地，如金属、玻璃、木材、陶瓷的质感，因此，模型创建完毕需要为其指定相应的材质。材质具备后还需要为模型赋予物体表面的纹理效果，如布纹、木纹、金属纹理等，所以还需要赋予模型贴图。使用材质与贴图可以使模型更真实地模拟现实物体的质地、纹理以及反射等。如图 5-1 所示是没有赋予材质贴图的模型，如图 5-2 所示是赋予模型材质贴图后的效果，可明显观察到赋予材质和贴图以后的模型，无论在质感上，还是在光感上都优于没有赋予材质和贴图的模型。

图 5-1

图 5-2

二、材质和贴图的运用步骤

在 3ds Max 中，创建材质是一件简单的事情，任何模型都可以被赋予栩栩如生的材质。通常，在制作新材质并将其应用于模型时，应当遵循以下步骤：

1. 指定材质的名称。
2. 选择材质的类型。
3. 对于标准或光线追踪材质，应设置着色类型。
4. 设置漫反射颜色、光泽度和不透明度等参数。
5. 将贴图指定给要设置贴图的材质通道，并调整参数。
6. 将材质应用于模型。
7. 视情况调整 UVW 贴图坐标，以正确定位模型的贴图。
8. 保持材质。

第二节 SECTION 2 材质编辑器

单击工具栏的“材质编辑器”按钮 ，可打开材质编辑器，如图 5-3 所示。材质编辑器主要由材质示例窗、工具栏与材质调节区域三部分组成。

一、材质示例窗

材质示例窗用来显示材质的调节效果，默认为六个示例球，如图 5-4 所示。在示例窗中，窗口都以黑色边框显示，被选中的示例球为激活示例球，以白色边框显示，需要编辑材质时，首先单击该示例球。调节参数时，效果会即时反映在示例球上，可以根据示例球显示进行效果调节。

1. 示例窗类型

当某个示例球指定给了场景中的物体，该示例窗四角即出现该材质三角形标记，如图 5-5 中左侧示例窗表示该材质在场景中被选择，中间示例窗表示该材质已经赋予场景中某物体，右侧示例窗表示该材质未被激活。

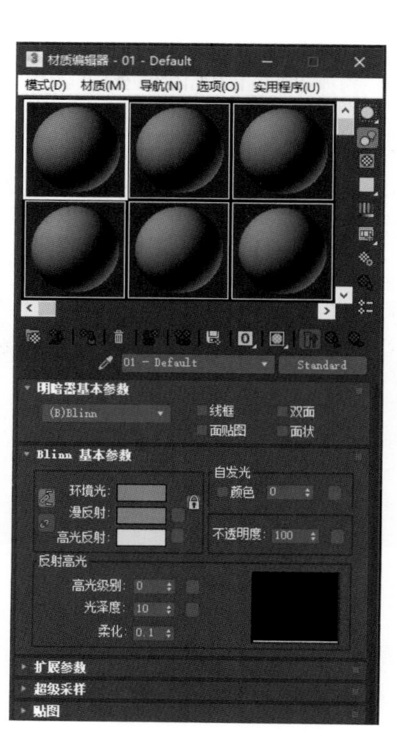

图 5-3

图 5-4

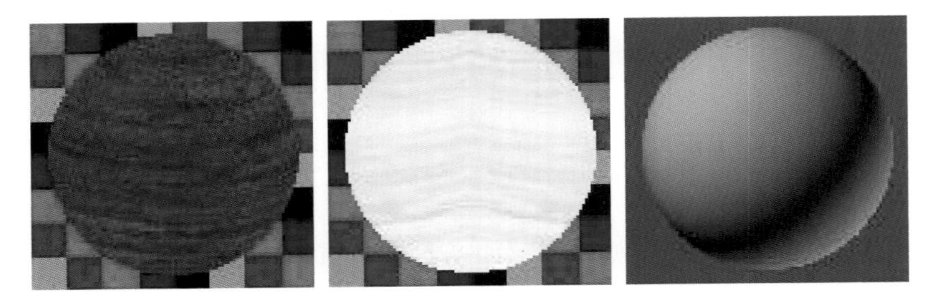

图 5-5

2. 示例样本形态设置

系统提供示例窗中的示例样本有球体、柱体、立方体三种基本样本，如图 5-6 所示，单击材质编辑器右上方采样类型按钮 ，即可以在三种基本样本中选择。

图 5-6

3. 右键菜单

在激活的示例窗上单击鼠标右键，可以弹出一个快捷菜单，如图 5-7 所示。各菜单命令含义如下：

拖动 / 复制：默认的设置模式，可以通过示例窗样本拖动进行复制。

拖动 / 旋转：选择后拖拽鼠标可以转动示例样本，便于观察三维角度。

重置旋转：恢复示例窗的默认角度方向。

选项：主要控制有关编辑器自身的属性。

放大：将当前示例窗放大显示，以浮动框形式独立（或双击示例窗）。

示例窗设置：用于设置示例窗布局，材质示例窗最多有 24 个窗口。

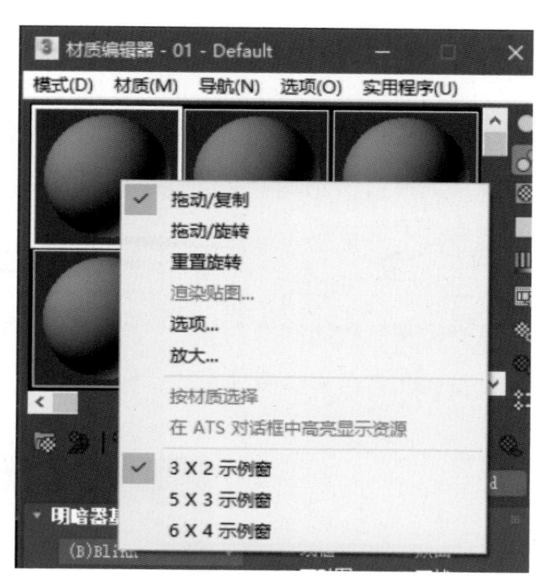

图 5-7

二、工具栏

材质编辑器示例窗的右侧一列与下方一排各有一组工具按钮，这些工具按钮主要用于完成材质的新建、调用、存储、赋予场景对象材质等功能。

三、材质类型

单击“Standard”按钮，展开“材质”卷展栏，此处列举了 3ds Max 所有的材质类型，如图 5-8 所示。系统默认是“Standard”材质，经过调节参数可以获得各种材质，如金属、玻璃等。在室内效果图制作时常用的材质有标准、多维 / 子物体、光线跟踪、混合、建筑等。建筑材质在室内设计中运用广泛，其提供了木材、玻璃、金属、纺织品、石材、塑料等模板，只需要选择相关类型的材质，即可做出需要的材料效果。

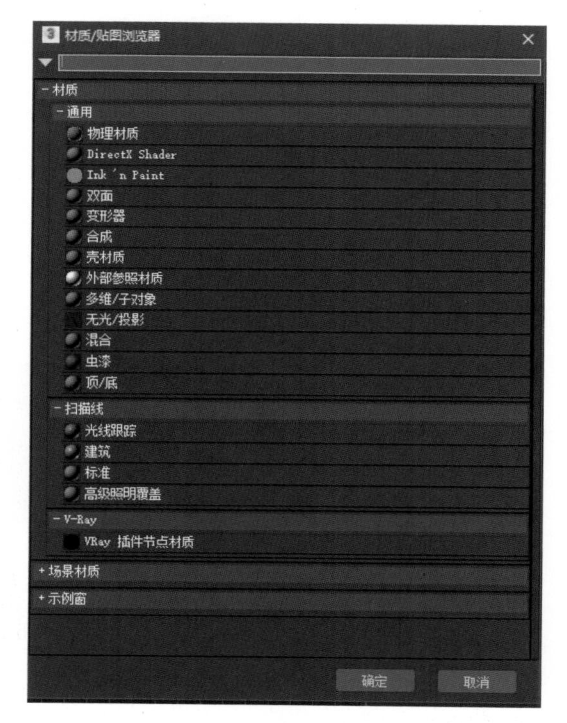

图 5-8

四、材质调节区域

材质调节区域是材质参数设置的主要区域，此处以“Standard”材质为例进行介绍，如图 5-9 所示。它需要设置的参数主要有明暗器基本参数、Blinn 基本参数、贴图。

图 5-9

1. 明暗器基本参数

明暗器基本参数左侧下拉列表中包括了 8 种明暗模式，如图 5-10 所示。每一种模式对明暗、光滑的处理方法都不相同，场景对象不同材质的调制是以某一种模式为基础，通过调节其中的参数而得到。

材质编辑器——材质调节区

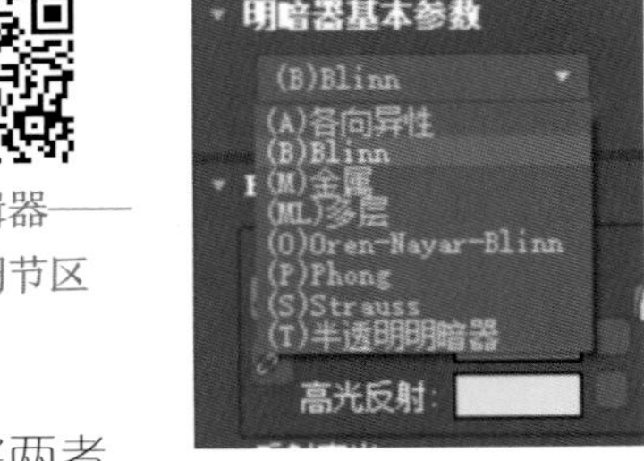

图 5-10

Blinn 与 Phong：这两类明暗模式效果相似，基本参数也一样，将两者“高光级别”数值调节为 45，“光泽度”数值调节为 27，如图 5-11 所示，就会发现两者背光处反光不同，Blinn 反光点近似圆形，Phong 反光点为梭形。

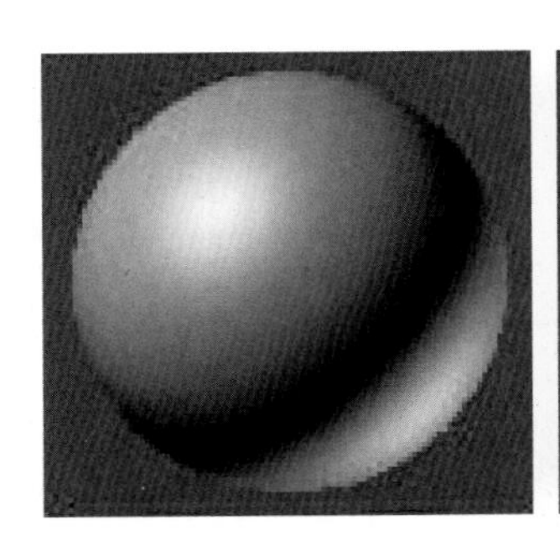
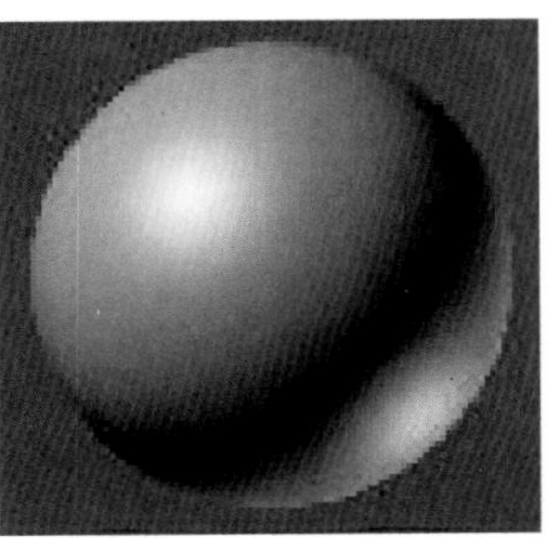

图 5-11

各向异性：通过参数调节可以控制高光的形状与角度，适合模拟塑料、光亮的汽车漆等效果。反射高光数值调节与效果如图 5-12 所示。

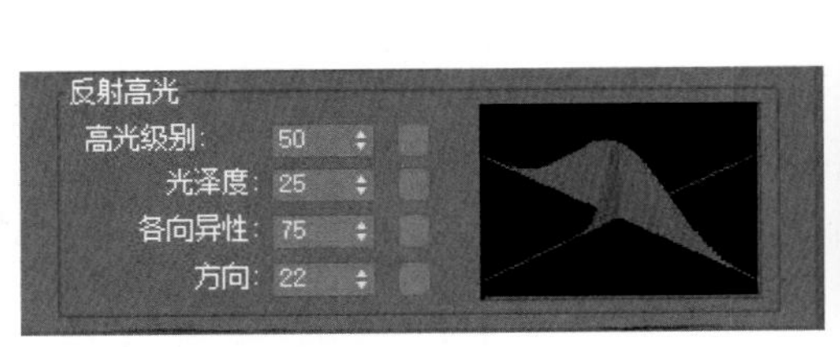

图 5-12

金属：用于模拟金属材质，可以提供金属强烈的反光效果。

多层：与各向异性类似，高光的形状和方向都可调节，多层明暗模式具有两层高光、两个高光参数，适于调节一些光滑又有层次的效果。

Oren-Nayar-Blinn：这一模式与各向异性相似，又增添了漫反射强度和粗糙度的控制参数，适于模拟布料等表面不光滑、反射不明显的效果。

Strauss：效果与金属模式基本相似，参数较为简单。

半透明明暗器：与 Blinn 明暗模式类似，但它还可用于指定半透明对象。半透明对象允许光线穿过，并在对象内部使光线散射和可以使用半透明明暗器来模拟被霜覆盖或被侵蚀的玻璃。

卷展栏右侧有 4 个选项：线框、双面、面贴图、面状，勾选“线框”后，被赋予此材质的物体在渲染时将以线框模式显示；勾选“双面”的材质具有双面属性，可强制使一个片面双面可见。

2. Blinn 基本参数

“Blinn 基本参数”卷展栏以最通用的 Blinn 明暗模式为例介绍常规参数，如图 5-13 所示。单击“环境光”“漫反射”“高光反射”色钮来设置材质表面不同区域的颜色，单击右侧按钮，弹出颜色选择器，如图 5-14 所示。

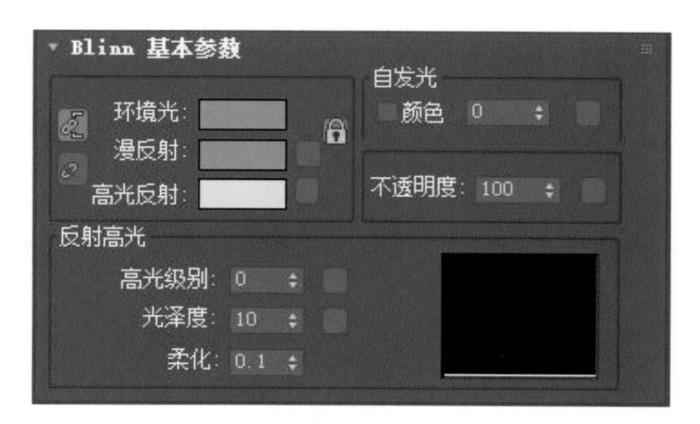

图 5-13

单击“漫反射”“高光反射”色钮右侧的小方钮，可以进入该项目的贴图级别。如果指定了贴图，小方钮显示“M”字样。

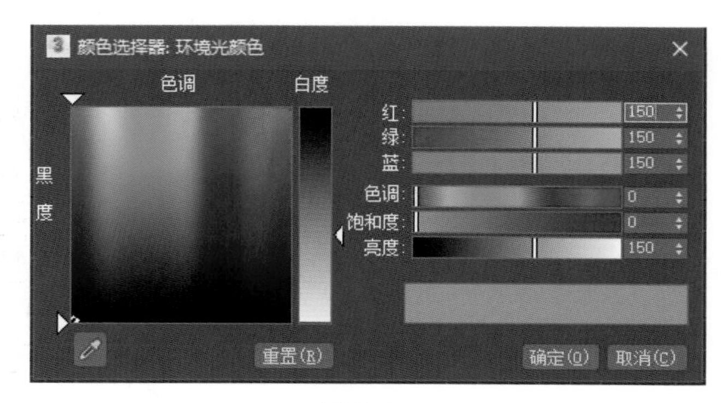

图 5-14

“环境光”用于调节物体表面阴影区颜色，“漫反射”即过渡区颜色，“高光反射”用于模拟物体表面高光区颜色。

“自发光”使材质具有自身发光效果，常用于模拟灯具、灯罩、屏幕等材质。

“不透明度”用于设置材质的不透明百分值，默认值为 100，即不透明材质，数值降低，透明度增加，值为 0 时为完全透明。对于透明材质，还可以在“扩展参数”中调节其衰减度。

“高光级别”用于设置高光强度。

“光泽度”用于设置高光的范围，数值越高，高光范围越小。

3. 贴图

“贴图”卷展栏以 Blinn 材质为例，如图 5-15 所示。

每一种明暗模式的“贴图”卷展栏都提供了贴图，通过贴图通道（即单击贴图方式右侧的“None”按钮）可以进入“材质 / 贴图浏览器”贴图层级，选择指定贴图后，单击工具栏“转到父对象”按钮可返回上一层级。“None”按钮即会显示出贴图类型的名称，左侧核对框显示勾选，表明该贴图方式处于激活状态；如果取消勾选，仅仅关闭该贴图方式的影响，渲染时不会表现贴图效果，但内部设置依然保存。

	数量	贴图类型
环境光颜色	100	无贴图
漫反射颜色	100	无贴图
高光颜色	100	无贴图
高光级别	100	无贴图
光泽度	100	无贴图
自发光	100	无贴图
不透明度	100	无贴图
过滤色	100	无贴图
凹凸	30	无贴图
反射	100	无贴图
折射	100	无贴图
置换	100	无贴图
	100	无贴图
	100	无贴图

图 5-15

数量的数值控制贴图的程度。例如，“漫反射颜色”贴图，数值为 100 时表示完全覆盖，数值为 0 时表示无覆盖。“凹凸”“高光级别”“置换”的数值最大可以设为 999，其余最大值一般为 100。

通过拖拽可以在各贴图之间交换或复制。

第三节 SECTION 3 贴图类型

3ds Max 中最常用的贴图类型是位图贴图、光线跟踪、平铺、泼溅、棋盘格等。下面以位图贴图和光线跟踪为例，介绍不同类型贴图的设置。

一、位图贴图

位图贴图是效果图制作中使用最多的贴图类型，它是利用真实材料的图片来模拟材质的颜色和图案，图片一般来源于实物照片。以给茶壶赋予砖材质为例，首先创建茶壶，单击工具栏的“材质编辑器”按钮 (或按“M”键)，打开材质编辑器，调整 Blinn 基本参数（高光级别：35，光泽度：16），然后在“贴图”卷展栏单击“漫反射颜色”右侧的“None”按钮，进入“材质 / 贴图浏览器”中选择“位图”，从弹出的对话框中选择所需图片，此时，“贴图”控制面板打开，调整参数，如图 5-16 所示。

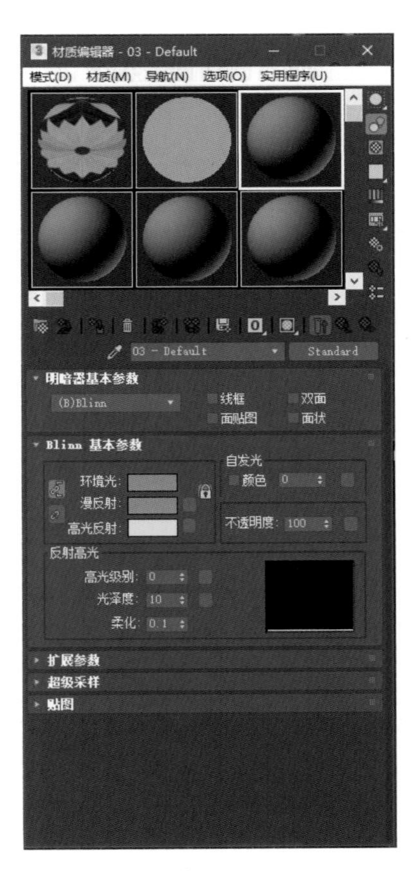

图 5-16

1.“坐标”卷展栏

各参数含义如下：

纹理：位图作为纹理贴图指定到场景对象表面，并受 UVW 贴图坐标控制。

环境：此时位图赋予一个包围整个场景的不可见球体，此选项多用于反射和折射贴图通道。

偏移：调节 UV（水平、垂直）方向的偏移。

瓷砖：设置贴图在 UV 方向的重复次数，多用于墙砖、地板等。

镜像：勾选后位图产生镜像。

角度：角度模式，用于旋转贴图。

2. “位图参数”卷展栏

各参数含义如下：

位图：显示所选用位图具体路径位置。

重新加载：一般用于同名位图修改后的重新更新。

裁剪 / 放置：裁剪是截取位图的局部作为贴图，放置是将位图按需缩放后在物体表面自由摆放。

贴图调整后，单击工具栏“将材质指定给选定对象”按钮 ，即可将材质赋予所选模型对象；直接将材质球拖拽至场景对象也可完成赋予材质。

两个赋予不同砖材质的茶壶如图 5-17 所示。

通过位图贴图可以得到较为复杂的材质效果，却并不占用内存。赋予平面一张带画框的油画贴图而创建的平面效果如图 5-18 所示，赋予切角长方体一张布纹位图而创建的抱枕效果如图 5-19 所示。

❶

❷

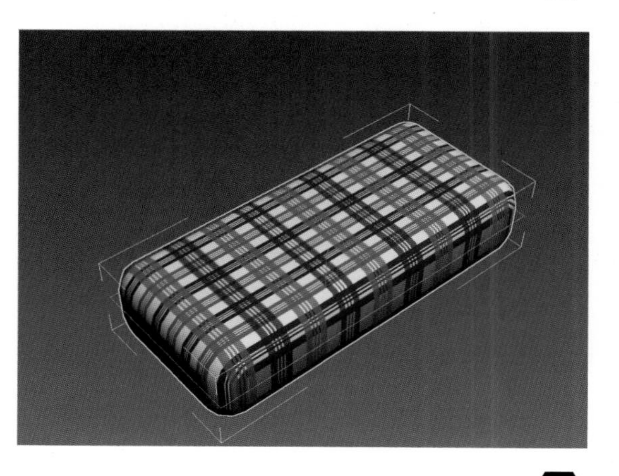

❸

❶ 图 5-17
❷ 图 5-18
❸ 图 5-19

案例——制作背景贴图

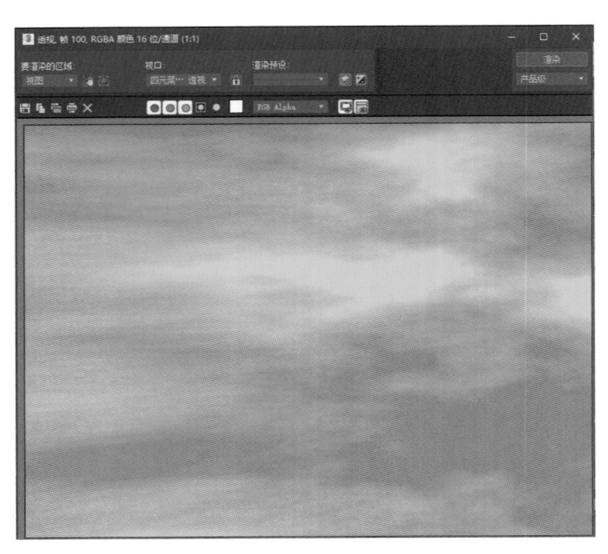

图 5-20

背景贴图效果如图 5-20 所示。

制作思路：本案例的背景贴图由“噪波”贴图制作而成。

制作步骤如下：

（1）选取材质球，单击菜单栏“渲染”卷展栏下的“环境”按钮，打开“环境和效果”对话框，单击“环境贴图”按钮，如图 5-21 所示。

（2）在弹出的“材质 / 贴图浏览器”中选择“噪波”按钮，如图 5-22 所示。

（3）调整“噪波”贴图参数，噪波类型选择“分形”，将“颜色 #1”设置为红色，“颜色 #2”设置为黄色，如图 5-23 所示。

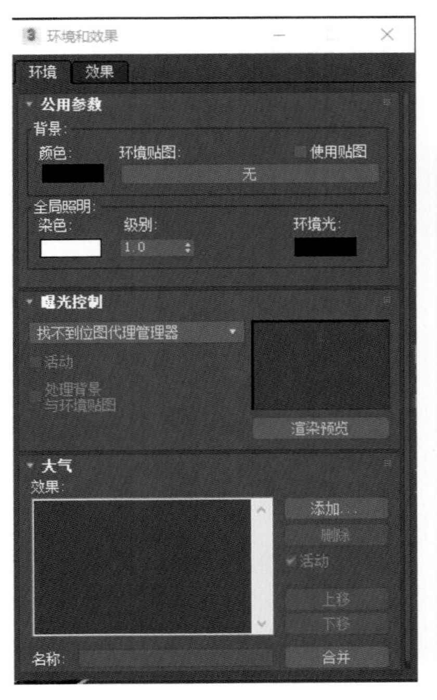

图 5-21

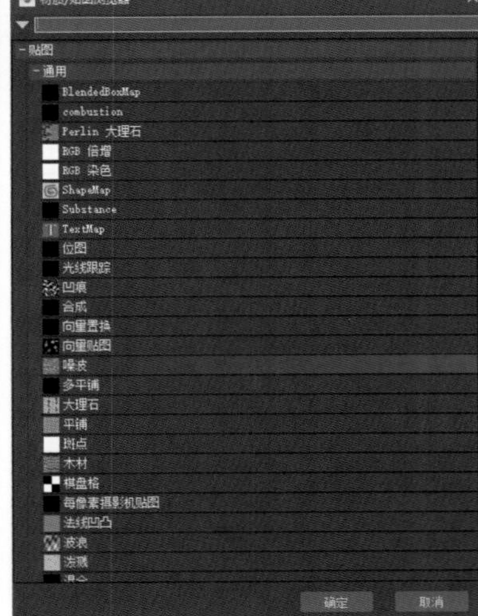

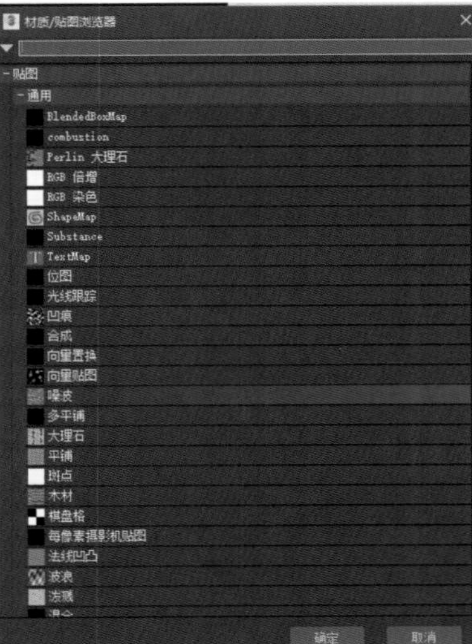

图 5-22

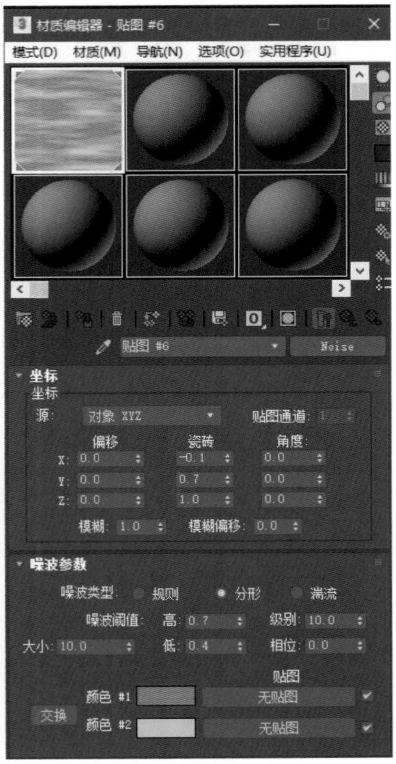

图 5-23

案例——制作金属茶壶

金属茶壶效果如图 5-24 所示。

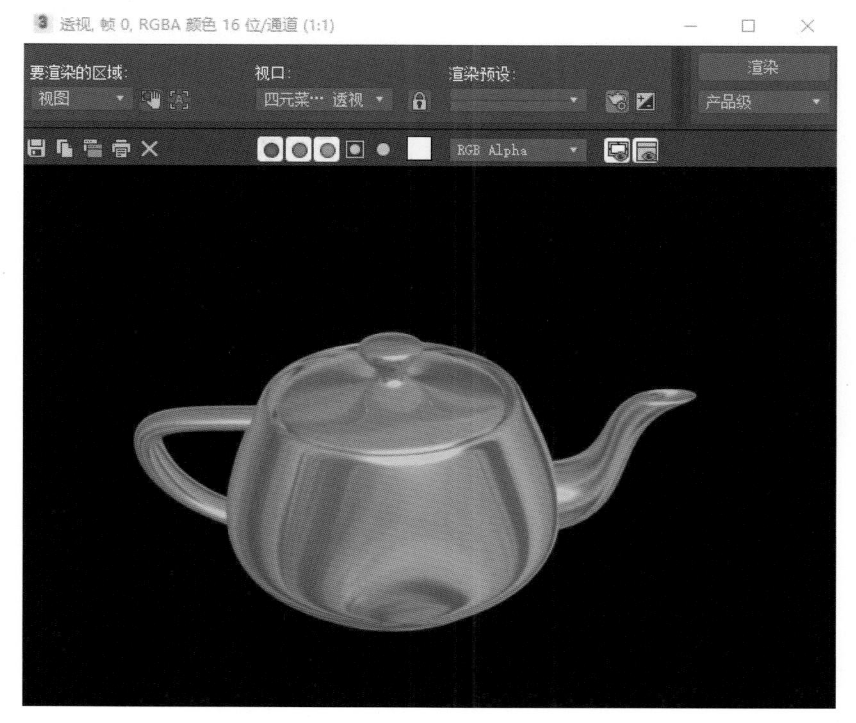

图 5-24

制作步骤如下：

（1）在场景中创建一个茶壶，单击按钮 ，打开材质编辑器，选择一个材质球，在“明暗器基本参数”中选择“金属”类型，勾选“双面”，将“漫反射颜色”设置为黄色，“高光级别”设置为 89，“光泽度”设置为 82，单击“贴图”卷展栏下“反射”右侧的 “None”按钮，在弹出的“材质 / 贴图浏览器”对话框中选择“位图”，选择一张位图作为贴图，如图 5-25 所示。

（2）单击“贴图”卷展栏下“反射”右侧的“贴图”按钮，进入位图贴图“坐标”面板，选择“环境”，将贴图方式设置为“收缩包裹环境”，选择“裁剪 / 放置”中的“裁剪”按钮，在弹出的“查看图像”对话框中的位图，如图 5-26 所示。

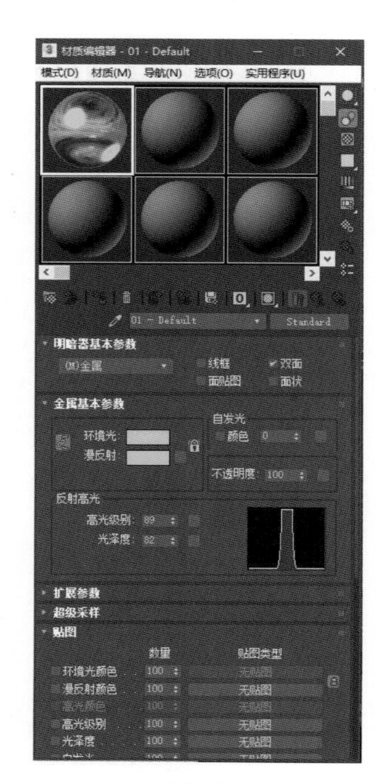

图 5-25

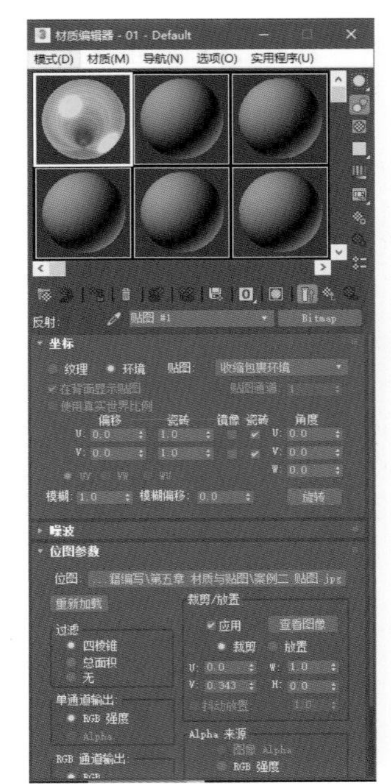

图 5-26

（3）单击 将材质指定给选定对象，渲染效果如图 5-27 所示。

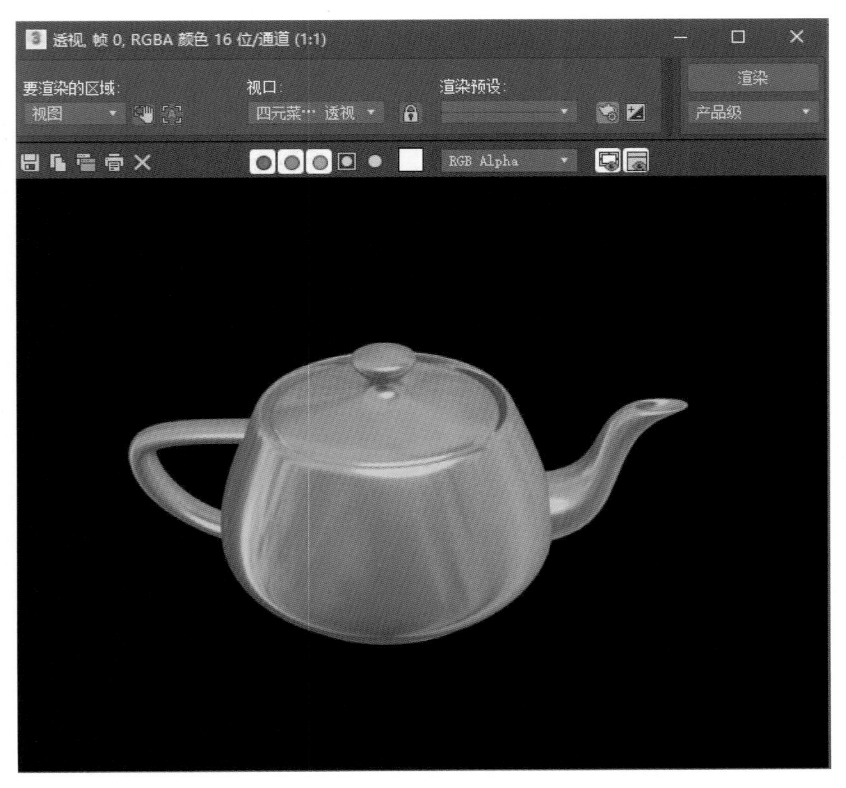

图 5-27

（4）继续调整贴图以达到理想的金属反射效果。调整“坐标”面板中“角度”的 U、W 项数值，将贴图旋转，然后调整“位图参数”卷展栏下“裁剪 / 放置”的 V、H 数值，如图 5-28 所示。

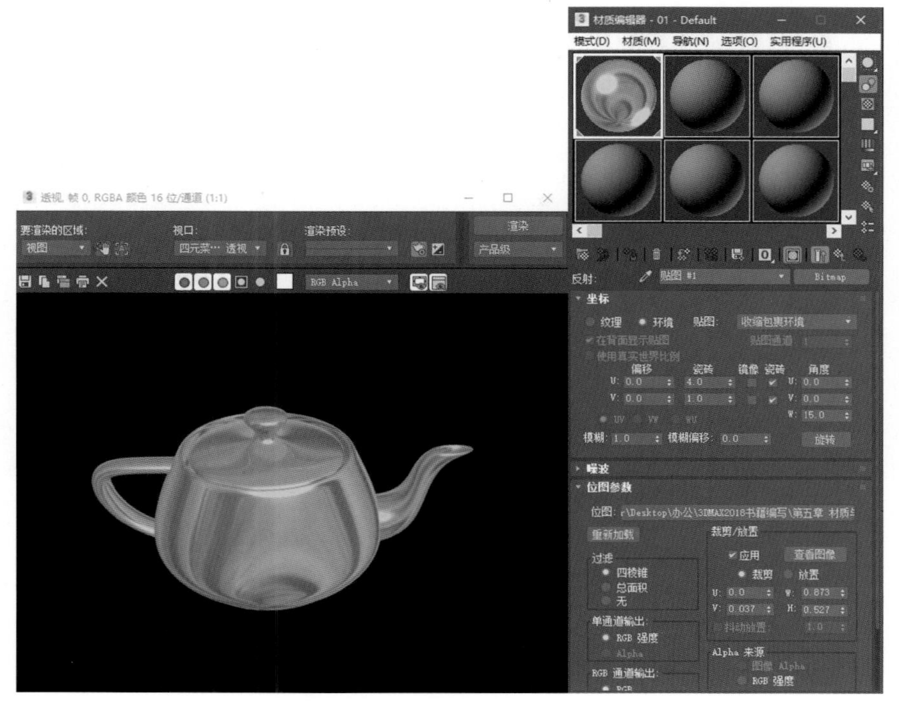

图 5-28

案例——制作玻璃茶壶

玻璃茶壶效果如图 5-29 所示。

制作步骤如下：

（1）在场景中创建一个茶壶，单击“材质编辑器”按钮，选择一个材质球，单击菜单栏“渲染”卷展栏下的“环境”按钮，打开“环境和效果”对话框，单击“环境贴图”按钮，如图 5-30 所示。

（2）选取第二个材质球，调制茶壶玻璃反光材质，“明暗器基本参数”选择“Blinn”类型，勾选“双面”，将“漫反射颜色”设置为白色，“高光级别”设置为 100，“光泽度”设置为 45，“柔化”设置为 0.1，单击“贴图”卷展栏下“折射”右侧的“None”按钮，在弹出的“材质 / 贴图浏览器”对话框中选择“反射 / 折射”，单击按钮 将材质指定给选定对象，如图 5-31 所示。

图 5-29

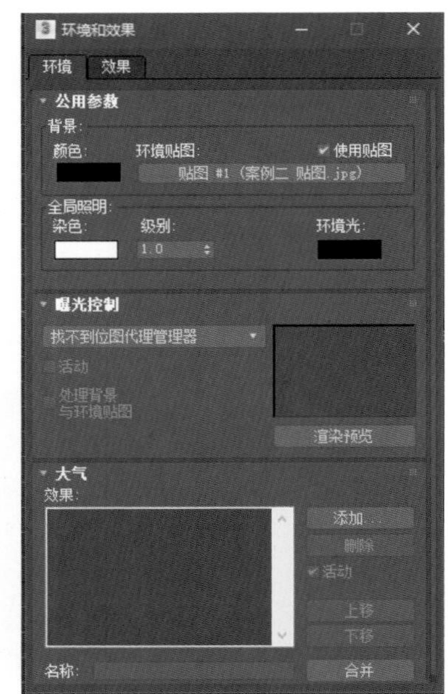

图 5-30

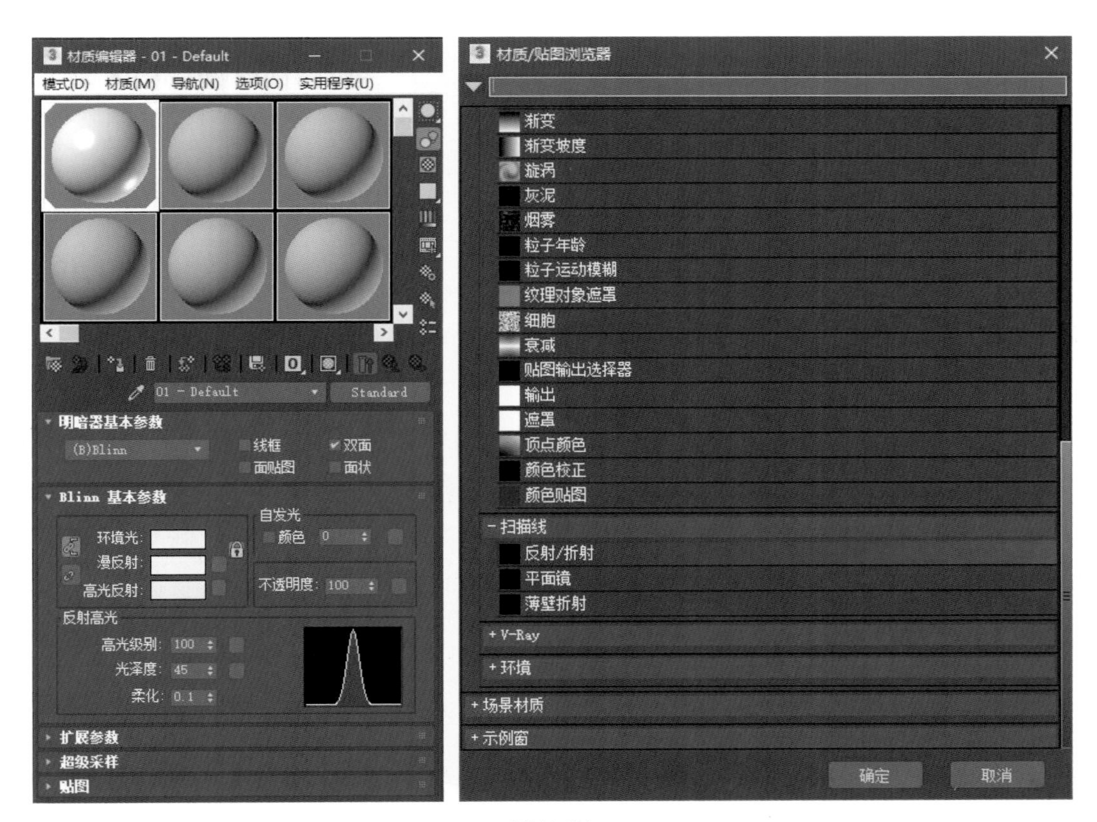

图 5-31

二、光线跟踪

“光线跟踪”通常表现玻璃、金属、大理石等带有反射、折射的材质，一般在“反射”贴图通道中使用。

案例——制作光线跟踪贴图

光线跟踪贴图效果如图 5-32 所示。

图 5-32

制作思路：本案例的两个球体添加了“光线跟踪”，其中大球体的“凹凸”贴图通道添加了“对齐”命令，调整其位置而成。

制作步骤如下：

（1）场景中创建一个平面与两个几何球体，单击“材质编辑器”按钮，选择一个材质球，单击“Standard”按钮，在弹出的“材质 / 贴图浏览器”对话框中选择“光线跟踪”，单击按钮将材质指定给大球体，如图 5-33 所示。

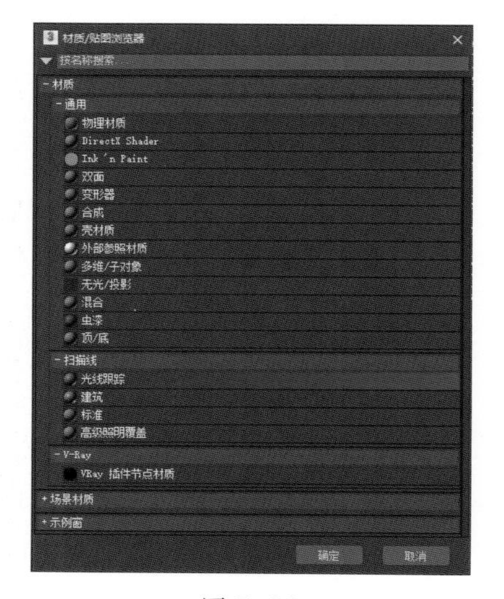

图 5-33

（2）此时进入“光线跟踪”面板，“光线跟踪基本参数”中的“明暗处理”选择“Blinn”类型，将“高光级别”设置为 264，其余参数采用默认值，如图 5-34 所示。

（3）单击“贴图”卷展栏下“凹凸”右侧的“None”按钮，在弹出的“材质 / 贴图浏览器”对话框中选择“噪波”，进入噪波“坐标”面板，调整参数，如图 5-35 所示。

（4）复制大球体材质球，单击按钮，将材质指定给小球体，取消“贴图”卷展栏下“凹凸”通道的贴图。单击另一个材质球赋予平面材质，“高光级别”设置为 27，“光泽度”设置为 17，“柔化”设置为 0.1，单击“贴图”卷展栏下“漫反射”右侧的“None”按钮，在弹出的“材质 / 贴图浏览器”对话框中选择在“位图”，指定木纹位图贴图，如图 5-36 所示。

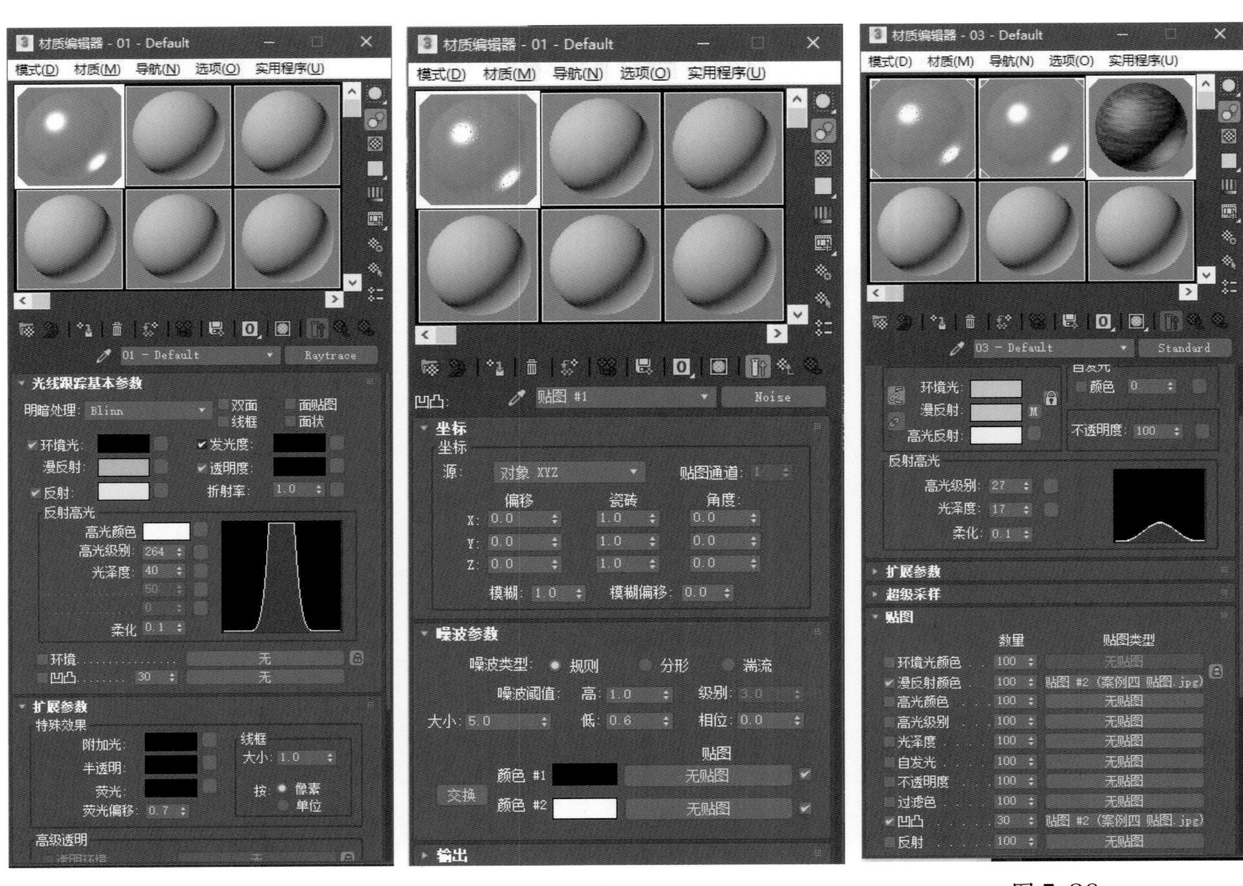

图 5-34　　图 5-35　　图 5-36

第四节 SECTION 4 贴图坐标

如前所述，在贴图的“坐标”卷展栏可以设置贴图水平和垂直方向的偏移量。但在三维空间中，仅仅使用“坐标”卷展栏有时不足以达到想要的效果。3ds Max 提供了 UVW 贴图坐标来实现贴图在三维空间的应用。通过将贴图坐标应用于对象，“UVW 贴图”修改器可以控制在对象曲面上如何显示贴图材质，贴图坐标指定如何将位图投影到对象上。*UVW* 坐标系与 *XYZ* 坐标系相似。位图的 *U* 轴和 *V* 轴对应于 *X* 轴和 *Y* 轴，对应于 *Z* 轴的是 *W* 轴。

一、UVW 贴图添加方法

UVW 贴图是 3ds Max 修改器列表的堆栈调整命令，可以调整贴图投影到对象表面的方式。使用 UVW 贴图可以更好地控制贴图坐标，当创建模型比较复杂、不能贴图时，也需要使用 UVW 贴图坐标。

UVW 贴图的添加方法是使场景对象处于当选状态，从修改器列表中选择 UVW 贴图，即可添加 UVW 贴图坐标控制命令，如图 5-37 所示。如图 5-38 所示为添加 UVW 贴图坐标后的效果。

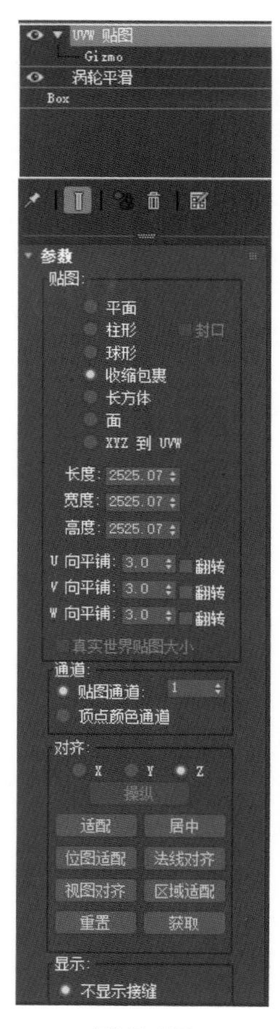

图 5-37

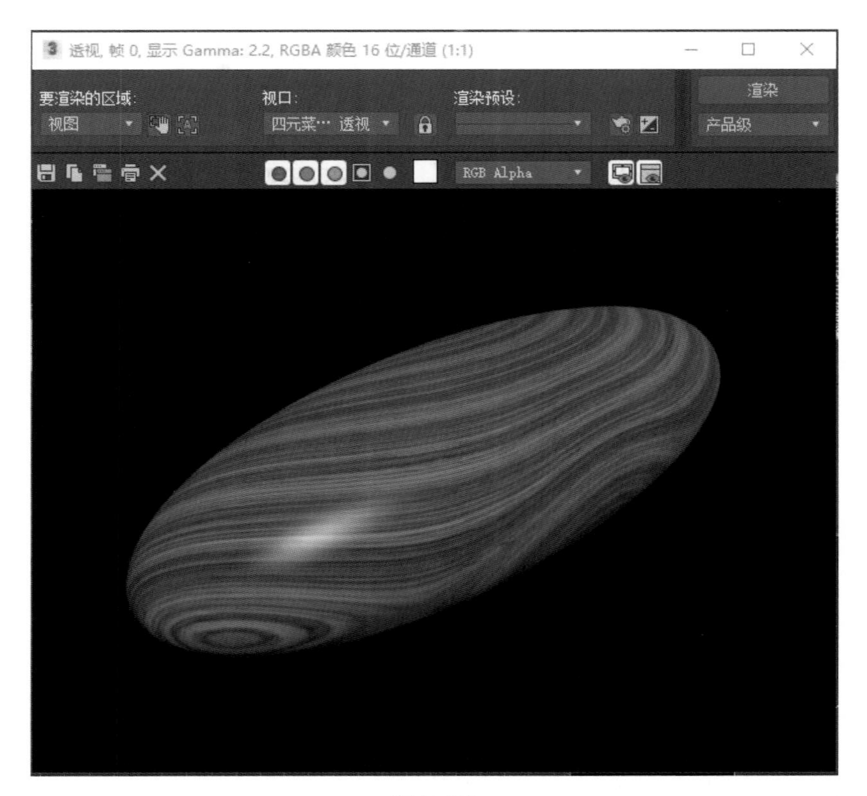

图 5-38

二、UVW 贴图方式

UVW 贴图方式有平面、柱形、球形、收缩包裹、长方体、面、XYZ 到 UVW7 种方式。

平面：以平面方式贴图，在效果图制作中常赋予平面物体或单面效果的对象，如地面、墙壁、天花板等。

柱形：以柱形方式贴图，适用于柱形对象。

球形：以球形方式贴图，适用于球形对象。贴图会在球面两极产生极点并有接缝。

收缩包裹：是球形贴图方式的补充，只有一个极点，无接缝。

长方体：给场景对象的 6 个表面同时赋予贴图，这种贴图方式不会类似平面贴图产生纹理变形，适用于桌台等箱状物以及需要 6 面贴图的对象。

面：直接为模型每个表面进行贴图。

XYZ 到 UVW：适配 3D 程序贴图至 UVW 贴图坐标，贴图锁定至模型表面，模型变形时贴图也随之变化，使用此项贴图不会产生流动的错误效果。

三、UVW 贴图参数

UVW 贴图“坐标”控制面板中“贴图方式”选择框的下方是一些调控参数：

长度、宽度、高度：用于调控 Gizmo（贴图投影方式的指示框）的尺寸。

U 向平铺：控制贴图在 U 方向上的重复次数。

Flip：勾选后贴图会在相应方向上发生翻转。

通道：通道 1 为 UVW 贴图修改器选定的贴图方式，通道 2 是系统默认赋予的贴图坐标。

对齐：用于调整贴图坐标与场景对象的位置。

X /Y /Z：此三项用于选择贴图坐标的轴向。

适配：贴图坐标自动适配所选场景对象的外轮廓边界。

中心：贴图坐标中心与场景对象对齐。

位图适配：贴图坐标比例与所选图片的比例一致。

法线对齐：贴图坐标与面片法线垂直。

视图对齐：贴图坐标与所选视窗对齐。

区域对齐：可用鼠标规划出贴图坐标区域。

重置：使贴图坐标恢复初始状态。

获取：用来获取其他场景对象贴图坐标的位置、比例、角度。

案例——制作贴图坐标

UVW 贴图坐标效果如图 5-39 所示。

图 5-39

UVW 坐标

制作思路：本案例是指定漫反射贴图的一个切角长方体，通过贴图坐标的调整使贴图随之变化。此案例用两种贴图坐标控制贴图，一种是通过位图坐标调整，另外一种是添加“UVW 贴图”进行控制。

制作步骤如下：

（1）在场景中创建一个切角长方体，单击“材质编辑器”按钮，选择一个材质球，将“漫反射颜色”设置为黄色，在“贴图”卷展栏下“漫反射颜色”右侧单击“None”按钮，在弹出的“材质 / 贴图浏览器”对话框中选择“位图”，选择一张位图作为贴图，单击按钮将材质指定给选定对象，如图 5-40 所示。

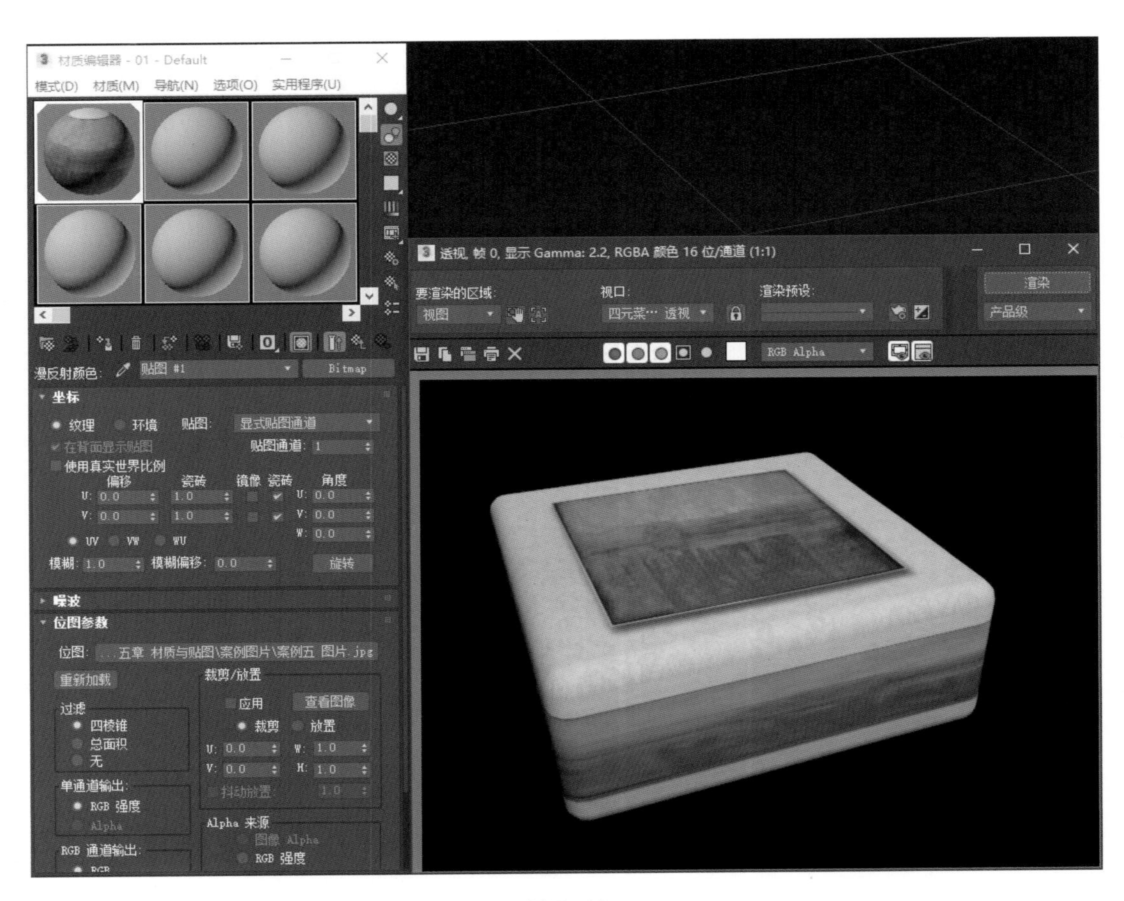

图 5-40

（2）单击“漫反射”右侧的“M”按钮（或者单击“贴图”卷展栏下“漫反射颜色”右侧的“贴图类型”按钮）进入位图“坐标”卷展栏，在“瓷砖”的 U、V 项设置数值为 3，两个数值框用于设置水平和垂直方向贴图重复的次数，常用于砖墙、地板的贴图制作，数值为 1 时，贴图在表面贴一次；数值为 3 时，贴图在表面各个方向重复贴 3 次，贴图尺寸也相应缩小。此时渲染效果如图 5-41 所示。

（3）取消勾选“瓷砖”，这种贴图适用于物体表面的商标，此时渲染效果如图 5-42 所示。

材质编辑器 - 01 - Default
模式(D) 材质(M) 导航(N) 选项(O) 实用程序(U)
漫反射颜色: 贴图 #1 Bitmap
坐标
纹理 环境 贴图: 显式贴图通道
贴图通道: 1
使用真实世界比例
偏移 瓷砖 镜像 瓷砖 角度
模糊: 1.0 模糊偏移: 0.0 旋转
噪波
位图参数
重新加载
裁剪/放置
应用 查看图像
裁剪 放置
过滤
四棱锥
总面积
无
单通道输出:
RGB 强度
Alpha
Alpha 来源
RGB 强度
RGB 通道输出:

图 5-41

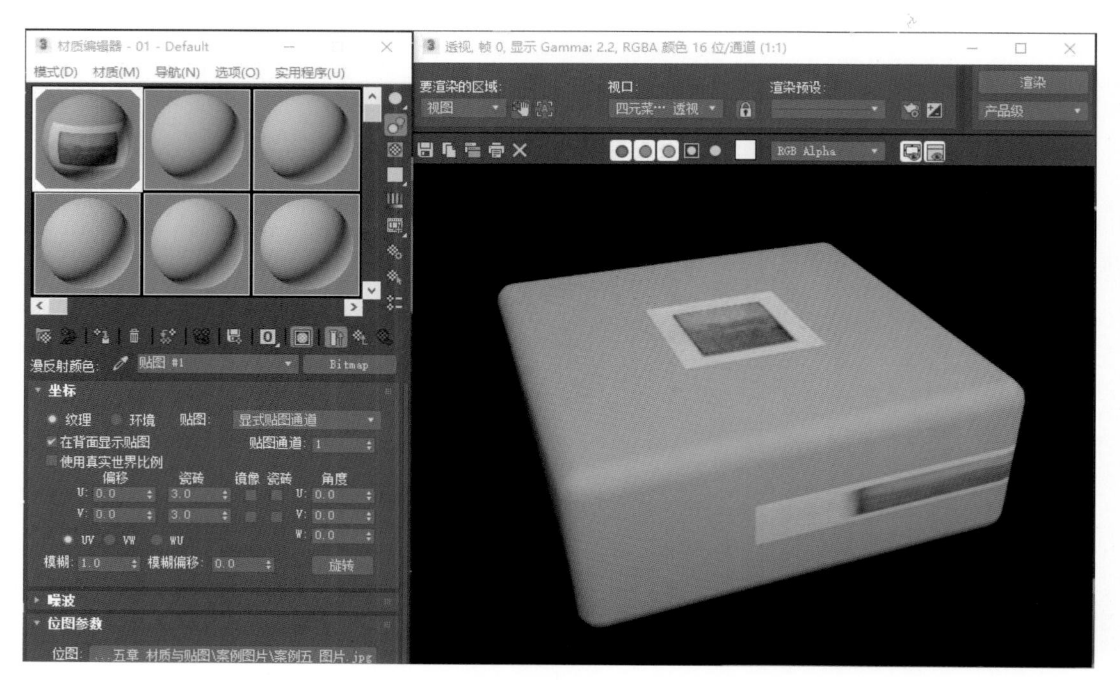
材质编辑器 - 01 - Default
模式(D) 材质(M) 导航(N) 选项(O) 实用程序(U)
透视, 帧 0, 显示 Gamma: 2.2, RGBA 颜色 16 位/通道 (1:1)
要渲染的区域:
视图
视口:
四元菜… 透视
渲染预设:
渲染
产品级
RGB Alpha
漫反射颜色: 贴图 #1 Bitmap
坐标
纹理 环境 贴图: 显式贴图通道
在背面显示贴图
贴图通道: 1
使用真实世界比例
偏移 瓷砖 镜像 瓷砖 角度
U: 0.0 3.0 U: 0.0
V: 0.0 3.0 V: 0.0
W: 0.0
UV VW WU
模糊: 1.0 模糊偏移: 0.0 旋转
噪波
位图参数
位图: ...五章 材质与贴图\案例图片\案例五 图片.jpg

图 5-42

（4）“角度”的 W 数值框设置为 300，贴图将产生旋转，如图 5-43 所示。

（5）添加“UVW 贴图”，选择“平面”方式，此时以平面方式为切角长方体贴图，如图 5-44 所示。

图 5-43

图 5-44

综合案例——
制作月球贴图

综合案例——制作月球贴图

月球贴图效果如图 5-45 所示。

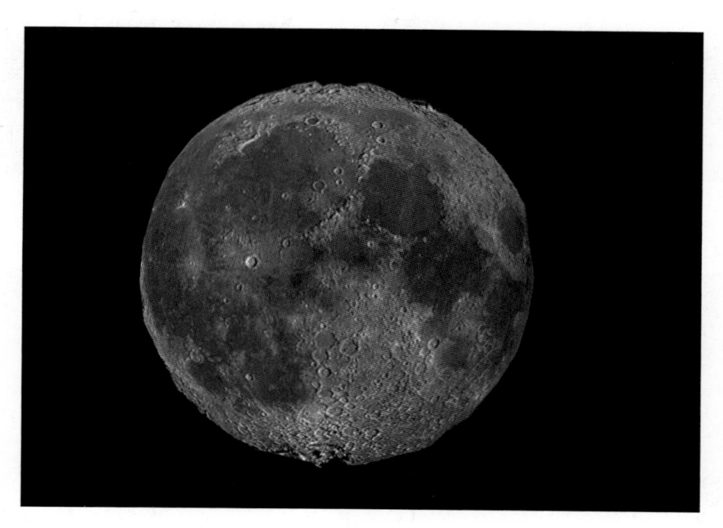

图 5-45

制作思路：本案例是由一个球体通过贴图形成的月球，“明暗器基本参数”选择“Oren-Nayar-Blinn”，分别通过“漫反射颜色”“漫反射级别”“凹凸”“置换”等贴图通道进行贴图。

制作步骤如下：

（1）场景中创建半径为 100 mm 的球体，单击“材质编辑器”按钮，选择一个材质球，“明暗器基本参数”选择“Oren-Nayar-Blinn”类型，单击“漫反射”右侧的“None”按钮，在弹出的“材质 / 贴图浏览器”对话框中选择“位图”，选择一张位图作为贴图，渲染效果如图 5-46 所示。

（2）设置“漫反射级别”数值为 62，单击右侧的方块按钮，在弹出的“材质 / 贴图浏览器”对话框中选择“位图”，选择与“漫反射”贴图相同的位图作为贴图，此时球体表面的立体感增大，如图 5-47 所示。

（3）复制“漫反射级别”的贴图至“凹凸”通道，如图 5-48 所示。

（4）“凹凸”通道的贴图并非真正使得模型产生凹凸，此时复制“漫反射级别”的贴图至“置换”通道，在修改器列表中为模型添加“置换近似”修改器，即可调制更好的贴图效果，如图 5-49 所示。

❶

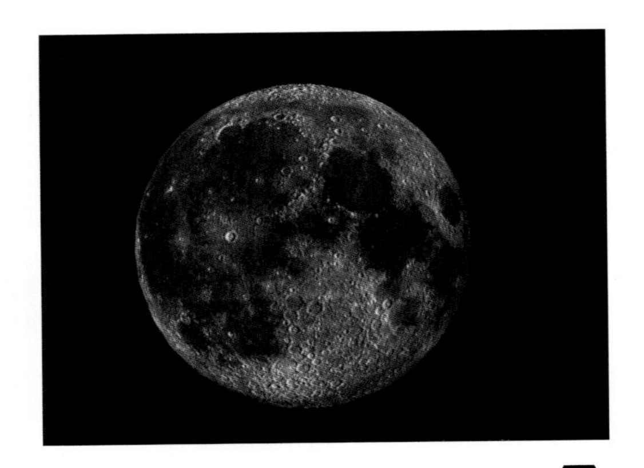

❷

❸

❹

❶ 图 5-46
❷ 图 5-47
❸ 图 5-48
❹ 图 5-49

思考与练习

1. 练习漫反射通道贴图，制作金属茶壶与粗陶茶壶，如图 5-50 所示。

2. 练习凹凸通道贴图，制作“生锈”的茶壶，如图 5-51 所示。

3. 练习光线跟踪贴图，如图 5-52 所示。

4. 练习玻璃材质，如图 5-53 所示。

5. 综合实例练习，在场景中创建“沙发”，赋予沙发表面织布材质，其余部件赋予木纹材质，如图 5-54 所示。

2

3

4

5

❶ 图 5-50
❷ 图 5-51
❸ 图 5-52
❹ 图 5-53
❺ 图 5-54

第六章

灯光

学习目标

- ◆掌握 3ds Max 系统中标准灯光的调控
- ◆掌握效果图常用光源类型的模拟方法

在自然环境中当光线照射物体表面后，物体表面会反射或部分反射这些光线，物体表面所呈现的效果取决于光线（强度、入射角、颜色）和物体表面材质的属性（颜色、光滑程度、透明程度）。

3ds Max 系统中的灯光可以模拟现实生活中不同的光照效果，如办公室灯照效果、电影灯光效果、日光效果等。在没有灯光的情况下，场景会自动使用默认的照明方式，这种照明方式由两盏不可见的灯光物体组成。新创建的灯光物体会自动取代系统默认的照明方式。

3ds Max 系统中提供的光源类型分为光度学灯光和标准灯光，它们在视图中有许多共同的参数与相同的阴影形成方式。

第一节 SECTION 1 灯光基础知识

一、自然光、人造光和环境光

设置灯光时，首先确定场景模拟的是自然光效果还是人造光效果。自然光主要光源只有一个，人造光通常包含多个类似的光源。

1. 自然光

自然光是来自单一光源的平行光线，它的方向和角度会随时间、季节的变化而变化。例如，晴朗时，阳光为淡黄色；多云时，阳光呈蓝色；阴雨天气时，则是暗灰色。另外，天空晴朗时，光线产生的阴影较为清晰。

3ds Max 提供了多种模拟自然光的方式，常用方式之一是平行光，无论目标平行光还是自由平行光，创建一盏就足以作为日照场景的光源。

2. 人造光

在制作室内效果图时常常会使用多盏灯光模拟人工照明。首先，创建一盏明亮的灯光，称为“关键光”，位于主体模型的前方偏上；然后，再设置一盏或多盏灯光来照亮背景和主体模型的侧面，称为“补充光”，其光照强度要低于“关键光”；最后，还可以继续为场景添加“附加光”。

在 3ds Max 中，聚光灯一般用于创建“关键光”，而“补充光”可以由聚光灯或泛光创建。

3. 环境光

环境光一般用来模拟光线的漫反射现象，它多用于室外场景，在自然光无法直射的物体表面产生均匀分布的反射光。

室内场景与室外场景不同，场景中会有较多的灯光物体，普通环境光用来模拟光源位置的漫反射并不理想，所以在制作中常用的方法是将环境光颜色设为黑色，并且只对模拟漫反射效果的灯光产生影响。

环境光设置在菜单栏的“渲染”按钮下拉菜单中（快捷键为数字 8），如图 6-1 所示。

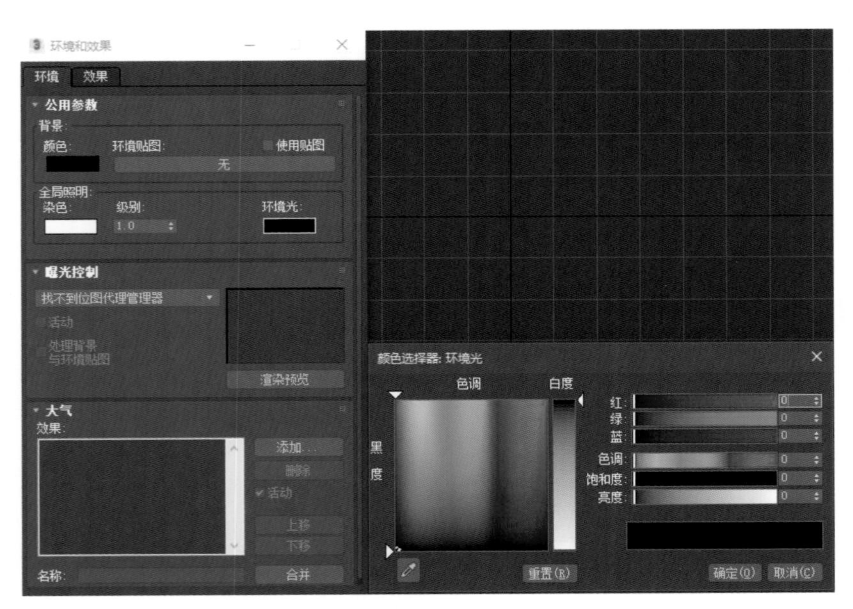

图 6-1

二、3ds Max 的灯光类型

单击“创建”面板中的 💡 按钮，即可显示 6 种灯光类型，如图 6-2 所示。

1. 目标聚光灯

目标聚光灯产生锥形的照射区域，在照射区域外的物体不受灯光影响。目标聚光灯有投射点和目标点两个图标可控。它有矩形和圆形两种投影区域，矩形适合制作投影图像，圆形适合制作路灯、台灯、舞台跟踪灯等灯光照射。

2. 自由聚光灯

自由聚光灯产生锥形的照射区域，是一种受限制的目标聚光灯，无法在视图中对发射点和目标点分别调控，只能控制整个图标，常用于制作动画的灯光。

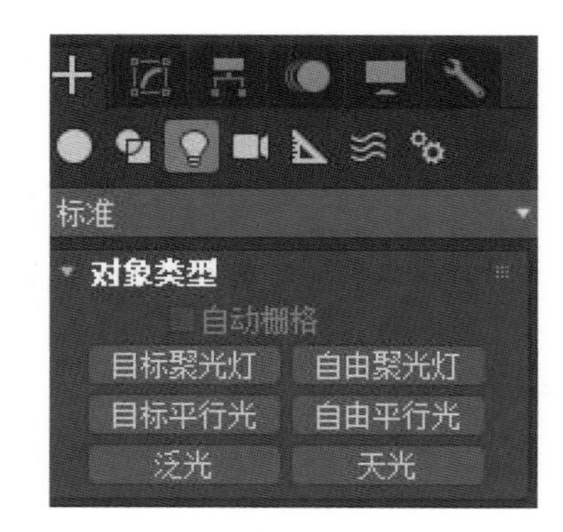

图 6-2

3. 目标平行光

目标平行光产生单方向的平行照射区域，照射区域呈圆柱形或矩形，主要用于模拟阳光照射。

4. 自由平行光

自由平行光产生平行照射区域，是一种受限制的目标平行光，无法在视图中对发射点和目标点分别调控，只能整体进行调控。

5. 泛光

泛光是效果图制作中应用最多的光源，它向四周发射光线，用来照亮场景。泛光的参数与聚光灯大体相同，也可以进一步扩展功能，如全面投影、衰减范围等。泛光可以用来模拟主光源、背景光与辅助光源。

6. 天光

天光主要用来模拟空气对光的散射效果。

第二节 SECTION 2 灯光控制

本节以泛光为例介绍灯光控制，泛光的参数主要包括常规参数、强度 / 颜色 / 衰减参数、高级效果、阴影参数、阴影贴图参数等。

一、常规参数

常规参数默认为启用，用于设置灯光的阴影开启、阴影方式以及排除或包含场景中的物体。

阴影方式：用于决定当前灯光使用何种阴影方式进行渲染，包括阴影贴图、高级光线跟踪、mental ray 阴影贴图、光线跟踪阴影。

排除：允许指定物体不受灯光的照射影响，包括照明影响和阴影影响，通过对话框来选择控制。

案例——创建简单泛光

案例——创建简单泛光

制作思路：本案例的场景是倒角长方体创建的桌子，桌面上有一盏台灯、一个茶壶、一个茶杯以及几本书。用标准基本体的“茶壶”创建茶壶与茶杯，书本用长方体添加“可编辑网格”创建编辑而成。场景中的照明用台灯的泛光创建。

制作步骤如下：

（1）在“创建”面板中，单击“灯光”按钮，然后在下拉列表中选择“标准”，然后单击“泛光”

按钮，在顶视图创建一个泛光，然后在左视图调整泛光位置，将其移动至台灯灯罩中，左视图及透视视图如图 6-3 所示。

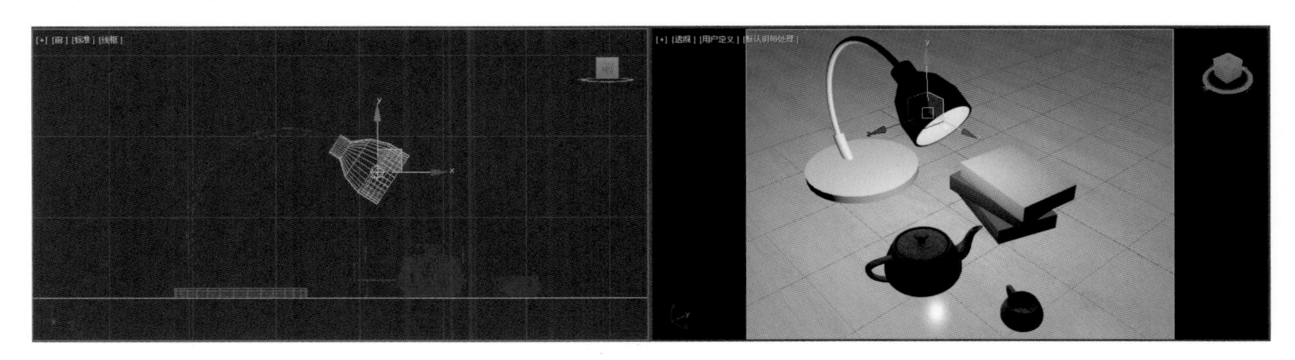

图 6-3

（2）此时，虽然创建了泛光，但是物体却没有灯光照射下的投影，进入“泛光”参数面板，勾选“阴影启用”，场景即产生物体投影，如图 6-4 所示。

图 6-4

二、强度 / 颜色 / 衰减

“强度 / 颜色 / 衰减”参数用于设置灯光的颜色、亮度以及灯光的衰减情况，如图 6-5 所示。

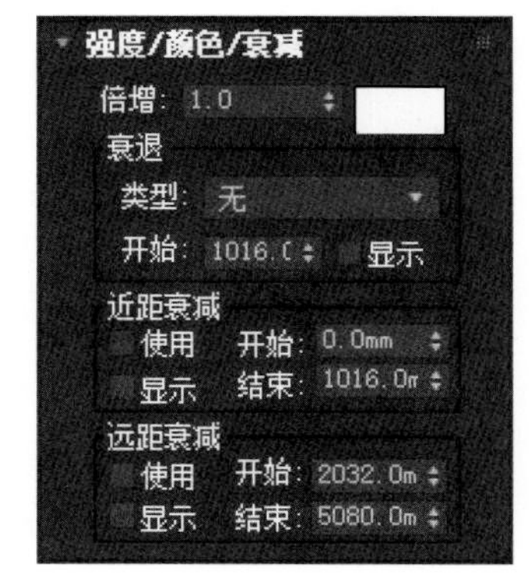

图 6-5

倍增：控制灯光的照射强度倍增，标准值为 1，设置为 2 时光强度增加 1 倍，设置为负值则产生吸光效果。一般使用默认值 1。

色钮：倍增右侧的色钮用于调节灯光的颜色。

案例——调节泛光的强度、颜色

制作思路：本案例场景中的泛光“倍增”值增大，场景照明效果明显加剧，通过不同颜色的选择来观察场景照明效果的变化。

制作步骤如下：

（1）在“倍增”右侧的数值框中输入“2”，场景的照明效果比原先增强1倍，如图6-6所示。此参数提高了场景亮度，但是有可能会使颜色过亮，产生输出图像中不可用的颜色，所以尽量保持默认的数值1。

（2）恢复“倍增”数值为1，单击右侧色钮，重新给灯光指定为红色，整个场景也变成了红色的照明，如图6-7所示。

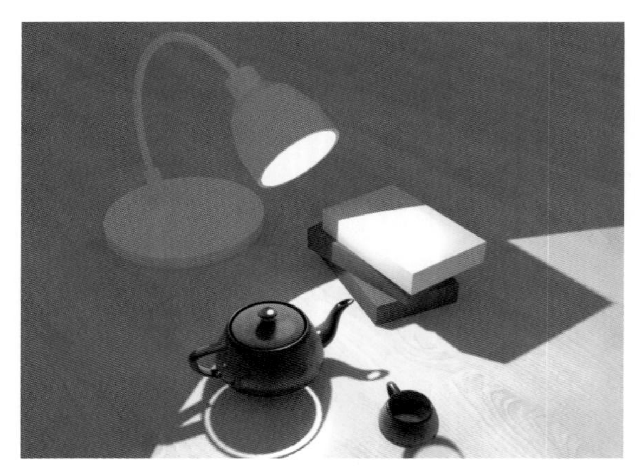
图6-6

图6-7

衰退类型：包括无、倒数和平方反比三种。

近距衰减：使用时灯光亮度在光源至指定起点之间为0，在起点至终点之间不断增强，在终点以外保持为颜色倍增指定的值，或受到远距衰减的调控。

开始：设置灯光开始淡入的位置。

结束：设置灯光达到最大值的位置。

使用：用来开启近距衰减开关。

显示：用来显示近距衰减的范围线框。

远距衰减：使用时，在光源与起点间保持颜色和倍增所控制的灯光亮度，在起点至终点之间，灯光亮度一直为0。

案例——调节灯光衰减

制作思路：灯光的衰减有两个方面，一个是由“聚光灯参数”控制的照明范围的衰减，另一个是由“强度 / 颜色 / 衰减”参数调控的灯光照明路线上的衰减。以本案例场景中的“目标聚光灯”为例来学习灯光照明衰减效果的变化。

制作步骤如下：

（1）将场景中的泛光改变为聚光灯，在“常规参数”的“灯光类型”勾选启用“聚光灯”，如图 6-8 所示，渲染效果如图 6-9 所示。

常规参数
灯光类型
启用　聚光灯
目标　586.619mm
阴影
启用　使用全局设置
阴影贴图
排除...

图 6-8

图 6-9

（2）目标聚光灯照明不能够全局照明，照明范围仅在锥形范围内，如图 6-10 所示。在锥形框范围可见两个颜色不同的锥形，浅黄色的锥形框决定聚光区完全照明的范围，外围黄灰色的锥形框决定灯光衰减范围，图例中的两个锥形框数值接近，因此，照明的衰减不明显。

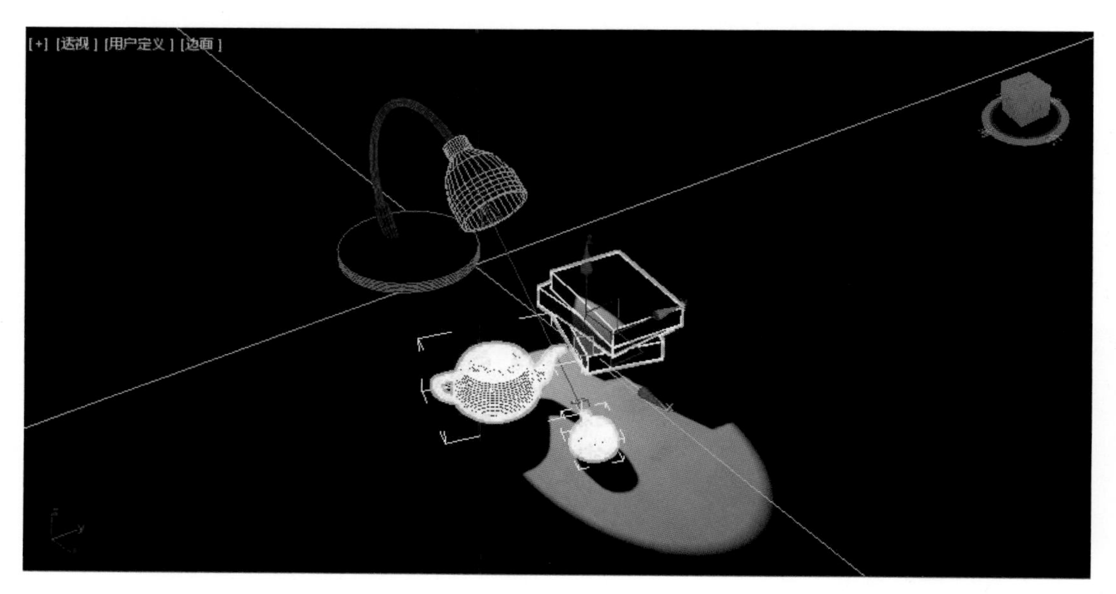

图 6-10

（3）调整灯光照明聚光区与衰减区的范围设置，即调节卷展栏的“聚光灯参数”，先调整亮黄色聚光区（聚光区/光束）数值为50，再调整暗黄色锥形框（衰减区/区域）数值为120，如图6-11所示，效果如图6-12所示。

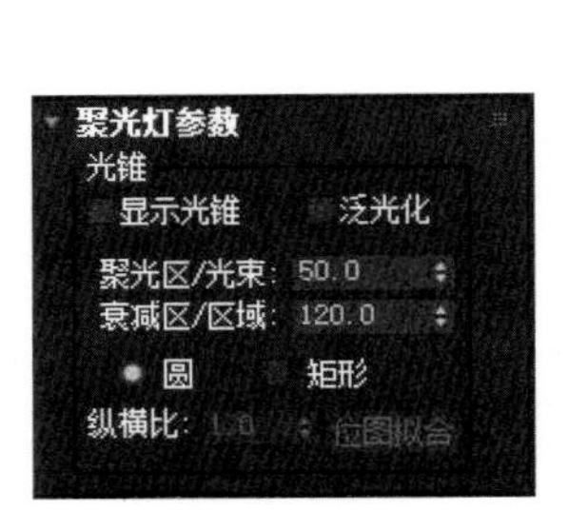

图6-11

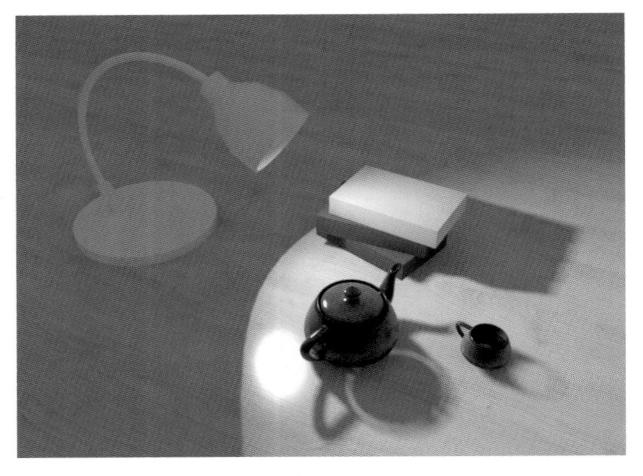

图6-12

为了使效果更明显，可以为场景添加体积光，单击卷展栏下“大气和效果”中的“添加”按钮，在弹出的对话框中选择“体积光”，在“体积光”选中状态单击“设置”按钮，在弹出的“环境和效果”对话框中将体积的“密度”设置为12，如图6-13所示。

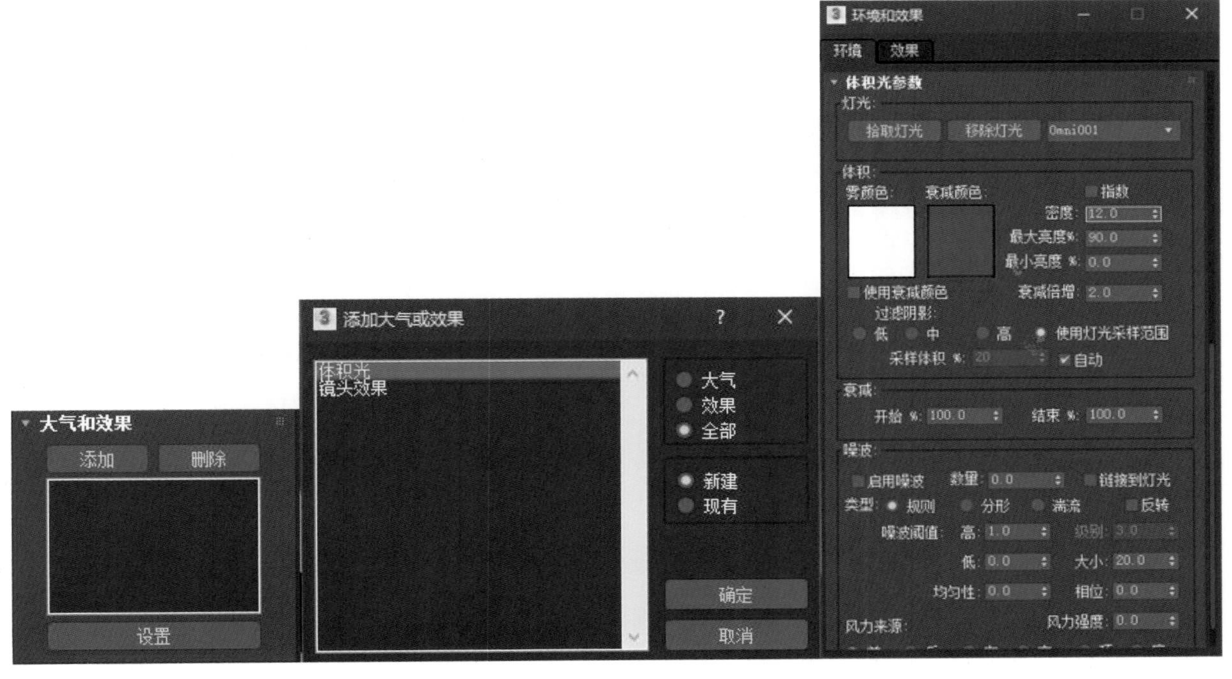

图6-13

添加了“体积光”的渲染场景如图 6-14 和图 6-15 所示，不同之处在于图 6-15 的调整加大了聚光区与衰减区的对比，阴影产生较为柔和的过渡。

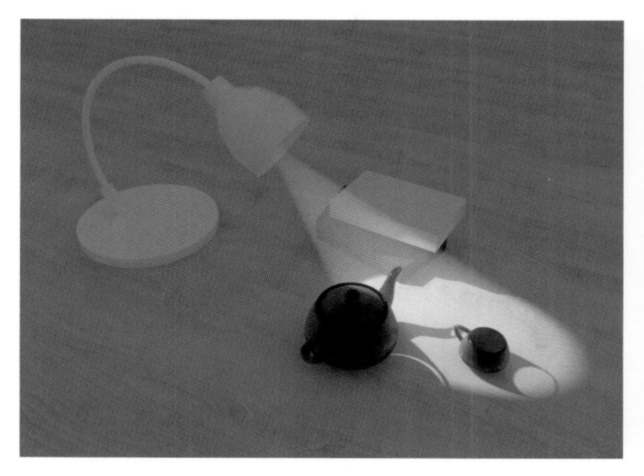

图 6-14

图 6-15

（4）调节光能强弱的衰减，即灯光照明路线上的衰减。“强度 / 颜色 / 衰减”卷展栏的衰退类型默认为“无”，另外提供“倒数”与“平方反比”两种类型。选择“倒数”或“平方反比”后在场景中出现绿色的线框可供调节，它随着“开始”数值调整，决定着灯光照明路线上衰减的位置。如图 6-16 所示的“平方反比”类型比如图 6-17 所示的“倒数”类型衰减得更为剧烈。

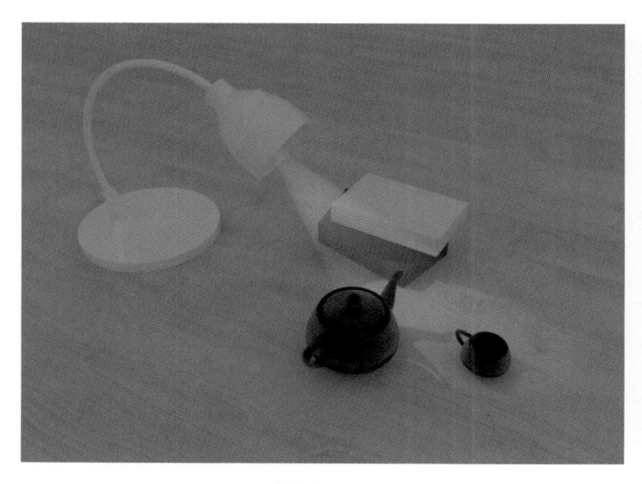

图 6-16

图 6-17

（5）勾选了“远距衰减”后即可以通过数值自定义衰减的范围，“开始”（淡黄色的线框）的数值设置决定灯光照明开始衰减的位置，“结束”（黄灰色的线框）的数值设置将灯光照明降为 0，如图 6-18 所示，渲染效果如图 6-19 所示。

（6）勾选了“近距衰减”时，灯光照明在光源到“起点”之间为 0，在“起点”（蓝灰色线框）到“结束”（亮蓝色线框）之间不断增强，在“结束”以外保持为“颜色”“倍增”控制指定的值，或是受“远距衰减”的控制，如图 6-20 所示，渲染效果如图 6-21 所示。

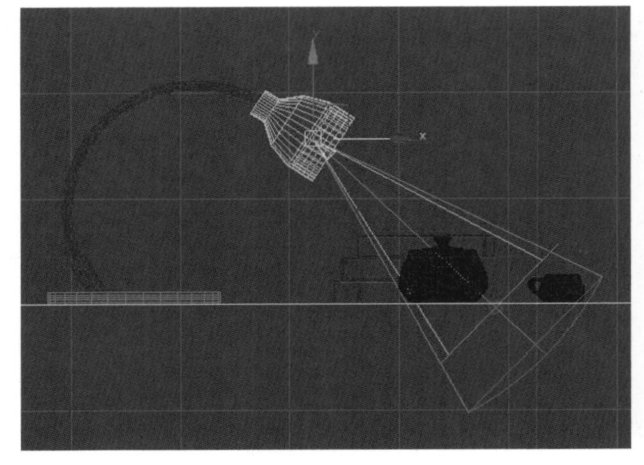

图 6-18

图 6-19

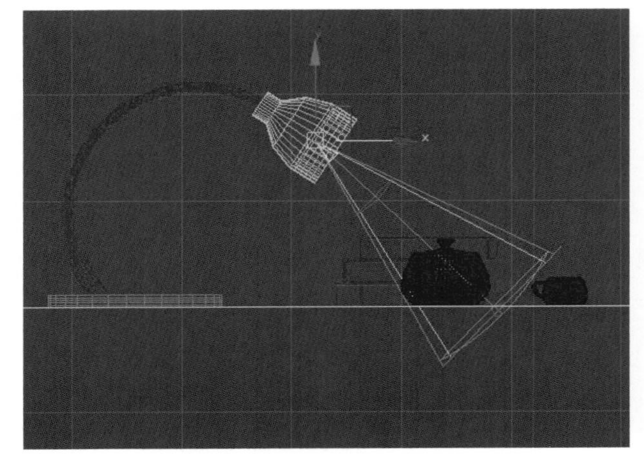

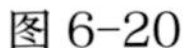
图 6-20

图 6-21

三、高级效果

“高级效果”卷展栏如图 6-22 所示，各参数含义如下：

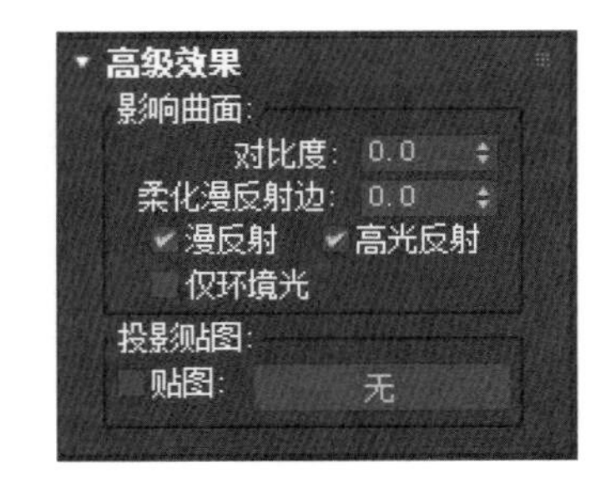

图 6-22

对比度：调节物体高光区与过渡区之间的对比度，值为 0 时是正常效果。

柔化漫反射边：柔化过渡区与阴影区之间的边缘，效果图制作中较少调节。

漫反射、高光反射：默认状态两者皆勾选，勾选后灯光设置对整个物体表面产生照射影响。还可以通过勾选其一控制灯光单独对其中一个区域进行照射影响，可以调制特殊光效。仅勾选“漫反射”的渲染效果如图 6-23 所示。仅勾选“高光反射”的渲染效果如图 6-24 所示。

仅环境光：勾选后，灯光仅以环境照明的方式影响物体表面的颜色，近似给对象表面均匀涂色。

投影贴图：勾选贴图，单击右侧按钮添加阴影贴图，可以使灯光投影出图片效果。如图 6-25 所示，通过灯光照明将图像投射到模型上，模拟树叶的投影效果。

场景添加“体积光”可以产生贴图光柱，如图 6-26 所示。

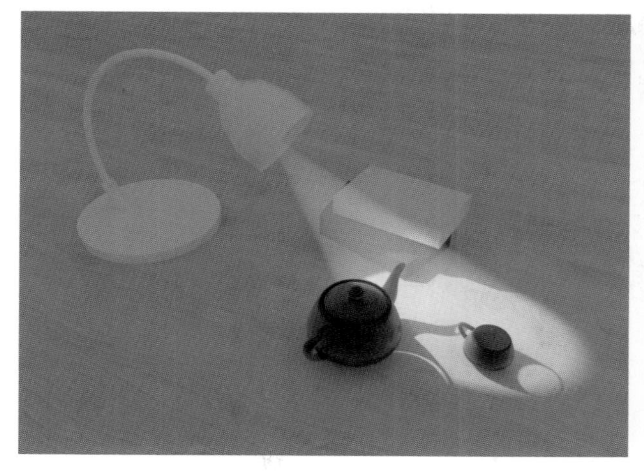

图 6-23

图 6-24

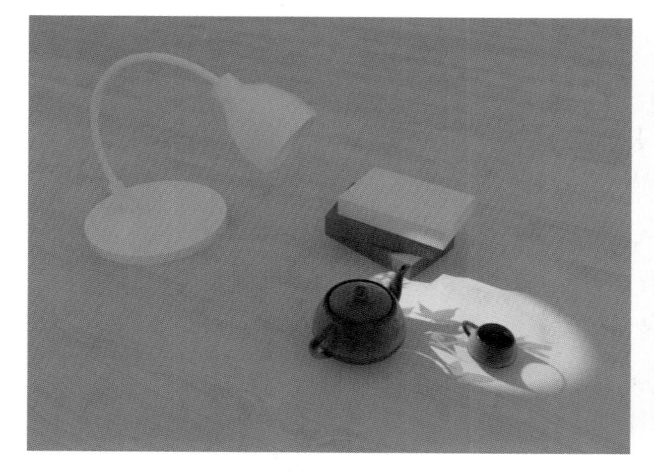

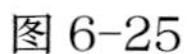

图 6-25

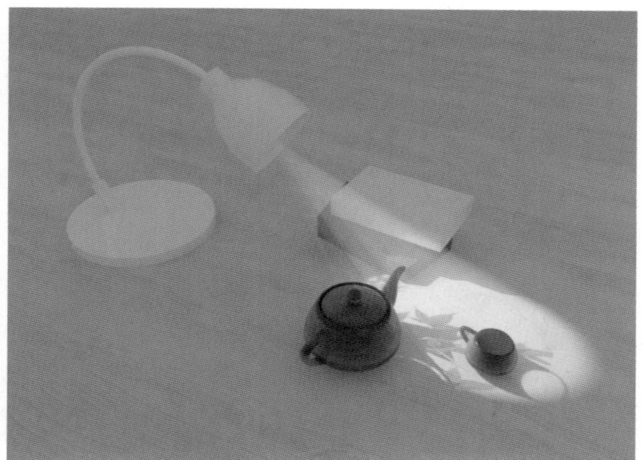

图 6-26

四、阴影参数

“阴影参数”卷展栏既可以调控灯光的投影效果，也可以对阴影的细节效果进行调节，如图 6-27 所示。

阴影颜色：单击颜色块，可以在弹出的“颜色”对话框中设置阴影的颜色，默认为黑色。

密度：用于设置阴影的浓度。提高密度值会增加阴影的黑暗程度。

贴图：单击右侧按钮可以添加阴影贴图。此时，投影以选择的贴图显示，如图 6-28 所示。

大气阴影：用于调制大气效果的阴影颜色与透明度。

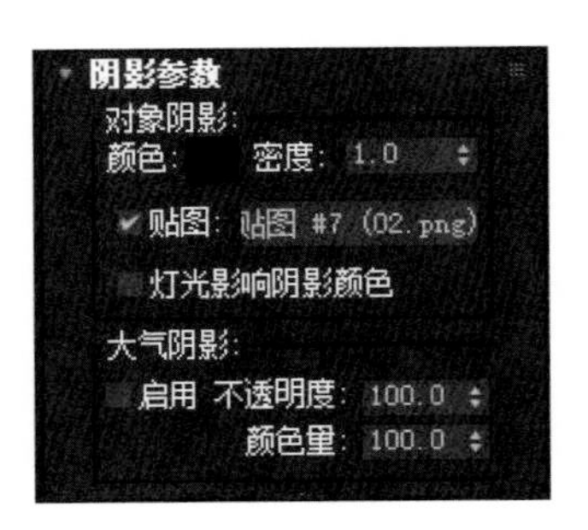

图 6-27

图 6-28

五、阴影贴图参数

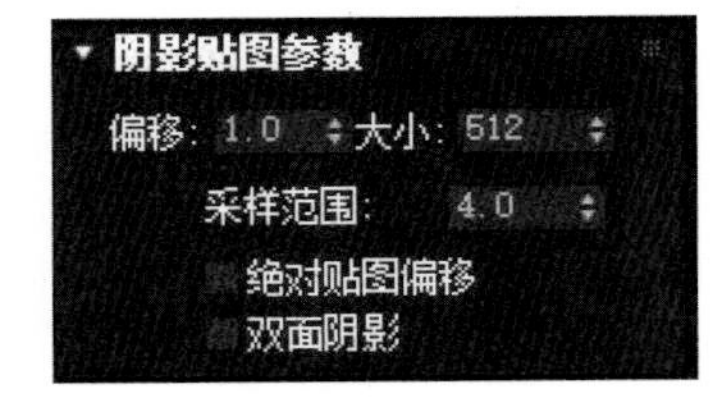

图 6-29

阴影贴图是运用贴图模式模拟阴影，并非通过运算而成。

阴影贴图参数与常规参数阴影模式的选择密切相关，其中阴影贴图、光线跟踪阴影在效果图制作中运用较多。当选择阴影贴图模式后，卷展栏如图 6-29 所示。

偏移：贴图偏移值决定物体与阴影的相对位置，默认值为 1，提高该值，阴影会远离投影的物体，如图 6-30 所示。

大小：控制贴图质量，值越大，贴图质量越高。

采样范围：调整阴影边缘的虚化程度，值越大，阴影边缘越虚，所需要渲染的时间也越长。“采样范围”值为 30 的渲染效果如图 6-31 所示。

图 6-30

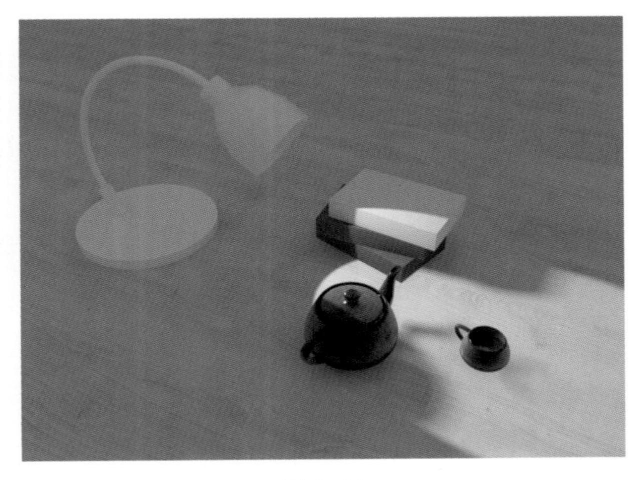

图 6-31

第三节 SECTION 3 场景中的灯光应用

在室内效果图制作中，灯光的合理运用可以提高场景的照明度和真实性，场景中的阴影更提升了效果图细节的真实性。

一、常规光源

在具体制作中常用的光源有落地灯、吊灯、筒灯和射灯。

1. 落地灯

落地灯的模拟照明一般用 3 个标准灯光。泛光用于模拟灯罩的光晕，然后再分别用向上、向下的聚光灯模拟上、下发散的光线。

2. 吊灯

吊灯的模拟照明一般用泛光，泛光的颜色、亮度、衰减数值按需要进行调节。

3. 筒灯

筒灯的模拟照明一般用自由聚光灯、目标聚光灯，需要调节的数值是颜色、亮度和衰减。

4. 射灯

射灯的模拟照明一般用不同的目标聚光灯。

案例——制作落地灯照明

案例——制作落地灯照明

落地灯照明效果如图 6-32 所示。

图 6-32

制作步骤如下：

（1）在“创建”标准几何体面板中，单击“平面”按钮，在场景中创建平面，长度为 900 mm，宽度为 2 900 mm，然后复制平面，用这两个平面搭建墙体，继续创建平面作为顶棚和地板，长度为 1 900 mm，宽度为 2 000 mm，如图 6-33 所示。

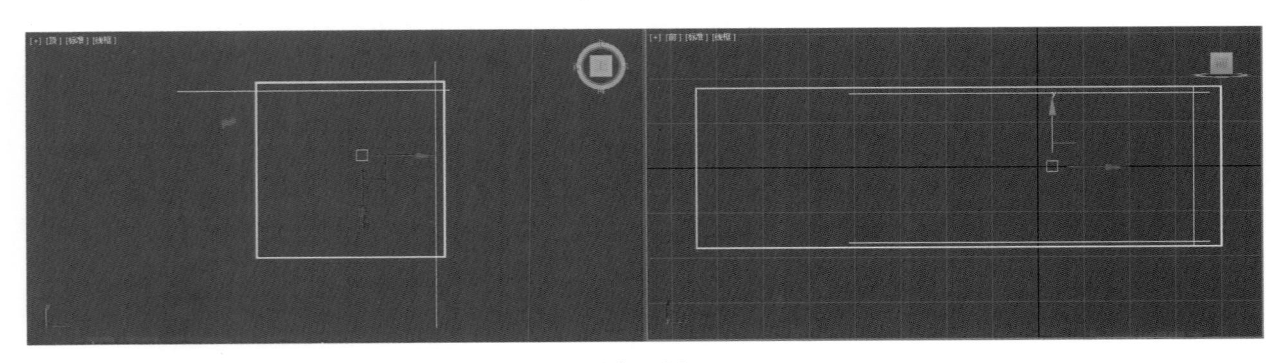

图 6-33

（2）合并“落地灯”文件至场景，然后创建泛光。在“创建”面板中，单击“灯光”按钮，选择“标准”，然后单击“泛光”按钮，在顶视图创建一个泛光，泛光参数设置“倍增”为0.2，颜色设置为浅黄色。然后在其他视图调整泛光位置，如图6-34所示。

（3）继续在顶视图创建第二个泛光模拟落地灯灯泡照明，将其放置在落地灯灯泡位置，泛光参数设置“倍增”为0.96，颜色设置为浅黄色，勾选“远距衰减”开始为0、结束数值要依据模型间的距离进行调整，效果如图6-35所示。

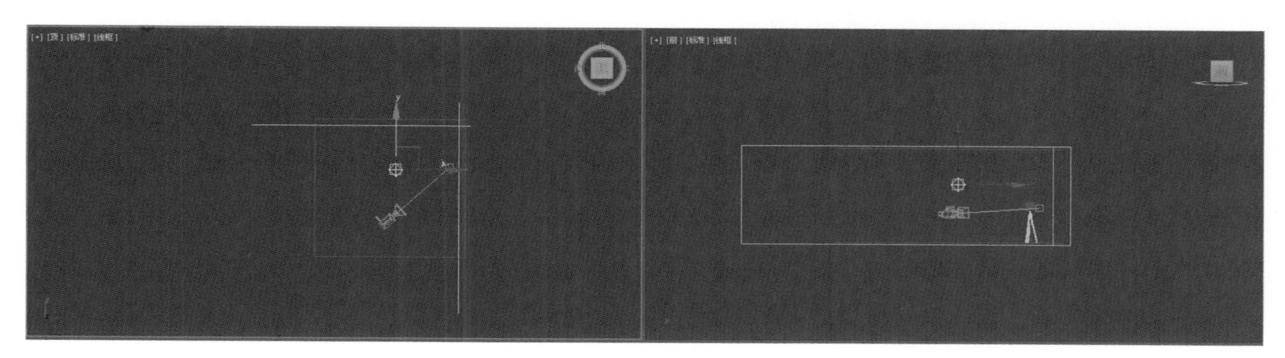

图6-34

图6-35

（4）在“创建”面板中，单击“灯光”按钮 ，选择“标准”，然后单击“Free Spot”按钮，在顶视图创建一盏自由聚光灯，进入前视图使用“选择并移动”工具调整自由聚光灯位置，如图 6-36 所示，自由聚光灯参数设置“倍增”为默认值，颜色设置为浅黄色，勾选“远距衰减”开始为 20 mm、结束数值要依据模型间的距离进行调整，效果如图 6-37 所示。

（5）在顶视图创建第二盏自由聚光灯，模拟向上照明，参数设置与第一盏自由聚光灯相同，如图 6-38 所示。

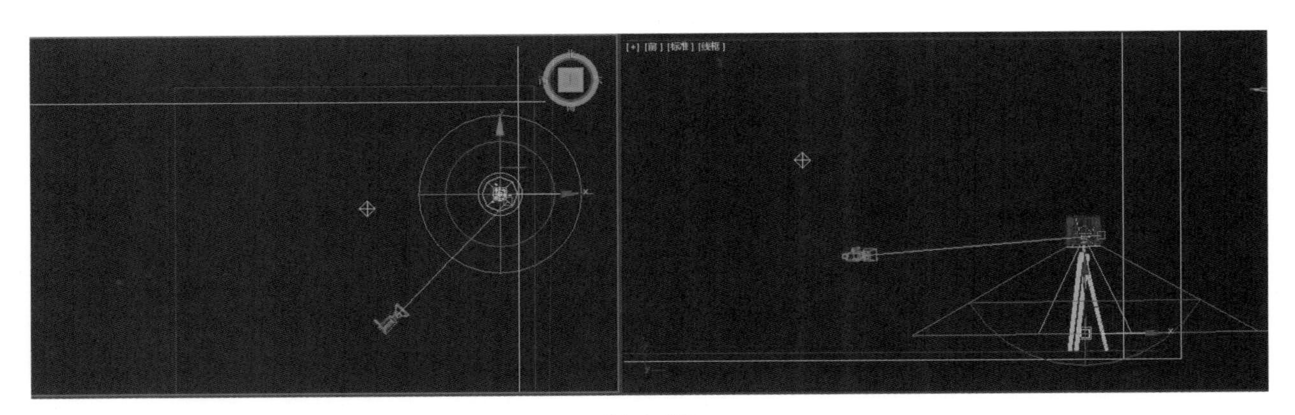

图 6-36

图 6-37

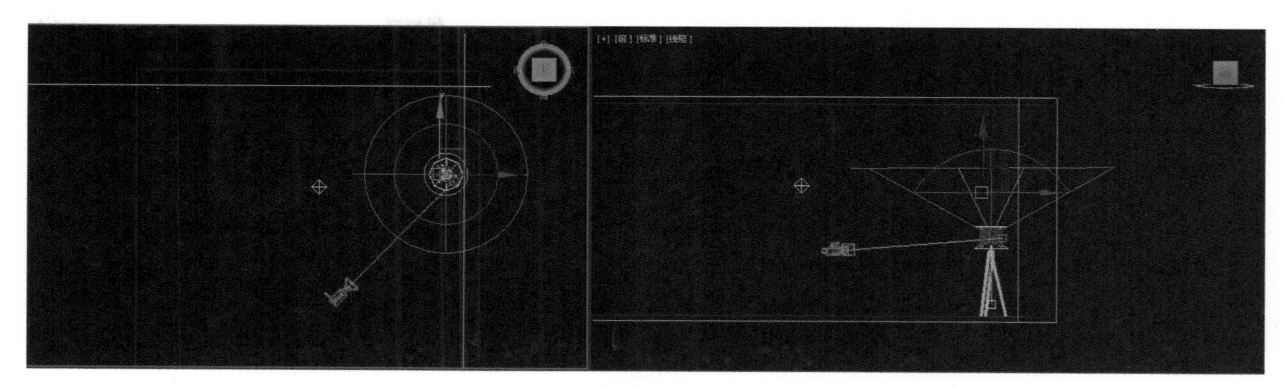

图 6-38

二、三点照明

“三点照明”在效果图制作与室内摄影中经常运用，三点照明又称区域照明，一般用于较小范围的场景照明。三点照明一般分为主体光、辅助光和背景光。

1. 主体光

通常用主体光来照亮场景中的主要对象与周围环境，场景中的主要明暗关系由它决定。主体光也可由一盏灯或几盏灯共同完成。在顶视图中创建的一盏聚光灯指向主体，使其与视角或摄像机成35° ~ 45° 的夹角。从左视图看主光源一般位于主体前上方，并与主体大致成 45°。

2. 辅助光

辅助光又称补光，主要用于补充阴影区以及被主体光遗漏的场景区域，形成一种均匀的非直射的柔和光源，给场景定义了基调。辅助光一般摆放于和主体光与对象连线大致成 90° 夹角的位置，亮度一般是主体光的 1/3 或 1/2。

3. 背景光

背景光又称轮廓光，一般使用亮度稍暗的泛光，设置于对象后方，主要用于对象边缘形成轮廓光，增加背景的亮度，从而衬托主体。

案例——三点照明1

照明效果对比如图 6-39 所示，左图无灯光照明，右图是添加灯光后的效果。

图 6-39

制作步骤如下：

（1）在“创建”标准几何体面板中，单击“平面”按钮，在顶视图创建平面，继续创建一个茶壶物体，在顶视图创建一个泛光，泛光参数设置“倍增”为 1，颜色设置为白色，然后在其他视图调整泛光位置，如图 6-40 所示，渲染效果如图 6-41 所示。

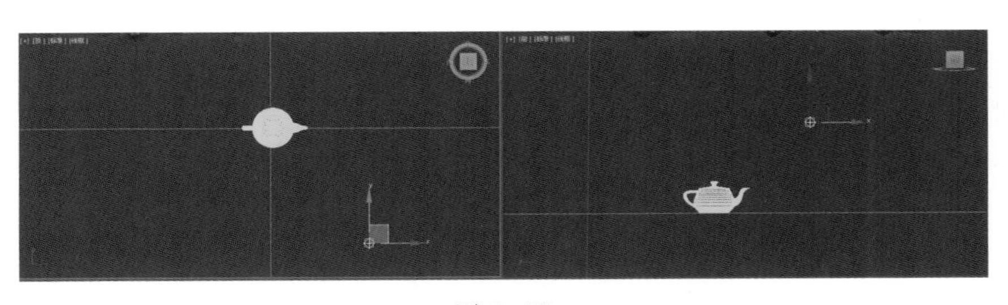

图 6-40

图 6-41

（2）在茶壶物体左侧添加辅助光，在顶视图创建一个泛光，泛光参数设置“倍增”为 0.4，颜色设置为白色，然后在其他视图调整泛光位置，如图 6-42 所示，渲染效果如图 6-43 所示。

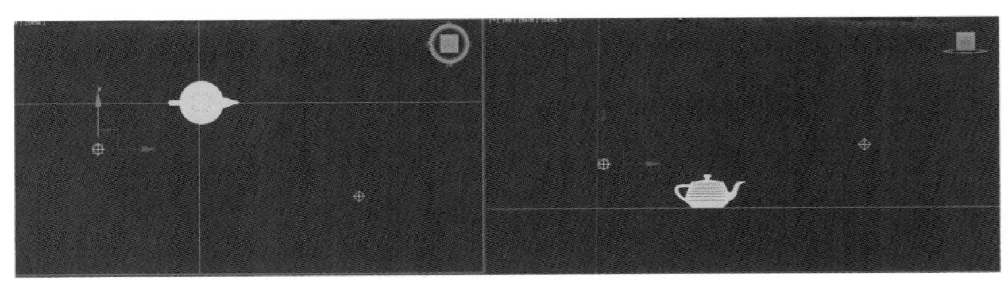

图 6-42

图 6-43

（3）添加背景光，在顶视图茶壶背面创建一个泛光，泛光参数设置“倍增”为 0.4，颜色设置为白色，然后在其他视图调整泛光位置，如图 6-44 所示，渲染效果如图 6-45 所示。

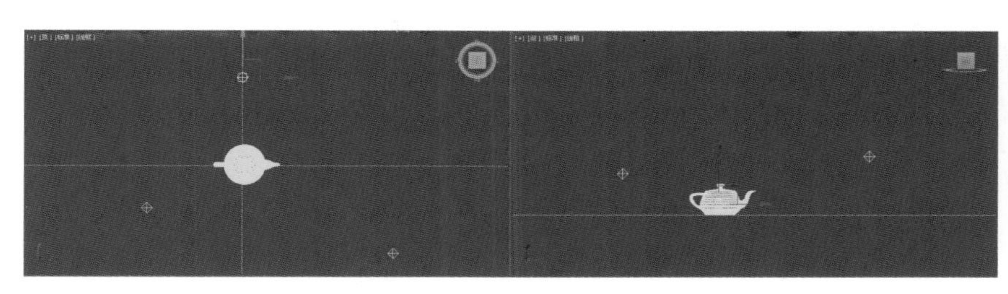

图 6-44

图 6-45

案例——三点照明2

案例——三点照明 2

照明效果对比如图 6-46 所示，左图为无灯光照明，右图为添加灯光后的效果。

制作思路：在场景中先创建一盏目标聚光灯模拟阳光从窗户向室内的照明；然后在顶灯下创建一个泛光室内照明，室内的光线需要继续创建一个聚光灯辅助照明；最后再补充几盏目标聚光灯补光。

制作步骤如下：

（1）在“创建”面板中，单击“灯光”按钮，选择“标准”，然后单击“目标聚光灯”按钮，在顶视图创建一盏目标聚光灯，在其他视图调整聚光灯位置，如图 6-47 所示。聚光灯参数设置“倍增”

图 6-46

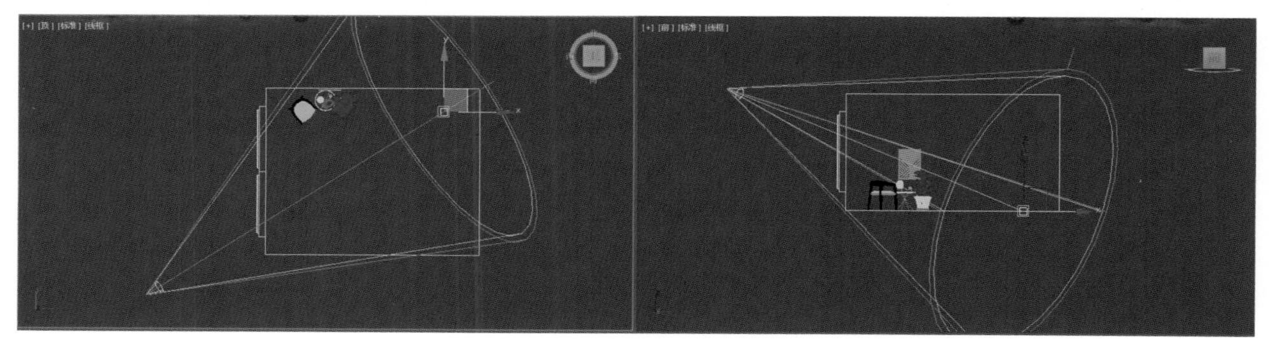

图 6-47

为 1，颜色设置为浅黄色，如图 6-48 所示，渲染效果如图 6-49 所示。

（2）房间模型内部模拟顶灯照明，在顶视图创建一个泛光，勾选“阴影启用”，泛光参数设置“倍增”为 0.4，颜色设置为白色，然后在其他视图调整泛光位置，如图 6-50 所示，渲染效果如图 6-51 所示。

（3）在装饰画上部分创建“目标聚光灯”对场景进行补光，然后在其他视图调整泛光位置，如图 6-52 所示。目标聚光灯参数设置“倍增”为 0.95，颜色设置如图 6-53 所示，渲染效果如图 6-54 所示。

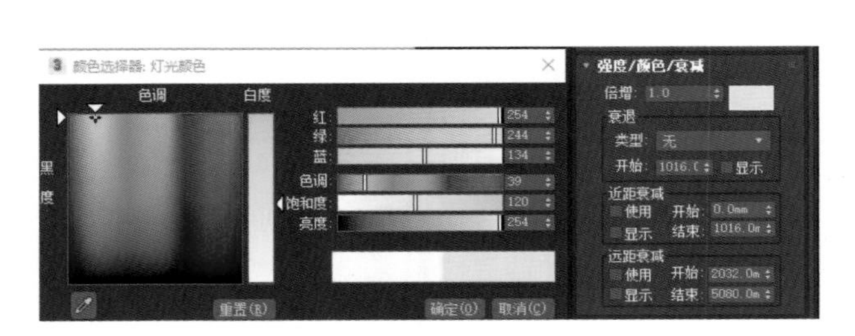

图 6-48

图 6-49

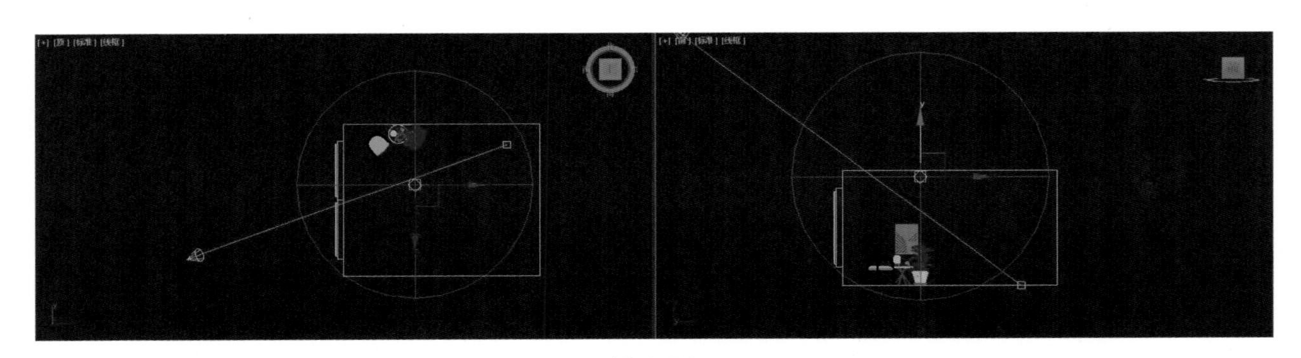

图 6-50

三、布光原则

布光时应该遵循由主体到局部、由简至繁，先定主基调，再调节灯光的明暗、衰减等原则来增强真实感，最后再细致调整。

1. 布光前先对构图、视觉中心、色调、冷暖等进行大致规划。

2. 确定场景表现的重点区域及空间结构，主光源一般在此设置。

3. 灯光宜精不宜多，过多的灯光会难以处理，渲染速度也会受到影响，如果灯光投影与阴影贴图可以替代灯光，则尽量用贴图。

4. 合理运用灯光的衰减、排除等特性进行光照效果控制。

图 6-51

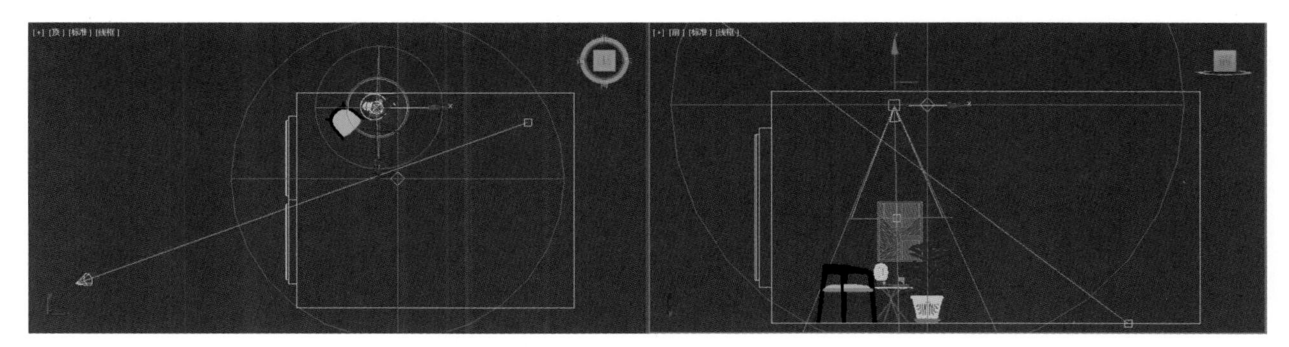

图 6-52

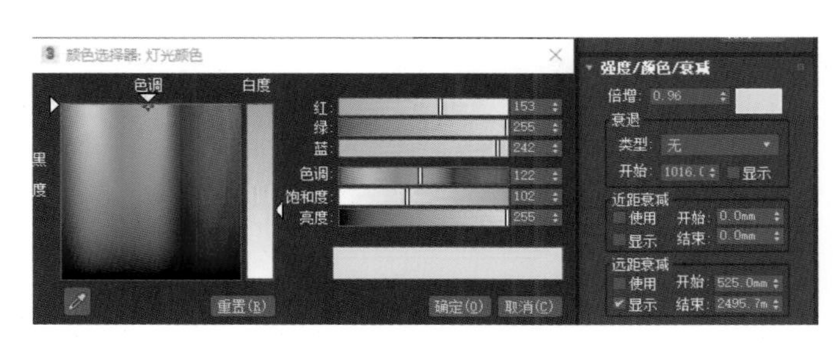

图 6-53

图 6-54

思考与练习

1. 效果图制作中主要灯光控制要素包括哪些?
2. 简述主体光、补充光、附加光的作用与区别。
3. 如何控制灯光的衰减、阴影的质量?
4. 创建简单场景，练习模拟灯光控制方法。

第七章

摄影机

学习目标

◆了解摄影机在室内效果图制作中的作用

◆掌握摄影机的基本使用方法

摄影机是使用 3ds Max 制作室内效果图时必不可少的工具，最终渲染的图像都要在摄影机视图中表现。3ds Max 系统中摄影机的主要参数均是模拟真实摄影机的控制而设定，相比真实摄影机功能更强大，可以轻松实现无级变焦。3ds Max 系统中摄影机的景深不需要通过光圈计算，可直观地用范围线表示。在视图中，摄影机仅表现为图标形式，显示其位置及指向。

第一节 SECTION 1 摄影机基础

一、摄影机相关术语

在具体介绍 3ds Max 摄影机之前，首先要了解摄影机的相关术语。

1. 焦距

焦距是指镜头光学后主点到焦点的距离，是镜头的重要性能指标。焦距越短，画面中包含的场景越多，焦距越长，画面中包含的场景越少。焦距是以毫米为单位，通常将 50 mm 的镜头称为标准镜头，低于 50 mm 的镜头称为广角镜头，高于 50 mm 的镜头称为长焦镜头。

2. 景深

一般摄影画面最清晰的地方，是摄影时对焦的地方。除了对焦点最清楚外，其前后影像仍然有一段清晰范围，这个清晰的范围称作景深。在这个景深范围内，光线的扩散（模糊）程度是肉眼不能辨认的，所以人们认为图像仍是清晰的。清晰范围较小的，一般称为景深浅（或景深短）；而清晰范围较大的，一般称为景深深（或景深长）。景深与光圈的关系为：光圈越小，景深越深；光圈越大，景深越浅。景深与摄影距离的关系为：摄影距离越远，景深越深；摄影距离越近，景深越浅。景深与镜头焦距的关系为：焦距越短，景深越深；焦距越长，景深越浅。

3. 视野

视野用来控制场景可见范围，此参数与镜头焦距有关，如 50 mm 镜头的视野范围是 46°。镜头越长，视野越窄，镜头越短，视野越宽。50 mm 镜头最接近人眼焦距，产生的图像效果比较正常，多用于图片、电影制作。

二、摄影机类型

单击“创建”面板中的 按钮即可进入创建摄影机面板，如图 7-1 所示。

面板中共有三种摄影机类型：物理摄影机、目标摄影机和自由摄影机。物理摄影机是基于现实中摄影机的参数而创立的摄影机种类，后两种类型的摄影机控制参数基本相同，区别在于自由摄影机有一个控制点，目标摄影机有两个控制点。

物理摄影机一般用于动画与特效的制作，相对于后两种摄影机参数丰富可变，可得到更具风格化的画面效果。

图 7-1

目标摄影机与自由摄影机一般用于室内外空间展示，操作更简便灵活，减少了因摄影机参数而导致的画面光影变化。本节重点讲解目标摄影机与自由摄影机两种摄影机类型。

1. 目标摄影机

目标摄影机用于观察目标点附近的场景内容，目标摄影机与自由摄影机相比更容易定位，直接将目标点移动至所需要的位置上即可。目标摄影机与目标聚光灯有相似的操作：单击摄影机与目标点之间连线可以同时选择摄影机和目标点，通过单击鼠标右键激活浮动菜单同时选择目标点。

2. 自由摄影机

自由摄影机用于观察所指方向内的场景内容，自由摄影机多用于轨迹动画，如建筑物中的巡游、车辆移动中的跟踪拍摄效果等。自由摄影机的方向能够跟随指定的路径而行。自由摄影机的初始方向是沿着当前视图的 Z 轴负方向。例如，选择顶视图时，摄影机方向垂直向下；选择前视图时，摄影机方向由屏幕向内。

3. 摄影机的共同参数

目标摄影机与自由摄影机的参数大致相同，如图 7-2 所示。

镜头：设置摄影机的焦距长度，效果图制作中一般设置为 25 ~ 45mm。

视野：设置摄影机在场景中看到的区域范围。

、、：分别代表水平、垂直、双向的视野，一般采用水平方式。

备用镜头：提供了 9 种常规镜头。

类型：用于改变摄影机的类型。

显示圆锥体：除摄影机视图外在其他任何视图中显示摄影范围的锥形框。

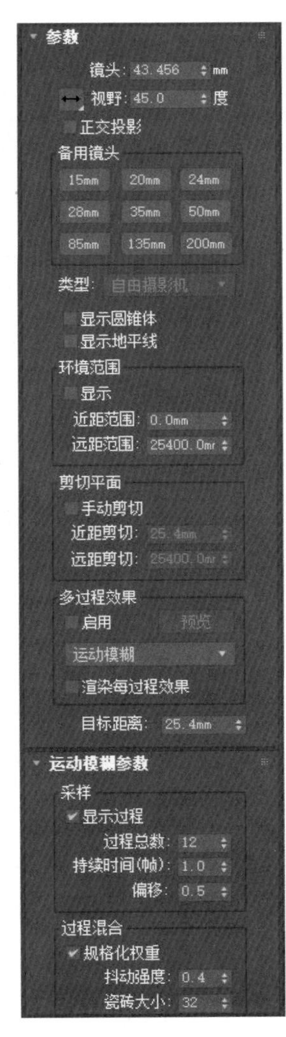

图 7-2

显示地平线：在摄影机视图中显示地平线。

摄影机的基础操作

环境范围：此选项组用于设置环境大气的影响范围，通过近距范围、远距范围来确定。

剪切平面：平面是指平行于摄影机镜头的平面，以红色交叉的矩形显示。用于剖开模型，显示模型内部结构。

手动剪切：勾选此项将使用近距剪切、远距剪切数值进行水平剪切，如图 7-3、图 7-4 所示，其中，图 7-4 为手动剪切后的图像。

多过滤效果：用于摄影机指定景深或运动模糊效果。

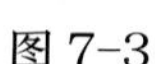

图 7-3

图 7-4

三、摄影机在效果图中的作用

室内效果图制作最终渲染的图像皆为摄影机视图，摄影机视图呈现的场景是由摄影机决定的。摄影机的设置与调控可以表现焦距、视野、景深等动画效果。室内效果图制作通过调节摄影机的焦距、位置、角度而获得理想的构图、画面，并可保存画面。

1. 调节画面构图

通过调整摄影机的位置、焦距、角度，可以调控场景模型在视图中的位置、大小、角度以及空间感。

2. 保存视图画面

渲染的效果图由摄影机视图渲染而成，3ds Max 的默认视图由顶视图、前视图、左视图和透视图构成，在渲染中唯有透视图可以经过渲染得到效果图，其余三者皆呈现正视图。透视视图在具体操作中会因为视图控制按钮而使整个画面发生改变，切换为摄影机视图则不会受影响。

3. 视角影响模型创建数量

在效果图制作中一般遵循摄影机视野之外的模型都不制作的原则。因为室内效果图是静态的图像，视野之外的物体在渲染的效果图中不可视，所以确定了所表现的场景角度后，在效果图画面中不可视的物体不需要创建。这样既减少了模型创建的数量，又减少了场景中灯光、材质的反应时间，从而提高效率。

4. 影响灯光设置

灯光设置是效果图制作的重要因素。灯光设置不仅指灯光与创建模型之间的距离、角度，还包括与摄影机之间的位置、角度，三者中有某一因素变动，其余因素也会做相应的改变。

第二节 SECTION 2 摄影机设置

在场景中创建摄影机首先要确定视点，视点即摄影机摄影点的位置与角度，主要包括视距与视高。

一、视距

视距是摄影机与物体之间的距离，决定了所表现对象的大小。摄影机在场景中想要确定合适的视点位置，先要确定合适的视距。视距过近，视角增大，容易产生失真；视距过远，则透视平缓、单调。

二、视高

视高是摄影机与地面之间的高度，会产生仰视或俯视的效果。视高过高产生的俯视效果如图 7-5 所示，视高过低产生的仰视效果如图 7-6 所示。从模拟人体视觉而言，1.5 ~ 1.7 m 是比较合适的视高。在确定视点高度时，应根据场景的具体画面

图 7-5

需要而调整，表现大场景以及建筑群时一般会提高视点。

图 7-6

三、设置场景摄影机

复杂场景中可以创建两个或两个以上的摄影机，如创建一个客厅和卧室的场景，可以分别创建客厅、卧室的摄影机。

1. 激活顶视图，单击“创建”面板中的 按钮选取目标摄影机。

2. 在顶视图选择合适的视点位置，单击并拖拽鼠标左键向上到所需位置，此操作的起点即摄影机的视点，终点即为目标点，如图 7-7 所示。

3. 进入前视图，观察摄影机位置，此时视点与目标点均在地板下面，如图 7-8 所示。

4. 激活左视图，在摄影机视点与目标点连线上单击，使用“选择并移动”工具在 *Y* 轴将摄影机整体上移至房间一半的位置，如图 7-9 所示。

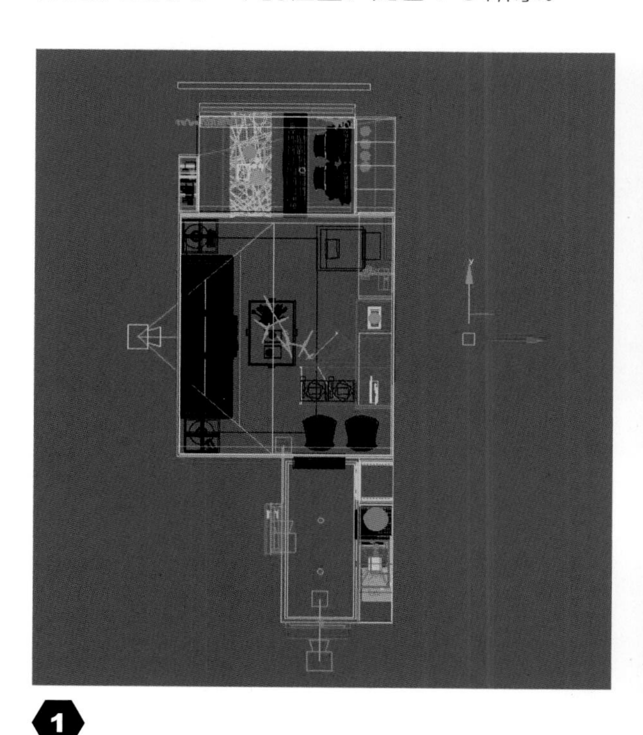

1

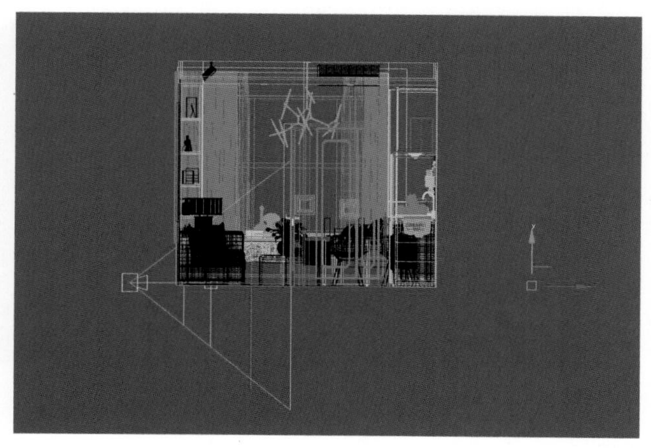

2

3

❶ 图 7-7
❷ 图 7-8
❸ 图 7-9

5. 激活透视图，按“C”键切换为摄影机视图，选择摄影机，根据摄影机视图继续调整摄影机位置，如图 7-10 所示。

6. 创建卧室的摄影机，调整位置后如图 7-11 所示。

7. 摄影机在卧室模型的墙外，切换摄影机视图不可见。进入“摄影机参数”面板调整各项参数，勾选“手动剪切”，根据视图需要设置“近距剪切”与“远距剪切”的数值，如图 7-12 所示。

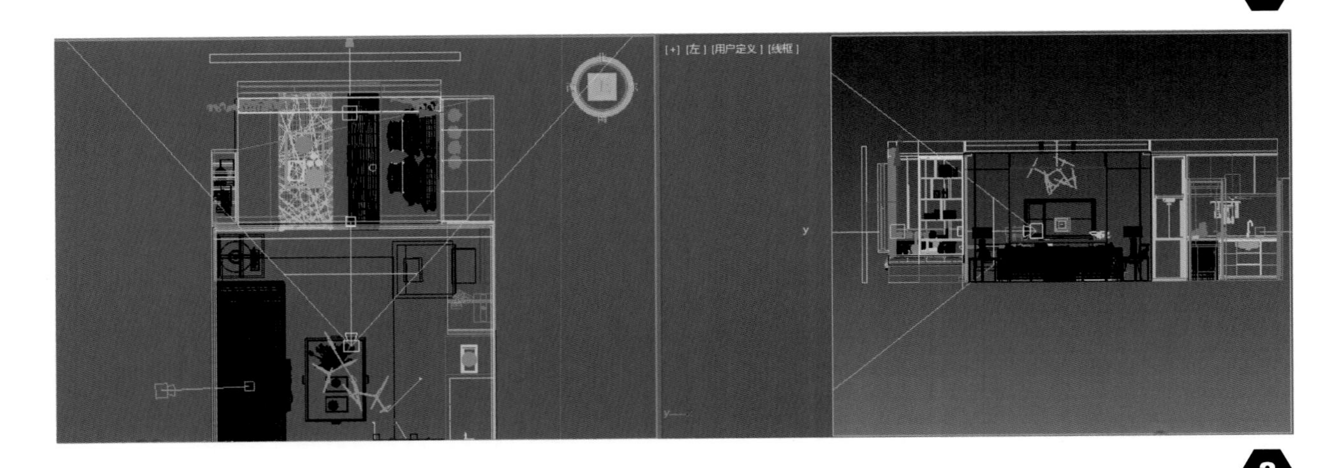

❶ 图 7-10
❷ 图 7-11
❸ 图 7-12

四、摄影机视图导航控制

3ds Max 系统针对摄影机视图提供了一系列摄影机视图导航控制按钮，以便调控摄影机视图。激活摄影机视图后，导航控制按钮位于 3ds Max 界面的右下角。

视野 ：通过推拉鼠标改变摄影机的视域和透视。

缩放区域：通过在二维视图框选范围的方式，确定摄影机观测窗口的大小与位置。

平移摄影机 ：通过移动鼠标使摄影机摄影点与目标点同时移动。

环绕 ：环绕模式有四种操作方式，均是环绕选定的对象沿着一定的规矩，调整摄影机位置。

思考与练习

1. 思考 3ds Max 摄影机在效果图制作中的作用。
2. 思考视距与视高对画面的影响。
3. 创建简单场景，练习摄影机控制的方法。

第八章

渲染

学习目标

◆了解渲染的概念

◆掌握默认渲染器的使用方法

◆熟悉 VRay 的基础功能与操作

◆掌握 VRay 下的材质与灯光编辑

◆运用 VRay 渲染器制作室内效果图

渲染的英文是 Render，翻译为“着色”，也就是对场景进行着色的过程，它是通过复杂的运算，将虚拟的三维场景投射到二维平面上，这个过程需要对渲染器进行复杂的设置。

使用 3ds Max 制作室内效果图时，一般遵循模型建造→添加材质贴图→灯光设置→摄影机设置→渲染的步骤。渲染就是根据场景中所指定的材质、灯光以及背景等设置，将创建的模型实体化显示，以获得需要的渲染图。

主要的渲染工具默认状态下都在主工具栏的右侧，分别是渲染设置 、渲染帧窗口 、渲染产品 ，通过点击相应的工具按钮可以快速执行，还可以通过菜单栏的“渲染”选项进行渲染。

3ds Max 中默认情况下渲染器为扫描线渲染器，它是为测试而创立的渲染器，不能用作最终的渲染出图。目前，在实际应用中，更多使用 VRay 渲染器进行渲染。

VRay 渲染器是 3ds Max 的附属软件之一，也是迄今为止最适合室内效果图制作的渲染器之一，具有自身特有的 VR 材质与 VR 灯光，在不同于其他渲染器的光线算法基础上，配合材质与灯光，可以渲染出非常优秀的室内效果图。

VRay 渲染器与 3ds Max 的各版本软件不能共通，必须要保证其双方的兼容性才可以安装，如本教材使用的 3ds Max 版本为 64 位 2018 版本，VRay 渲染器应选择 64 位 4.3 版本。

以下为默认扫描线渲染器（左图）与 VRay 渲染器的对比图（右图），如图 8-1 所示。

图 8-1

第一节 SECTION 1 渲染设置

一、渲染设置的公用参数

通常对一个新场景进行渲染时，应当单击“渲染设置”按钮，在弹出的对话框对参数进行设置，再渲染此场景可以使用“渲染产品”。

如图 8-2 所示，场景已经设置灯光、摄影机、材质贴图等，此时渲染摄影机视图，单击工具栏右侧的“渲染设置”按钮，弹出“渲染设置”对话框，如图 8-3 所示。

公用参数如图 8-4 所示。

1. 时间输出

“时间输出”选项组的参数含义如下：

图 8-2

图 8-3

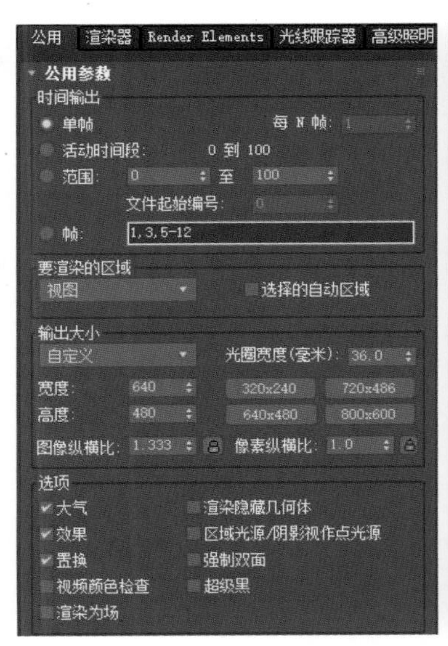

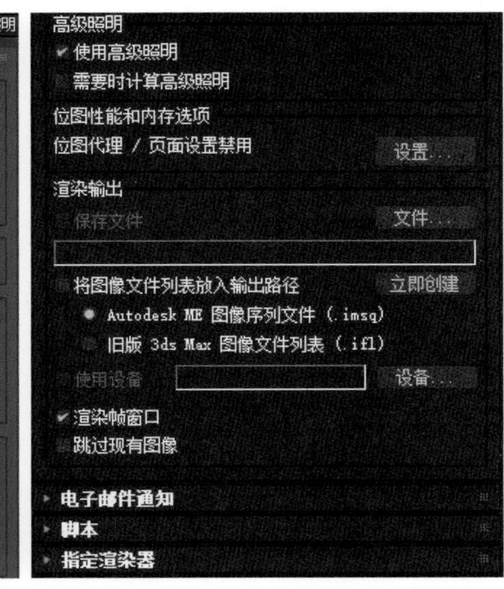

图 8-4

单帧：只对当前帧渲染得到静态图像。通常在渲染室内效果图时，选择“单帧”。

活动时间段：对当前活动的时间段（时间滑块的设置）进行渲染。

范围：手动设置渲染的范围。

帧：指定单帧或时间段进行渲染，单帧用“，”隔开，时间段之间用“-”连接。

2. 要渲染的区域

“要渲染的区域”下拉菜单如图 8-5 所示。渲染区域提供了 5 种方式，默认的是“视图”。

视图：对当前激活的视图全部内容进行渲染，如图 8-6 所示。

选定：只渲染当前激活视图中选择的物体，此时场景中选择的是椅子与墙壁、地面等物体，如图 8-7 所示。

❶ 图 8-5
❷ 图 8-6

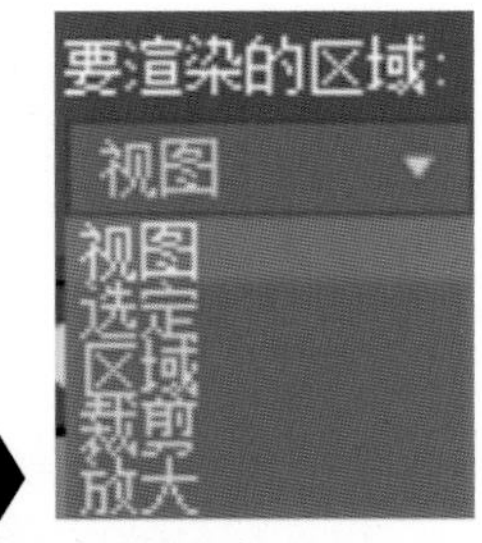

区域：对当前激活的视图指定内容进行渲染，激活视图中出现线框用于调节渲染的区域，如图 8-8 所示。

裁剪：对当前激活的视图选择裁剪的区域进行渲染，激活视图中出现线框用于调节渲染的区域，如图 8-9 所示。

放大：放大与裁剪模式相似，选择放大的区域进行渲染，在渲染窗口保持不变的情况下，放大局部细节，如图 8-10 所示。

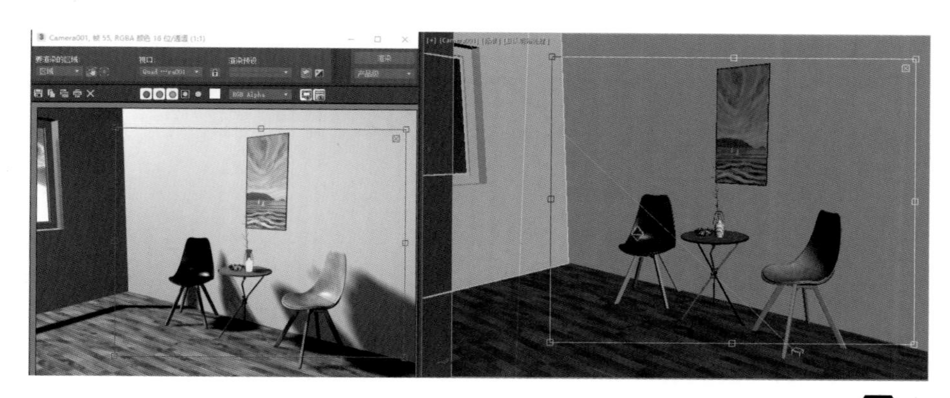

❶ 图 8-7
❷ 图 8-8
❸ 图 8-9

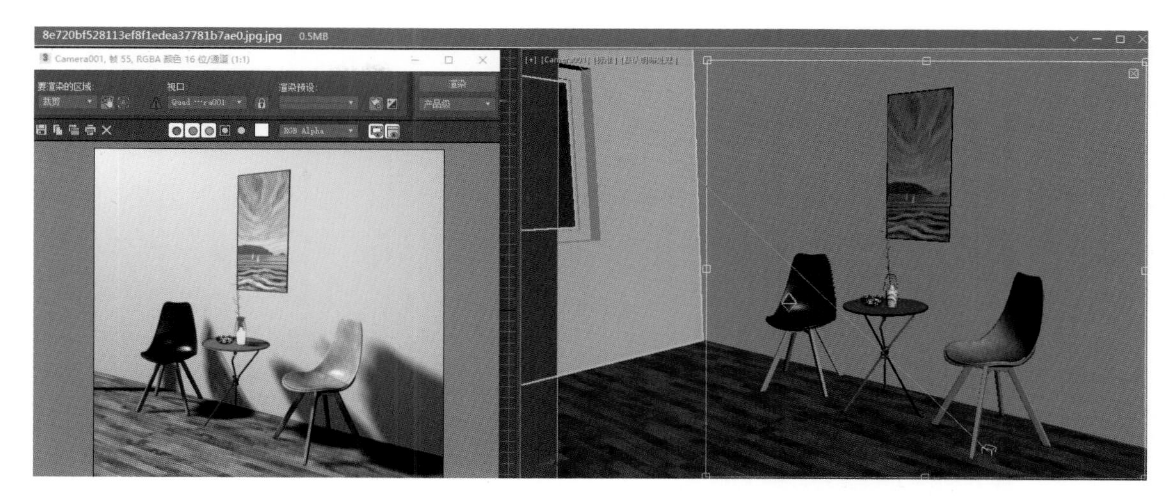

图 8-10

3. 输出大小

图 8-11

“输出大小”选项组如图 8-11 所示，它用于确定渲染的尺寸。各参数的含义如下：

光圈宽度：针对当前摄影机视图的摄影机设置，确定渲染输出后的光圈宽度。

宽度 / 高度：以像素为单位分别设置图像的宽度与高度，既可以在右侧的四个选项中选择，也可以输入数值重新确定。

图像纵横比：设置图像长度与宽度的比例。

像素纵横比：可以单击右侧的“锁”按钮进行像素纵横比锁定，以防止图像在其他显示设备播放时挤压变形。

4. 渲染输出

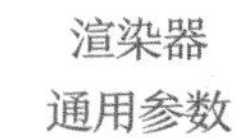

渲染器通用参数

“渲染输出”选项组用于设置渲染后文件保存的方式，如图 8-12 所示。

单击“文件”按钮，弹出“渲染输出文件”对话框，如图 8-13 所示。

渲染输出
保存文件 文件...
...写\第八章 渲染\教材模型\渲染参数展示模型.jpg

图 8-12

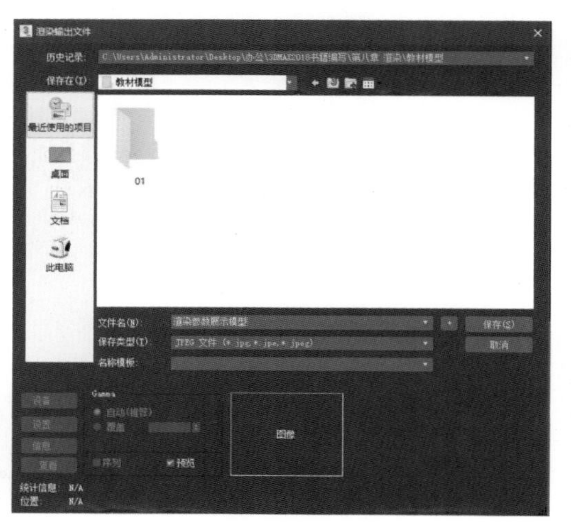

图 8-13

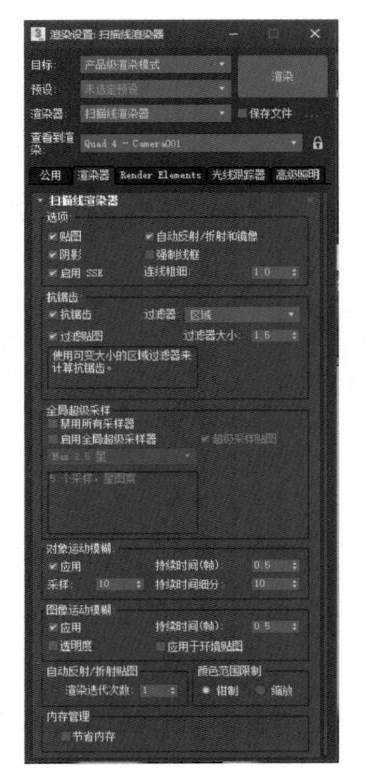

图 8-14

图 8-15

二、渲染器面板的应用

扫描线渲染器是 3ds Max 默认的渲染器，如图 8-14 所示。

1. 选项

贴图：系统默认为勾选状态，取消勾选后进行渲染时，将忽略场景中所有的材质贴图而快速渲染，常用于光照效果测试，如图 8-15 所示。

阴影：系统默认为勾选状态，取消勾选后进行渲染时，将忽略场景中所有灯光的投影而快速渲染，常用于效果测试，如图 8-16 所示。

自动反射 / 折射和镜像：取消勾选后进行渲染时，将忽略所有自动反射材质、自动折射材质和镜面反射材质的跟踪计算。

强制线框：勾选后会强制场景中所有物体以线框方式渲染，通过线框厚度的数值输入可以控制线框的粗细。勾选此项主要是在制作漫游动画时使用，既能快速浏览动画效果，又不影响场景中的实际设置，如图 8-17 所示。

启用 SSE：勾选后对模糊渲染效果和阴影贴图效果有明显提高。

2. 抗锯齿

抗锯齿：勾选后能够平滑渲染斜线、曲线上所出现的锯齿边缘，测试渲染时可以取消勾选，加快渲染速度。

过滤器：提供过滤器的类型。

过滤贴图：勾选后对所有贴图

材质的贴图进行过滤处理，从而获得更真实的渲染效果。

过滤器大小：调整抗锯齿的程度，即光滑边界的程度，通常设置为 1.1，若希望获得渲染质量较高的图像应该适当提高数值，最大值可设置为 20。

图 8-16

图 8-17

三、渲染级别

3ds Max 渲染级别有产品、迭代和 ActiveShade 三种，在“渲染设置”对话框的左下方即提供此三种渲染级别。

1. 产品

通常产品级别设置较高，如勾选贴图、投影、自动反射 / 折射、抗锯齿等，像素尺寸一般设置为 1.5 ~ 2.0，这样可以获得高品质的渲染效果。

2. 迭代

从草稿版本开始，一直到最终版本，中途随着逐步完善而产生的各个版本称为迭代。迭代级别渲染会忽略文件传输、网格渲染等，一般用于图像快速迭代时的渲染。

3. ActiveShade

ActiveShade 即为实时渲染，能够显示实时渲染参数，可以实时预览灯光和材质变化所产生的效果。

第二节 SECTION 2 VRay渲染器基础应用

一、VRay 渲染器的基础参数

VRay 渲染器的基础逻辑，来自光线的照射方式与物体表面反射光线的程度，通过计算机的计算，来模拟真实场景下光与影的状态。

3ds Max 在默认情况下选择的都是扫描线渲染器，需要通过渲染器设置将其切换成 VRay 渲染器，并调整相应的参数设置，让 VRay 渲染器达到最理想的工作状态。

VRay 渲染器的选择

1. 切换 VRay 渲染器

在 VRay 渲染器安装完成后，可以点击工具栏"渲染器设置"按钮，来切换默认扫描线渲染器变成 VRay 渲染器，如图 8-18 所示。

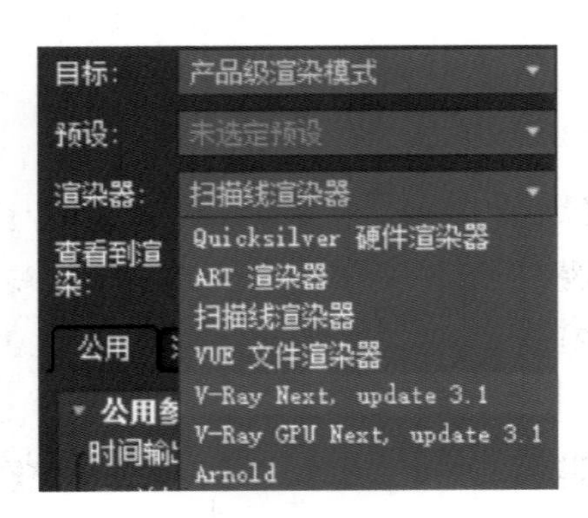

图 8-18

2.VRay 渲染器基础参数

（1）公用面板。VRay 渲染器公用面板与默认扫描线渲染器公用面板相同，为 3ds Max 的基础输出面板。

（2）V-Ray 面板。V-Ray 面板是 VRay 渲染器的核心属性面板之一，包含帧缓冲区、全局开关、交互式渲染、图像采样器、图像过滤器、全局确定性蒙特卡洛、环境、颜色贴图与摄影机。

1）帧缓冲区。帧缓冲区是 VRay 渲染器自有的渲染窗口，勾选"启用内置帧缓冲区"再进行渲染，就可以看到 VRay 渲染器的帧缓冲区窗口，如图 8-19 所示。

VRay 渲染器帧缓冲区窗口集合了针对图像色彩与明暗的多种调节工具，可以更方便地对图像进行修改与操作，如图 8-20 所示。

2）全局开关。全局开关是 VRay 渲染器提供的一种全局操作方式，可以快速地对全局材质、灯光、阴影进行操作与修改，如图 8-21 所示。

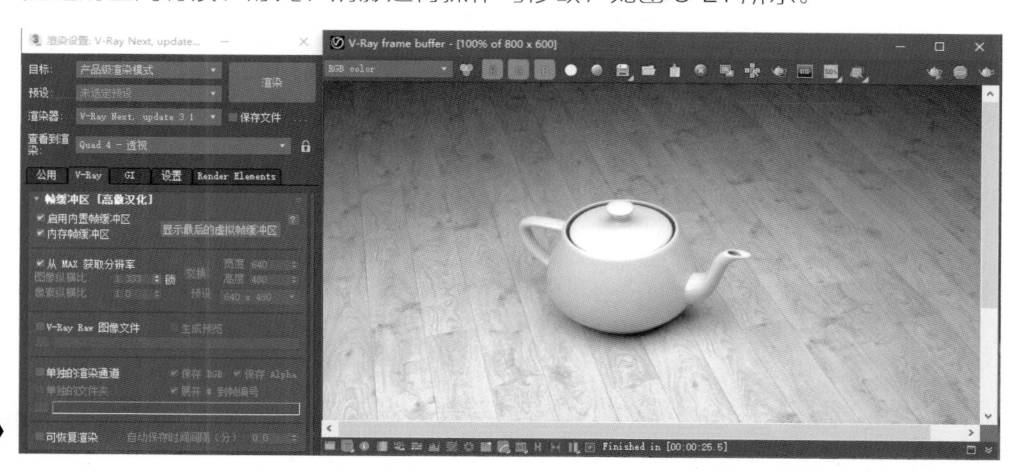

❶

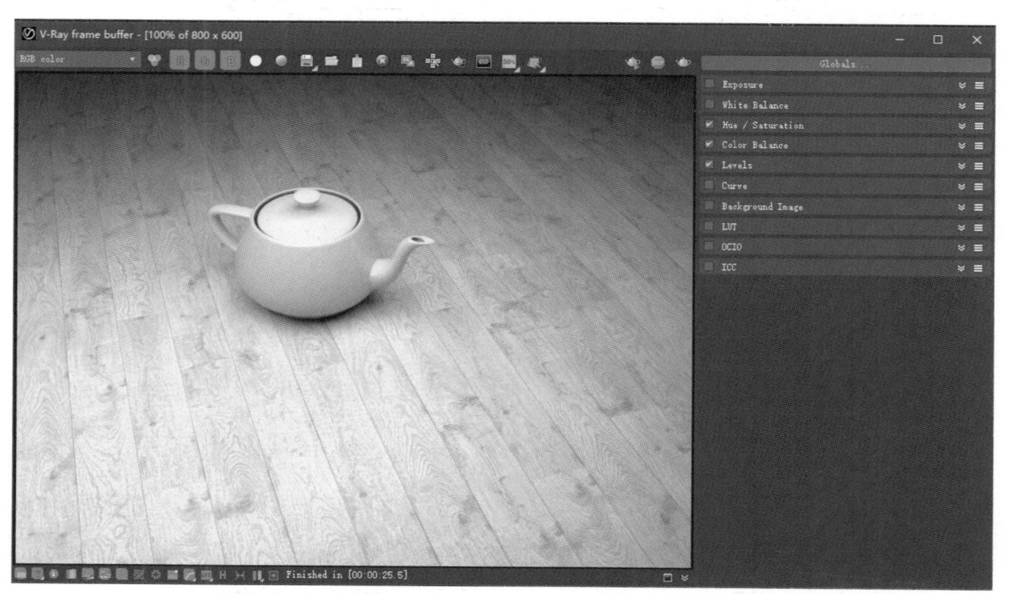

❷

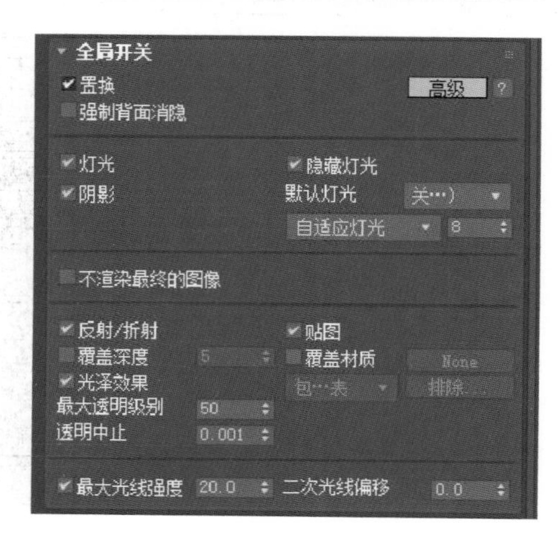

❸

❶ 图 8-19
❷ 图 8-20
❸ 图 8-21

案例——全局材质覆盖

全局材质覆盖效果如图 8-22 所示。

制作思路：在制作室内效果图的过程中，光影效果往往起着决定性的作用，为了更好地对光影进行操作，要为整个场景覆盖基础材质，这样可以更好地对光影效果进行调整。

制作步骤如下：

（1）导入模型场景到 3ds Max 中，如图 8-23 所示。

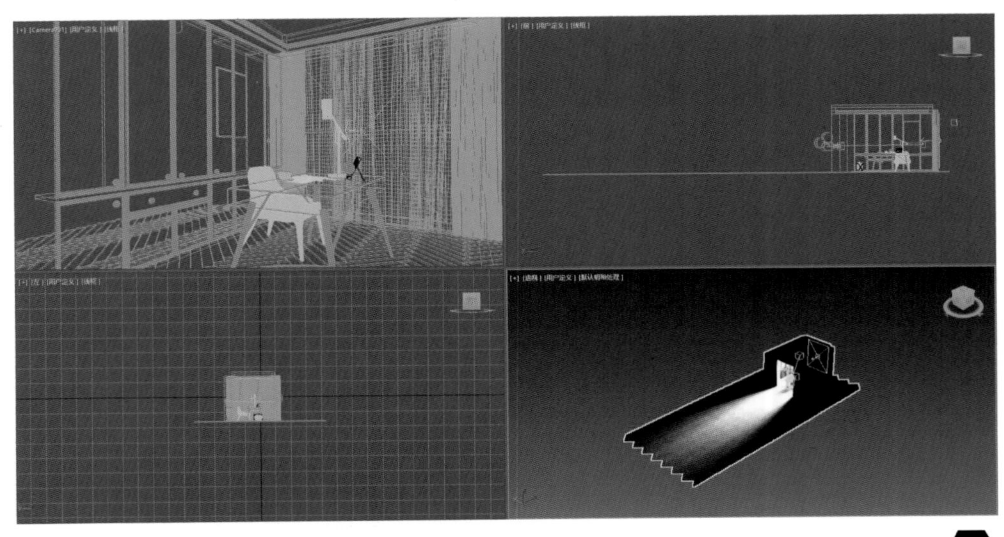

❶ 图 8-22
❷ 图 8-23

（2）渲染摄影机试图，观测光影在空间中的状态，如图 8-24 所示。

通过观测，可以看到场景中的光影效果有些暗，应为其覆盖材质，修改光影效果。

（3）打开 VRay 渲染器设置，在“V-Ray”面板中勾选“覆盖材质”并单击 无 按钮，如图 8-25 所示。

（4）根据场景综合色彩调整材质球，详细参数如图 8-26 所示。

VRay 渲染器参数面板详解（1）

图 8-24

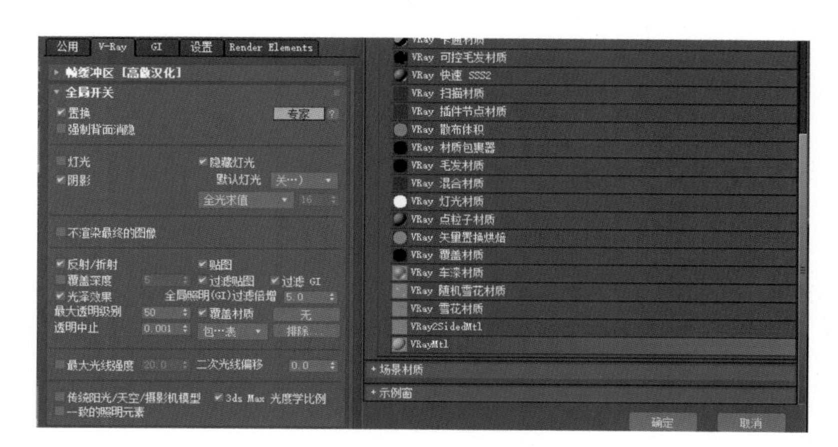

图 8-25

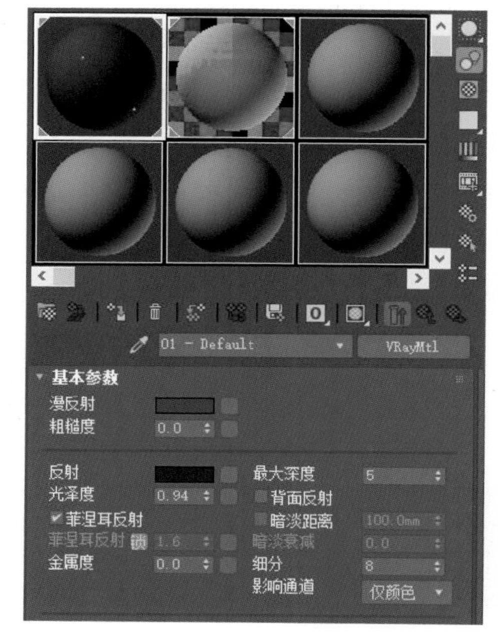

图 8-26

（5）排除窗帘的材质覆盖，渲染摄影机，在白模下对光影进行调节，如图 8-27 所示。

图 8-27

3）交互式渲染。交互式渲染选项是一种实时渲染模式，场景中的修改可以在渲染窗口中实时实现，但对基础硬件的要求较高，如图 8-28 所示。

4）图像采样器（抗锯齿）。图像采样器主要控制渲染窗口的渲染形态，渲染时的最小采样值和最大采样值默认为渲染块模式，渲染时内存利用率更高，更适合区域性渲染；渐进式渲染为整体渲染，具体参数如图 8-29 所示。

图 8-28

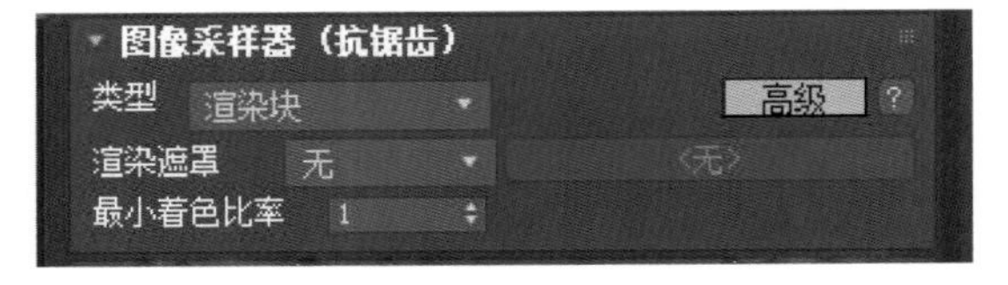

图 8-29

选择渲染块模式，面板下方会出现“Bucket image sampler”卷展栏，如图 8-30 所示。

选择渐进式模式，面板下发会出现“渐进式图像采样器”卷展栏，如图 8-31 所示。

5）图像过滤器。图像过滤器用于渲染物体边缘细节，不同的过滤器类型在物体边缘上有着不同的表现形式，可根据图像需求进行选择，例如 Catmull-Rom 与视频两种模式过滤器的对比，如图 8-32 与图 8-33 所示。

6）全局确定性蒙特卡洛。全局确定性蒙特卡洛可以说是 VRay 渲染器的核心，贯穿于 VRay 渲染器每一种“模糊”计算中（抗锯齿、景深、间接照明、面积灯光、模糊反射 / 折射、半透明、运动模糊等）。

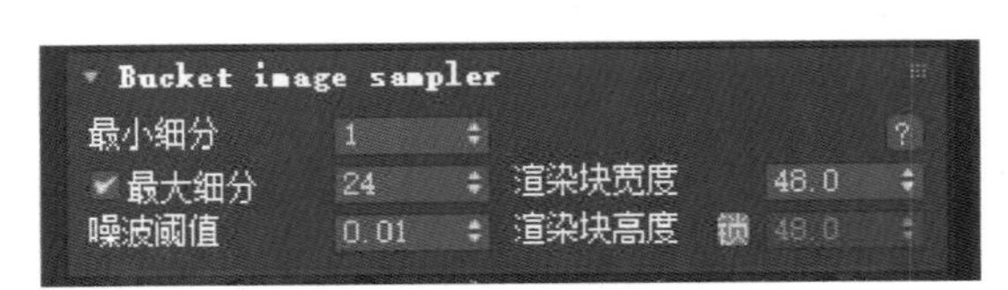

图 8-30

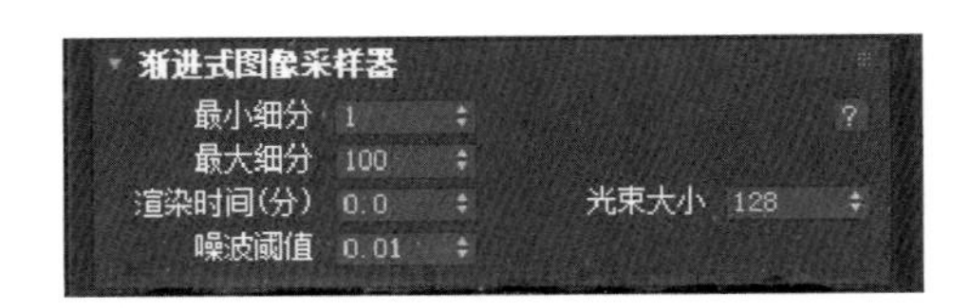

图 8-31

图 8-32

图 8-33

蒙特卡洛采样一般用于确定获取什么样的样本及最终哪些样本被光线追踪。与那些任意一个“模糊”计算使用分散方法来采样不同的是，VRay 渲染器根据一个特定的值，使用一种独特的统一标准框架来确定有多少以及多精确的样本被获取，如图 8-34 所示。

自适应数量：用于控制重要性采样使用的范围。默认值为 1，表示在尽可能大的范围内使用重要性采样，0 则表示不进行重要性采样，即样本的数量会保持在一个相同的数量上，而不管“模糊”计算的结果如何。减少这个值会减慢渲染速度，但同时会降低噪波和黑斑。

最小样本：用于确定在使用早期终止算法之前必须获得的最少的样本数量。较高的取值将会减慢渲染速度，但同时会使早期终止算法更可靠。

噪波阈值：用于在计算一种模糊效果是否足够好的时候，控制 VRay 渲染器的判断能力，在最后的结果中直接转化为噪波。较小的取值表示较少的噪波、使用更多的样本并得到更好的图像质量。

细分倍增：在渲染过程中这个选项会倍增任何地方、任何参数的细分值，可以使用这个参数来快速增加或减少任何地方的采样质量。在使用 DMC 采样器的过程中，可以将它作为全局的采样质量控制。

7）环境。“环境”面板是操控渲染时整体空间效果的面板，可以开启全局光来取代灯光观测模型效果，也可以整体控制模型的折射与反射，如图 8-35 所示。

VRay 渲染器参数面板详解（2）

❶ 图 8-34
❷ 图 8-35

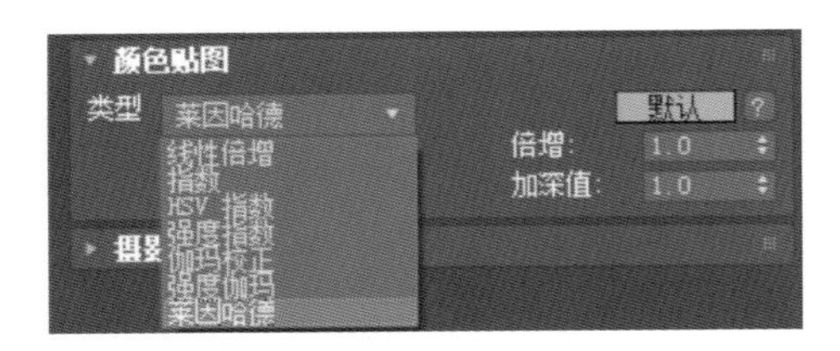

图 8-36

8）颜色贴图。“颜色贴图”卷展栏下共有 7 种曝光类型，主要目的是控制图像渲染出来后最终的曝光方式。可以理解成最终图像的二维颜色调整，如图 8-36 所示。

线性倍增：这种模式将基于最终图像色彩的亮度来进行简单的倍增，那些过亮的颜色成分（在 1 ~ 255 之间）将会被限制。但是这种模式可能会导致靠近光源的点过分明亮。

指数：该模式将基于亮度来使图像更饱和。这对防止非常明亮的区域（如光源周围区域等）曝光是很有用的。该模式不限制颜色范围，而是让它们更饱和。

HSV 指数：与上面提到的指数模式非常相似，但是它会保护色彩的色调和饱和度。

强度指数：用于调整色彩的饱和度，当图像亮度增强时，在不曝光的条件下增强色彩的饱和度。

伽玛校正：现在很多显卡上都有伽玛色彩校正设置，这个参数用于校正计算机系统的色彩偏差。

强度伽玛：用于调整伽玛色彩的饱和度。

莱因哈德：它是一种介于指数和线性倍增之间的色彩贴图类型，是一种非常实用的色彩贴图类型。在使用指数时常常会感到图像饱和度不够，而使用线性倍增时又感到色调太浓，这时候就需要在这两种类型中找到平衡点，而莱因哈德模式就提供了这样的选择。

9）摄影机。“摄影机”卷展栏是控制摄影机显像属性的面板，在确定摄影机位置后，可通过 VRay 渲染器下的“摄影机”卷展栏来操控摄影机的类型、运动模糊与景深，如图 8-37 所示。

VRay 渲染器参数面板详解（3）

图 8-37

（3）“GI”面板。“GI”面板是VRay渲染器的核心属性面板之一，开启“GI”面板中的全局照明后，灯光会在空间中形成反射光，让场景更加真实。

VRay渲染器GI面板参数

1）全局照明。在“全局照明”卷展栏，勾选“启用全局照明”，即开启环境中的间接照明，如图8-38所示。VRay渲染器会采取多种方式在质量和速度之间实现不同的取舍，在室内效果图制作中较为常用的方式为发光贴图与灯光缓存。

图8-38

首次引擎：发光贴图（是光的第一次反弹照明方式）。

二次引擎：灯光缓存（是光的第二次反弹照明方式）。

案例——全局照明

全局照明开启效果如图8-39所示。

制作思路：在制作室内效果图的过程中，全局照明起到了非常重要的作用，全局照明关闭的状态下，光线在空间中没有足够的反射支持，空间会出现“死黑”。

图8-39

制作步骤如下：

（1）创建简单的可视化空间，建立茶壶模型并赋予材质，如图8-40所示。

（2）关闭VRay渲染器全局照明开关，渲染摄影机试图，如图8-41所示。

（3）开启VRay渲染器全局开关，首次引擎选择“发光贴图”，二次引擎选择“灯光缓存”，具体参数如图8-42所示。调整光线强度并渲染摄影机试图，如图8-43所示。

❶

❷

公用 V-Ray GI 设置 Render Elements
全局照明［高徽汉化］
启用全局照明(GI) 默认 ?
首次引擎 发光贴图
二次引擎 灯光缓存

❸

❹

❶ 图 8-40
❷ 图 8-41
❸ 图 8-42
❹ 图 8-43

2）发光贴图。首次引擎选择“发光贴图”后，光线的第一次反射会以贴图的形态产生，主要计算处理会集中在光线的转折处，这大大提升了效果图的渲染速度。

其中当前预设、细分与细节增强三个参数为其算法的核心数值，预设等级越高，细分与细节增强数值越大，效果图质量越好，但渲染速度会越慢，参数面板如图 8-44 所示。

3）灯光缓存。二次引擎选择“灯光缓存”，光线会在摄影机视角所能看到的区域中产生追踪，并计算光线与物体之间的转折。

其中细分与采样大小控制着最终成像的效果，细分值越大，效果越好，渲染速度越慢；采样数值越小，成像效果越好，渲染速度越慢，如图 8-45 所示。

（4）设置面板。VRay 渲染器的设置面板是 VRay 渲染器的底层架构，在基础的室内效果图渲染过程中，基本保持默认参数即可，设置面板参数如图 8-46 所示。

❶

❷

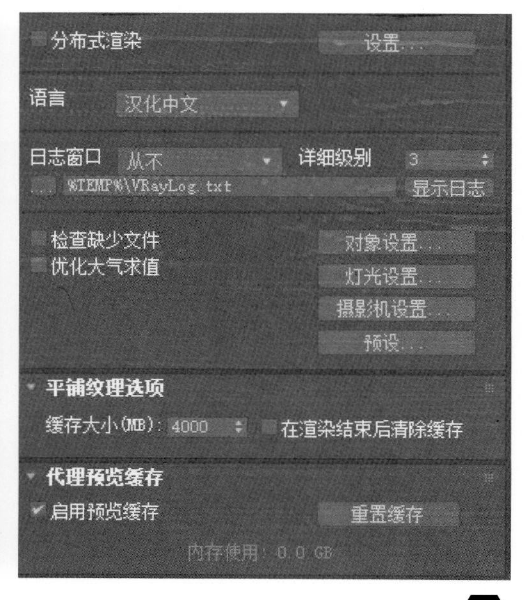

❸

❶ 图 8-44
❷ 图 8-45
❸ 图 8-46

二、VRay 材质的基础应用

VRay 材质在细分上要比 3ds Max 标准材质丰富很多，提供了更多物体表面材质与综合材质的制作方案。VRay 材质很多参数需要用通道颜色来控制，在黑、白两色中选择合适的颜色来控制材质效果。

1. VRay 材质

在选定 VRay 渲染器后，单击“材质编辑器”按钮 ，在材质球的“材质 / 贴图”浏览器中，选择“VRay Mtl 材质”，如图 8-47 所示。

2. VRay Mtl 参数面板

VRay Mtl 材质是包容性很强的材质球，通过不同参数的调节，可以模拟玻璃、金属、陶瓷、塑料、织物等物体表面形态。无特殊情况下，一般用 VRay Mtl 材质就可以模拟室内设计效果图中的大部分物体。

VRay Mtl 材质参数面板如图 8-48 所示。

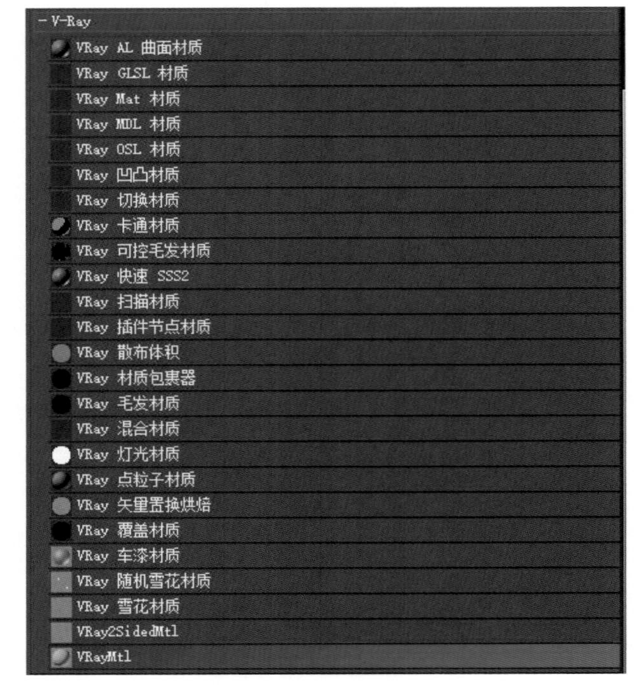

图 8-47

VRay Mtl
基础参数

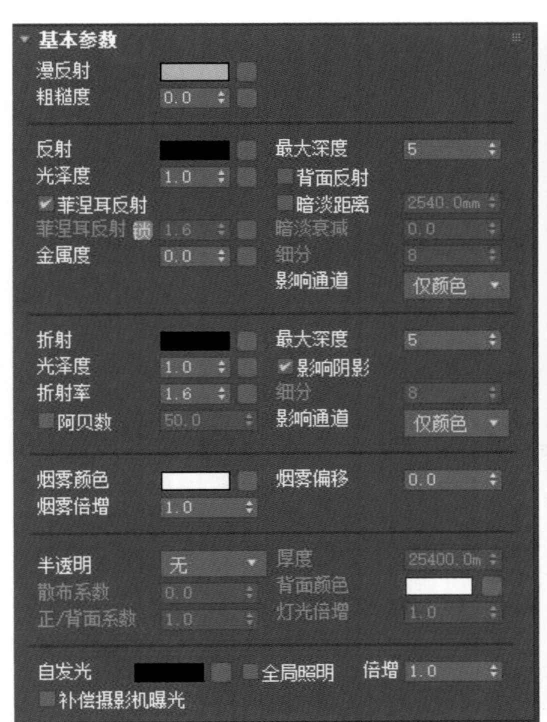

图 8-48

漫反射：代表物体表面颜色，可添加位图来表达物体表面材质。

粗糙度：可轻微地控制物体表面粗糙程度，最大值为 1。如图 8-49 所示，左侧效果图未添加粗糙度，右侧效果图粗糙度为 1。

反射：代表物体表面的反射程度，由黑色与白色控制，黑色代表最低值 0，白色代表最大值 100。如图 8-50 所示，左侧效果图为黑色 0，右侧效果图为白色 100。

光泽度（反射）：代表物体表面的受光程度，光泽度数值越大，物体表面光点越小，视觉感受越光滑；光泽度数值越小，物体表面光点越大，视觉感受越粗糙。如图 8-51 所示，左侧效果图光泽度数值为 0.95，右侧效果图光泽度数值为 0.7。

图 8-49

图 8-50

图 8-51

菲涅尔反射：代表物体表面是否有透明物质包裹，如陶瓷、瓷砖等。如图 8-52 所示，左侧效果图为未勾选菲涅尔反射，右侧效果图为勾选菲涅尔反射。

金属度：代表物体表面金属质感，最大数值为 1。如图 8-53 所示，左侧效果图金属度为 0，右侧效果图金属度为 1。

折射：代表物体在环境中的透光程度，由黑色与白色控制，黑色代表最低值 0，白色代表最大值 100，如图 8-54 所示，左侧效果图为黑色 0，右侧效果图为白色 100。

图 8-52

图 8-53

图 8-54

光泽度(折射):可控制玻璃等透明物体的光滑程度,光泽度数值越大,物体透光程度越好,视觉感受越光滑;光泽度数值越小,物体透光程度越差,视觉感受越粗糙。如图 8-55 所示,左侧效果图光泽度数值为 0.95,右侧效果图光泽度数值为 0.6。

折射率:代表光在穿过物体时的偏转程度。玻璃制品的折射率一般为 1.5 ~ 1.7,水的折射率一般在 1.333 左右。如图 8-56 所示,左侧效果图为玻璃材质,右侧效果图为水材质。

图 8-55

图 8-56

案例——VRay材质应用

案例——VRay材质应用

金属、磨砂金属、玻璃、磨砂玻璃、陶瓷 VRay 材质应用,如图 8-57 所示。

制作思路:为每一个茶壶模型赋予 VRay 材质。VRay 材质操控各属性现象程度时,采用的是色彩控制模式,没有较为精准的数值控制,需时刻观察材质与空间是否和谐统一。

制作步骤如下:

(1)创建简单的可视化空间,建立茶壶模型并赋予材质,如图 8-58 所示。

图 8-57

图 8-58

（2）调整 VRay 渲染器设置，具体参数如图 8-59 所示。

（3）创建 VRay Mtl 材质，调整参数为“金属”，单击按钮 将材质赋予茶壶，具体参数与效果如图 8-60 所示。

（4）创建 VRay Mtl 材质，调整参数为“磨砂金属”，单击按钮 将材质赋予茶壶，具体参数与效果如图 8-61 所示。

（5）创建 VRay Mtl 材质，调整参数为“玻璃”，单击按钮 将材质赋予茶壶，具体参数与效果如图 8-62 所示。

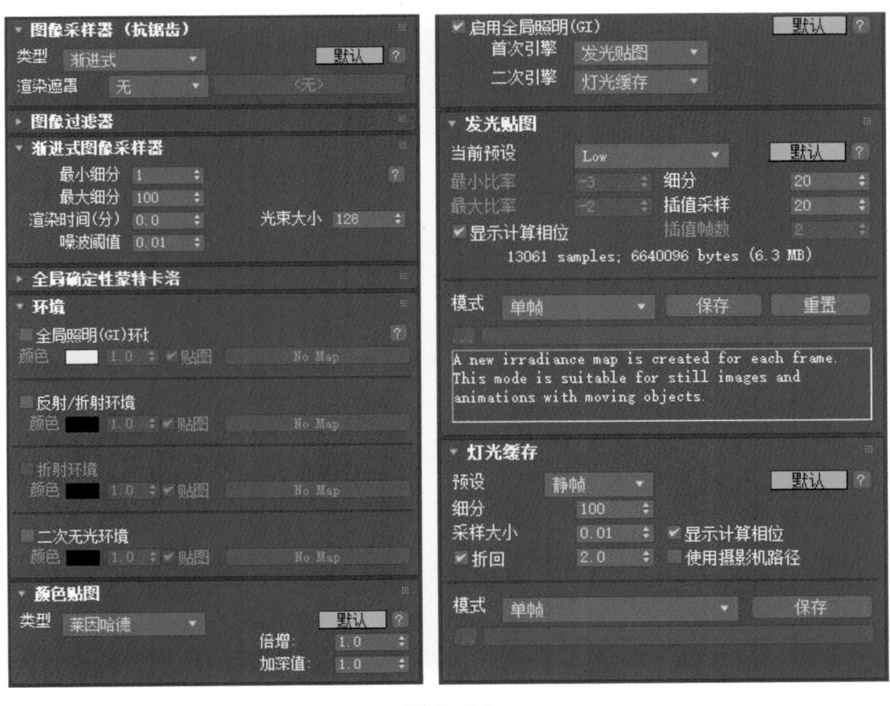

图 8-59

图 8-60

图 8-61

图 8-62

（6）创建 VRay Mtl 材质，调整参数为“磨砂玻璃”，单击按钮 将材质赋予茶壶，具体参数与效果如图 8-63 所示。

图 8-63

（7）创建 VRay Mtl 材质，调整参数为陶瓷，单击按钮 将材质赋予茶壶，具体参数与效果如图 8-64 所示。

图 8-64

三、VRay 灯光的基础应用

VRay 渲染器自带 VRay 灯光，VRay 灯光是通过计算机模拟真实光线的一种照明方式，相对于 3ds Max 自有灯光效果更加真实，更能凸显物体在空间中的质感，是制作室内效果图最好的选择之一。

1. 开启 VRay 灯光

在主菜单栏单击“渲染器设置”按钮，选择 VRay 渲染器，如图 8-65 所示。

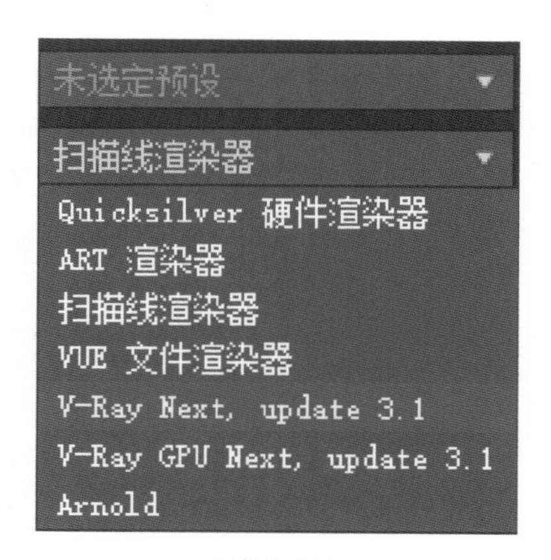

图 8-65

在界面右侧“创建”面板中单击“创建灯光”，在类型中选择“VRay”，如图 8-66 所示。

图 8-66

2. VRay 灯光类型与参数

VRay 灯光共有四类，分别为 VRayLight（VR 灯光）、VRayIES（光域网）、VRayAmbientlight（VR 环境光）、VRaySun（VR 太阳光）。

四种灯光在室内设计效果图制作中有着不同的分工与属性，在一般情况下配合使用。

（1）VRayLight（VR 灯光）。VRayLight（VR 灯光）一般情况下可用于窗外透光与室内灯光，光线具有柔和、均匀的特点，阴影边界较模糊，默认灯光形态成面片状，如图 8-67 所示，VRayLight（VR 灯光）参数面板如图 8-68 所示。

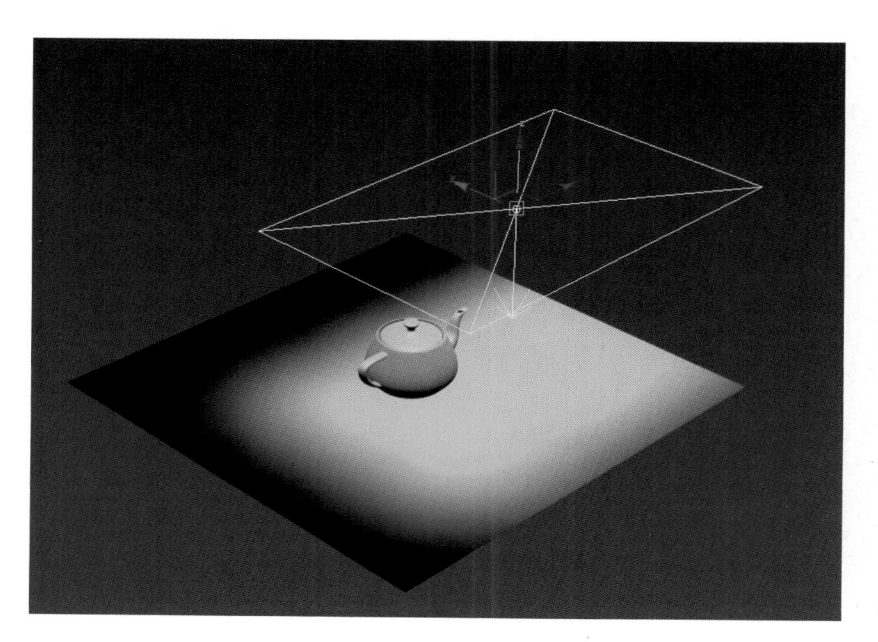

图 8-67

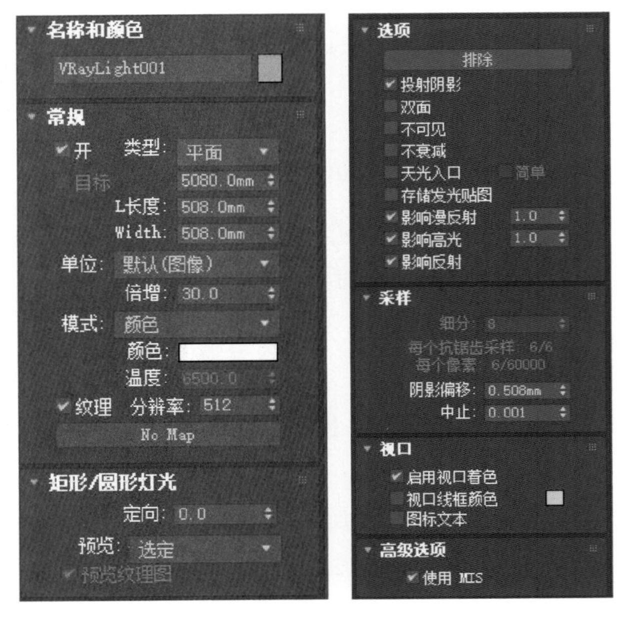

图 8-68

1）常规参数。

类型：类型代表 VRayLight（VR 灯光）的基础形态，可分为平面、穹顶、球体、网格、圆形，其中最常用的为平面、穹顶与球体，如图 8-69 所示。

目标：勾选目标后可看到灯光照射的方向线，并可以围绕目标点移动灯光位置，如图 8-70 所示。

L 长度与 Width：L 长度与 Width 代表 VRayLight（VR 灯光）的基础长度与宽度。

单位与倍增：单位代表灯光照射强度的单位，一般采用默认模式。倍增代表灯光照射的强弱。

模式：模式下有颜色与色温两种选择，均代表灯光颜色的选择方式，如图 8-71 所示。

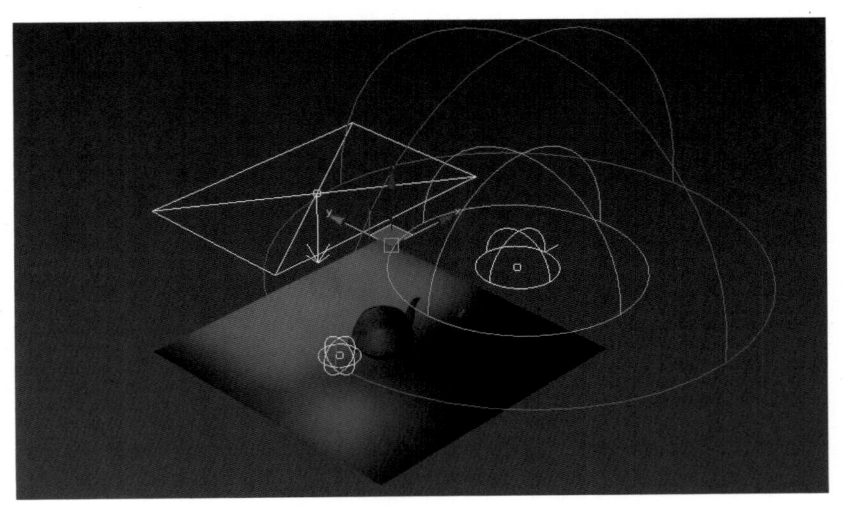

图 8-69

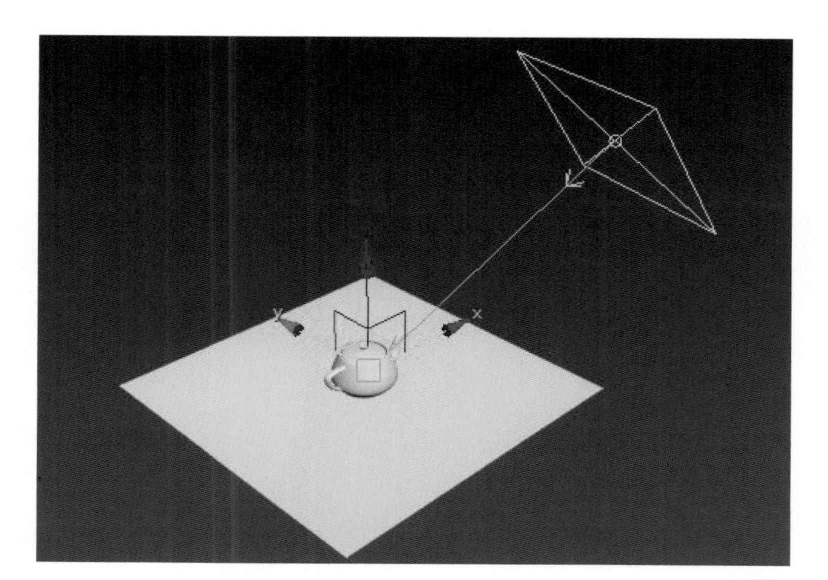

❶

❷

❶ 图 8-70
❷ 图 8-71

纹理：纹理可以为灯光添加阴影形态，具体参考默认灯光下阴影贴图制作案例。

2）矩形 / 圆形灯光。

定向与预览：定向属性可操控灯光光线的具体形态，如图 8-72 所示。

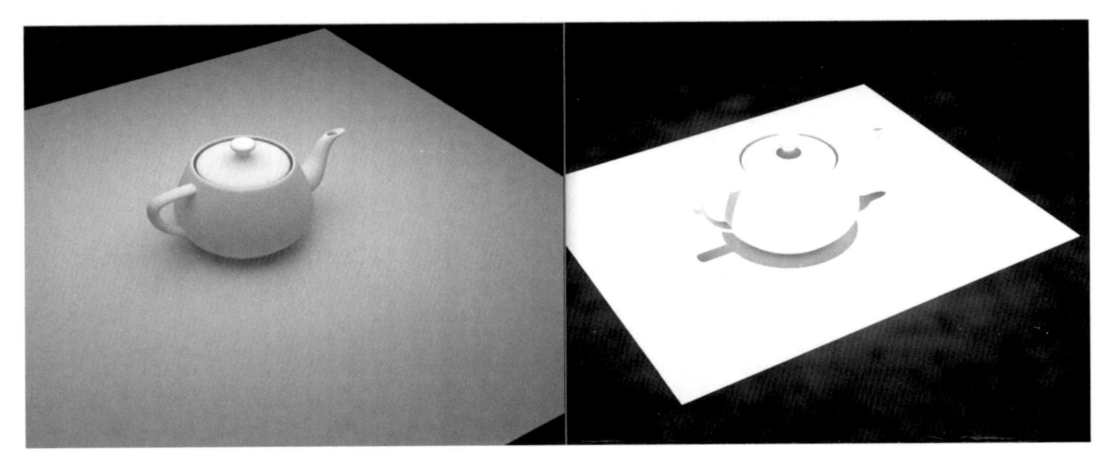

图 8-72

VRay 灯光（1）

预览：预览代表是否在视图窗口观测灯光的照射形态，如图 8-73 所示。

3）选项。

投射阴影：投射阴影代表光线照射物体后是否产生阴影效果，如图 8-74 所示。

双面：勾选“双面”模式，VR 灯光会呈现两侧发光的形态，如图 8-75 所示。

不可见：勾选“不可见”，灯光在渲染时不会出现在摄影机中，如图 8-76 所示。

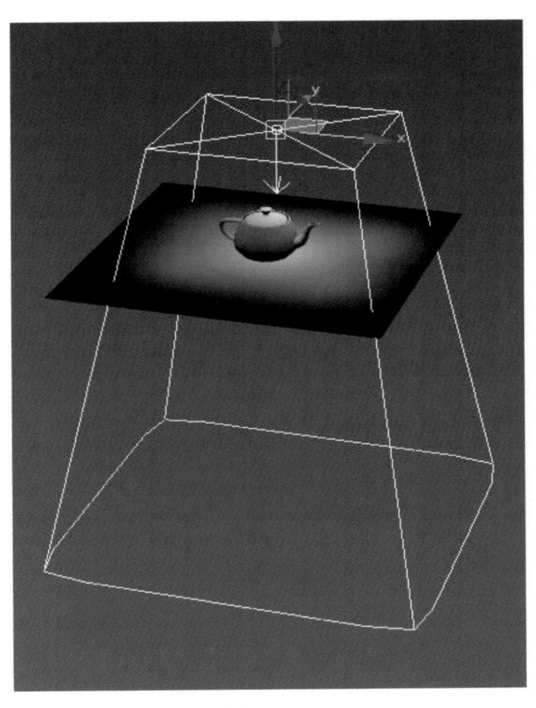

图 8-73

不衰减：不衰减代表光线在空间中没有光照强度的变化。

天光入口：勾选“天光入口”后，VRayLight（VR 灯光）可以更好地模拟室外光的照射，并产生光线的焦散效果。

存储发光贴图：勾选“存储发光贴图”后，渲染场景时的光子效果会被作为间接照明保存在预设的文件夹下，在大型的场景中，可以节省渲染时间。

影响漫反射：影响漫反射代表光线是否影响物体在空间中的颜色。

影响高光：影响高光代表光线是否影响物体在空间中的高光。

影响反射：影响反射代表光线是否影响物体在空间中的反射。

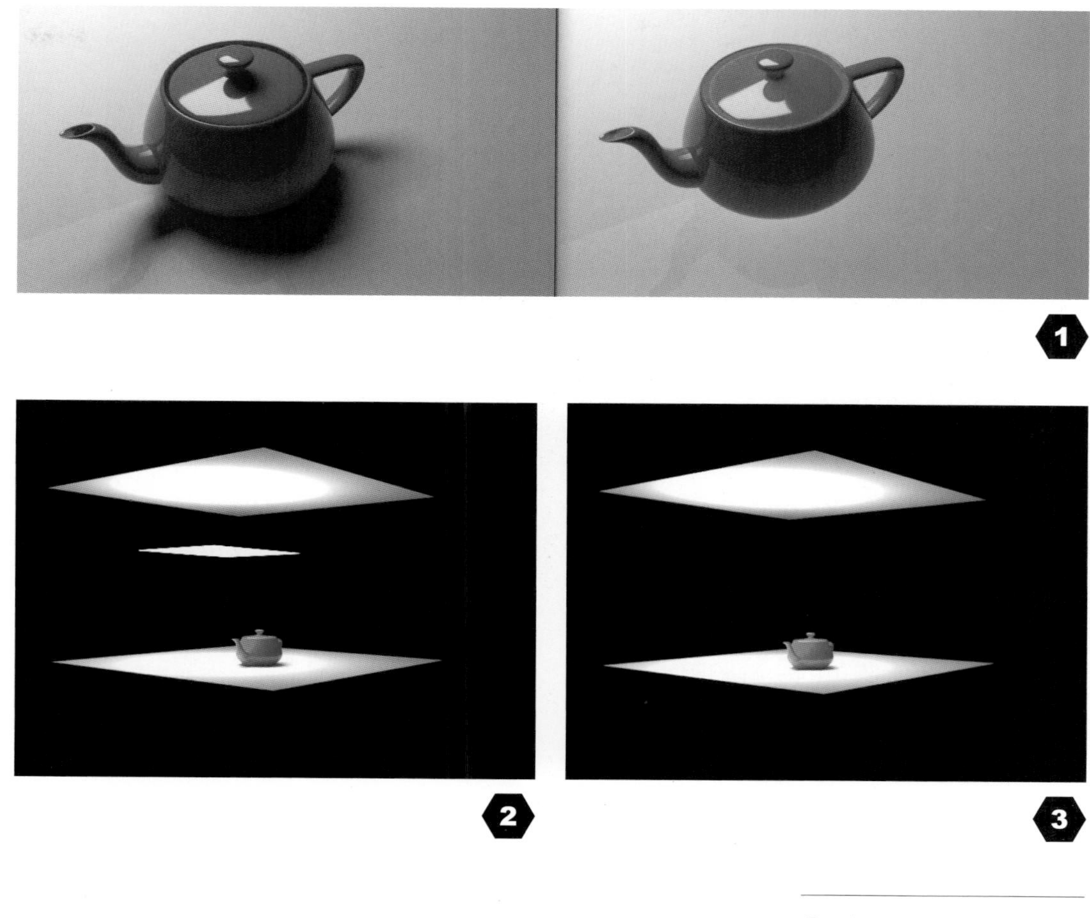

❶ 图 8-74
❷ 图 8-75
❸ 图 8-76

4）采样。

细分：细分代表 VRayLight（VR 灯光）的照明质量，在高版本的 VRay 渲染器中，细分是由 VRay 渲染器自动控制的，如果想开启手动控制细分值，需要勾选 VRay 渲染器设置中“全局确定性蒙特卡洛”下的“使用局部细分”，如图 8-77 所示。

阴影偏移：阴影偏移可以控制光线照射物体后产生的阴影与本体间的距离，如图 8-78 所示。

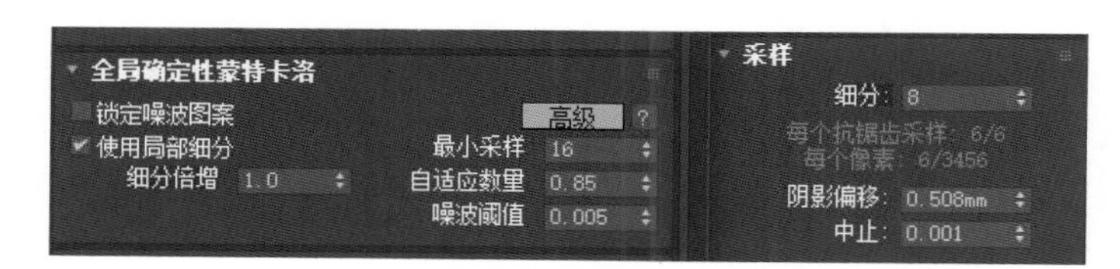

图 8-77

图 8-78

5）视口。

视口代表灯光是否影响四视图观测视口，当取消启用视口着色时，在视图中将无法看到灯光效果。

（2）VRayIES（光域网）。VRayIES（光域网）参数复杂，可在使用中却是极为简单的一种照明方式，一般用来模拟室内的射灯、探照灯、手电等光源形态。

VRayIES（光域网）参数如图 8-79 所示。

IES 文件：IES 文件是 VRayIES（光域网）最简便的使用方式，导入相应的 IES 文件，就可以得到具体的光线形态，IES 光域网文件如图 8-80 所示。

强度值：强度值代表 VRayIES（光域网）在空间中的照明强度。

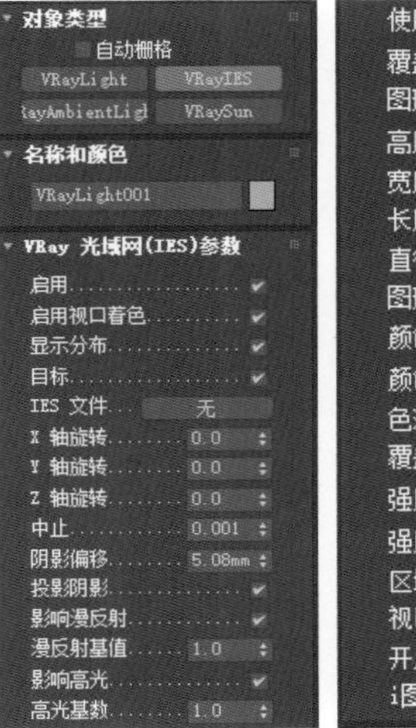

图 8-79

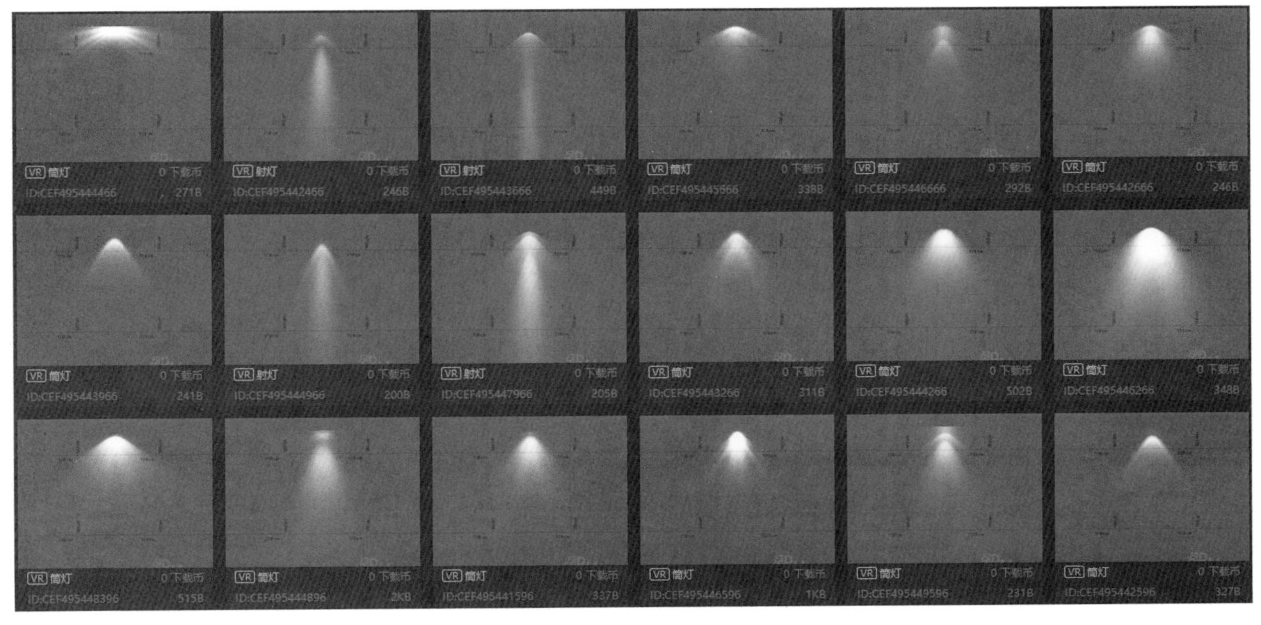

图 8-80

案例——VRayIES（光域网）

VRayIES（光域网）使用效果如图 8-81 所示。

图 8-81

制作思路：在制作室内效果图的过程中，VRayIES（光域网）可以作为射灯与补充照明来使用，为了更好地凸显画面中的主题，也可以采用 VRayIES（光域网）照明方式。

制作步骤如下：

（1）选择 VRay 渲染器，调整渲染器设置为测试模式，具体参数如图 8-82 所示。

（2）创建室内空间，为空间添加材质与模型，如图 8-83 所示。

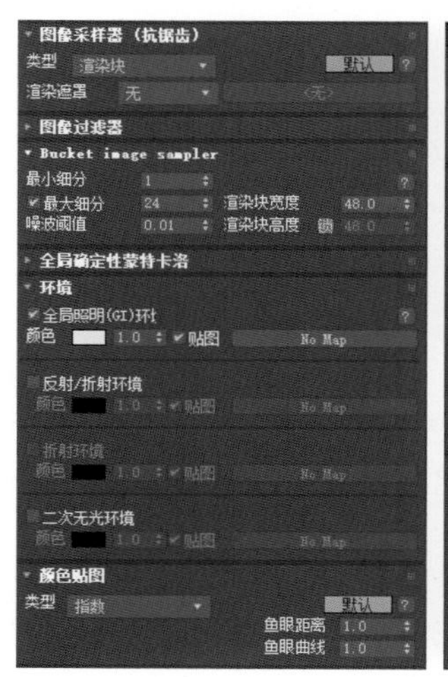

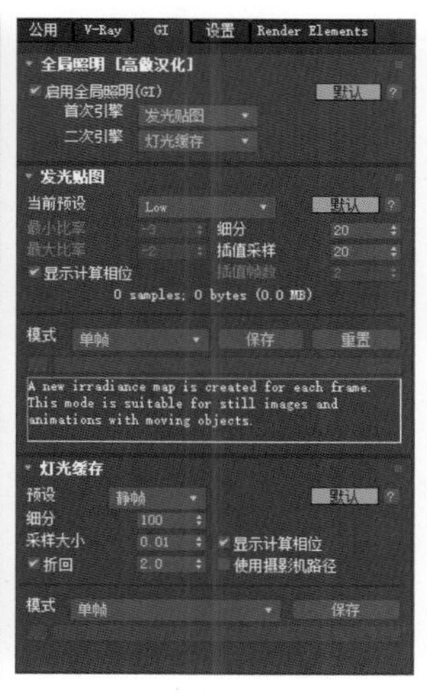

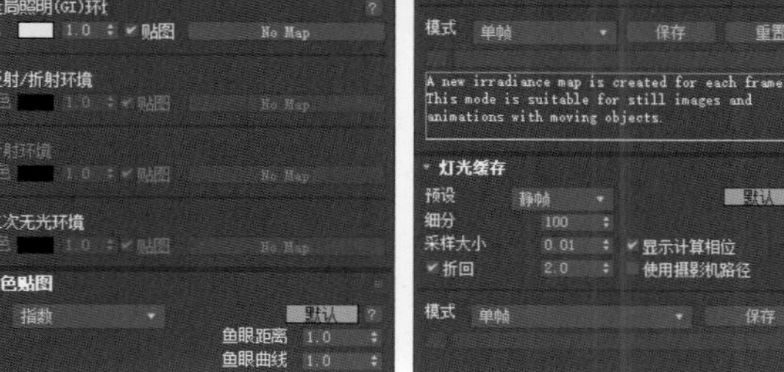

❶ 图 8-82
❷ 图 8-83

（3）单击“创建灯光”，在灯光类型中选择“VRay”并选择“VRayIES”灯光，如图 8-84 所示。

（4）单击“VRayIES 灯光参数”卷展栏中的 IES 文件按钮 IES 文件... 无，导入准备好的 IES 光域网文件。

（5）在侧视图创建 IES 灯光，在侧视图与顶视图将灯光调整到合适的位置，如图 8-85 所示。

（6）渲染摄影机视图，观测灯光效果，如图 8-86 所示。

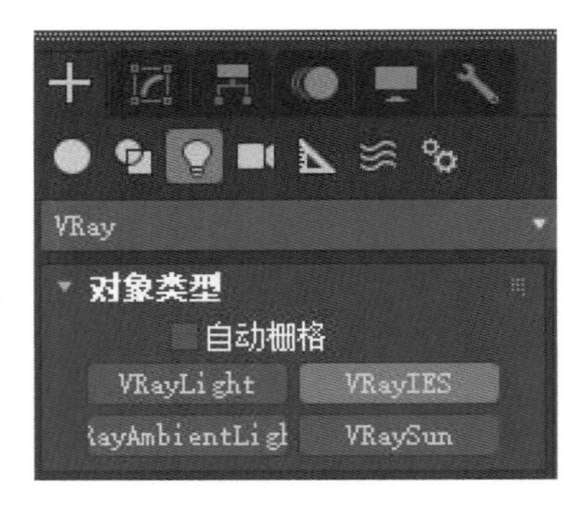

图 8-84

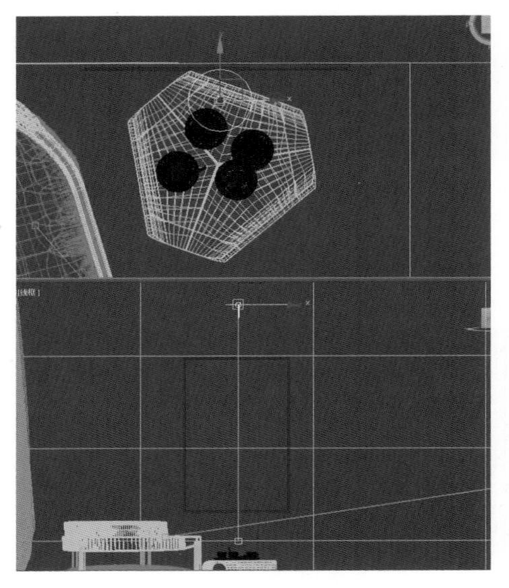
图 8-85

图 8-86

（7）调整效果图整体光感，完成效果图制作。

（3）VRayAmbientlight（VR 环境光）。VRayAmbientlight（VR 环境光）可以在空间中产生无差别的光线照明，可以在 3ds Max 制作空间中的任何位置使用，通常作为空间中的补充光源使用。

VRayAmbientlight（VR 环境光）参数面板如图 8-87 所示。

VRayAmbientlight（VR 环境光）的参数简单，掌握模式、颜色与强度三个参数即可。

模式：模式代表 VRayAmbientlight（VR 环境光）的光线影响范围，模式一为直接光，模式二为全局照明，模式三为直接光 + 全局照明，如图 8-88 所示。

VRay 灯光（2）

颜色：颜色代表 VRayAmbientlight（VR 环境光）的光线颜色。

强度：强度代表 VRayAmbientlight（VR 环境光）的光线强度。

图 8-87

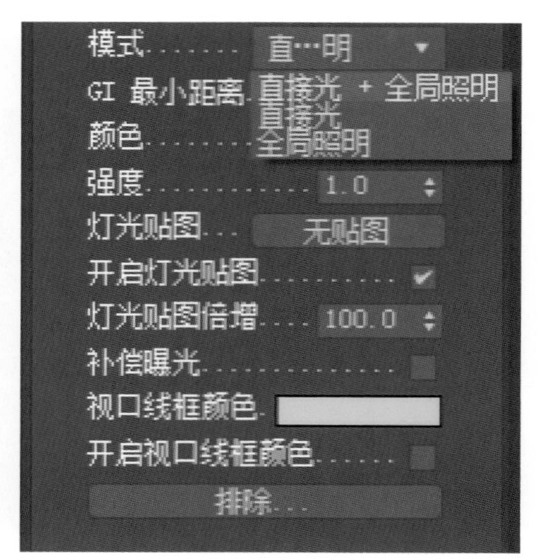

图 8-88

案例——VRayAmbientlight（VR环境光）应用

VRayAmbientlight（VR 环境光）使用效果如图 8-89 所示。

图 8-89

制作思路：在制作效果图的过程中，VRayAmbientlight（VR 环境光）作为补充光源使用，可以为空间环境添加更多的氛围感。

制作步骤如下：

（1）创建可视化的空间模型，为空间环境添加 VRay 材质，如图 8-90 所示。

（2）为空间添加主光源，如图 8-91 所示。

图 8-90

图 8-91

（3）创建 VRayAmbientlight（VR 环境光），为空间添加补充光源，如图 8-92 所示。

图 8-92

（4）调整 VRayAmbientlight（VR 环境光）模式为“全局照明”，如图 8-93 所示。

图 8-93

图 8-94

在 VRayAmbientlight（VR 环境光）模式选择“全局照明”后，空间中的物体暗部明显有蓝色调出现，这是因为光线在这些部位多次产生了反射。

（4）VRaySun（VR 太阳光）。VRaySun（VR 太阳光）是用来模拟太阳光的一种方式，相较于其他方式，VRaySun（VR 太阳光）所产生的阴影更加明显、结实，可良好地模拟户外光线的特点。

VRaySun（VR 太阳光）参数面板如图 8-94 所示。

VRaySun（VR 太阳光）参数较多，掌握浊度、强度倍增、大小倍增、阴影细分与过滤颜色即可。

浊度：浊度代表空气中尘埃的多少。浊度越高，光线越浑浊，视觉感受为黄色调；浊度越低，光线越清澈，视觉感受为白色调。如图 8-95 所示，左侧效果图浊度为 15，右侧效果图浊度为 1。

强度倍增：强度倍增代表光线在空间中的照射强度。太阳光强度很高，数值一般控制在 0.07 ~ 0.02 之间。

图 8-95

大小倍增与阴影细分：大小倍增代表太阳的大小。数值越大，远处的阴影边缘越模糊。一般数值为 3 ~ 6。

阴影细分与大小倍增紧密相连，大小倍增的数值越大，阴影细分的数值也要相应增加，这样可以保证画面中阴影的成像质量，数值一般为 6 ~ 15。

如图 8-96 所示，大小倍增数值为 1，阴影细分数值为 3。

如图 8-97 所示，大小倍增数值为 6，阴影细分数值为 15。

过滤颜色：过滤颜色代表 VRaySun（VR 太阳光）在空间中光线的颜色。

图 8-96

图 8-97

第三节 SECTION 3 VRay渲染实训

综合使用 VRay 渲染器、VRay 材质、VRay 灯光，可进行简单的效果图制作。

案例——室内单品渲染

室内单品渲染效果如图 8-98 所示。

制作思路：单品渲染要保证画面的干净与整洁，在突出主体的前提下，对空间中材质与灯光进行调节，凸显整体空间的氛围感。

图 8-98

制作步骤如下：

（1）创建可视化空间，导入需要渲染的模型，如图 8-99 所示。

（2）开启材质编辑器，制作墙壁与地面材质，如图 8-100 所示。

（3）关闭 VRay 渲染器中的环境照明，为空间添加 VRayLight（VR 灯光）作为整体照明，如图 8-101 所示。

（4）在渲染摄影机窗口调整主光在空间中的光线强度，如图 8-102 所示。

图 8-99

图 8-100

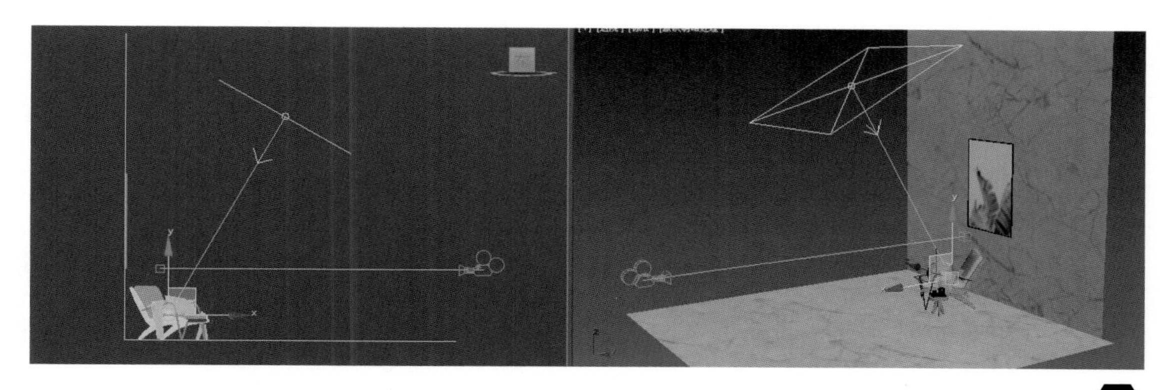

❶ 图 8-101
❷ 图 8-102

（5）为主物体添加 VRayIES（光域网），凸显物体在空间中的形态，并再次调整摄影机，如图 8-103 所示。

（6）为空间添加 VRayAmbientlight（VR 环境光），为暗部添加冷色调并提高主光强度，如图 8-104 所示。

（7）对整体空间进行细节调整，如图 8-105 所示。

图 8-103

图 8-104

图 8-105

案例——室内自然光渲染

案例——室内自然光渲染

室内自然光渲染效果如图 8-106 所示。

图 8-106

制作思路：在自然光效果图的制作过程中，要尽量体现光线在空间中的效果，凸显光影间的关系，选择 VRaySun（VR 太阳光）尤为合适。

制作步骤如下：

（1）创建带有窗户的可视化空间模型，如图 8-107 所示。

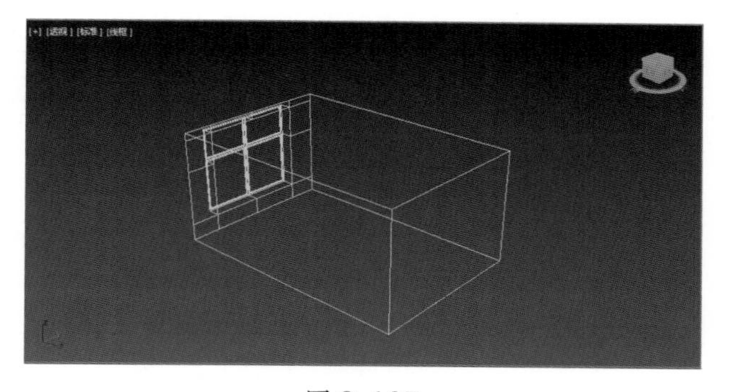

图 8-107

（2）调整 VRay 渲染器为测试渲染参数，开启环境照明，在测试图创建摄像机，如图 8-108 所示。

图 8-108

（3）为空间添加模型，如图 8-109 所示。

（4）开启 VRay 渲染器设置，在全局开关中勾选“覆盖材质”，添加白模材质球，创建 VRaySun（VR 太阳光），观察空间中的光影效果，如图 8-110 所示。

（5）取消覆盖材质，观察画面整体效果，如图 8-111 所示。

（6）创建 VRayAmbientlight（VR 环境光），模式选择“全局照明”，为物体贴合处添加冷色调，如图 8-112 所示。

图 8-109

图 8-110

图 8-111

图 8-112

（7）在侧视图创建平面，移动到空间内模型的窗户外，赋予平面 VRay 灯光材质，单击颜色后的 无贴图 按钮，为 VRay 灯光材质添加户外贴图，如图 8-113 所示。

（8）创建新的摄影机，找到画面中较好的角度进行渲染，如图 8-114 所示。

图 8-113

图 8-114

思考与练习

1. 练习场景中的渲染设置。
2. 尝试渲染模型线稿。
3. 理解 VRay 渲染器各参数的含义。
4. 通过 VRay 材质制作斑驳的金属效果。
5. VRay 渲染器所使用的四种灯光，分别应用于什么方向？
6. 利用 VRay 渲染器制作简单的室内效果图。

第九章

室内效果图制作实训

学习目标

◆掌握综合运用 3ds Max 各种工具制作室内效果图的方法

前面介绍了模型建造、材质贴图、灯光设置、摄影机设置等基本方法，本章将以实训案例来进一步介绍室内效果图制作的具体方法。

在室内效果图制作中，一个场景一般都是由几个部分组成，可以先分别制作再组合到一起，这样既降低了对计算机的要求，也提高了工作效率。

第一节 SECTION 1 书房效果图实训

书房是阅读、学习的空间，书房空间主要包括读书区、收藏区、工作区，屋内陈设一般包含书桌、书橱等。本实训案例的书房通过创建基本空间、调整 VRay 渲染器参数、添加模型与材质完成，选择的室内风格为现代简约风格，色调偏向暖色调。

书房的最终效果如图 9-1 所示。

图 9-1

综合实训——书房（1）

一、创建书房空间

在 3ds Max 中创建书房的基本空间，调整 VRay 渲染器参数为测试参数，并在视图中创建摄影机，如图 9-2 所示。

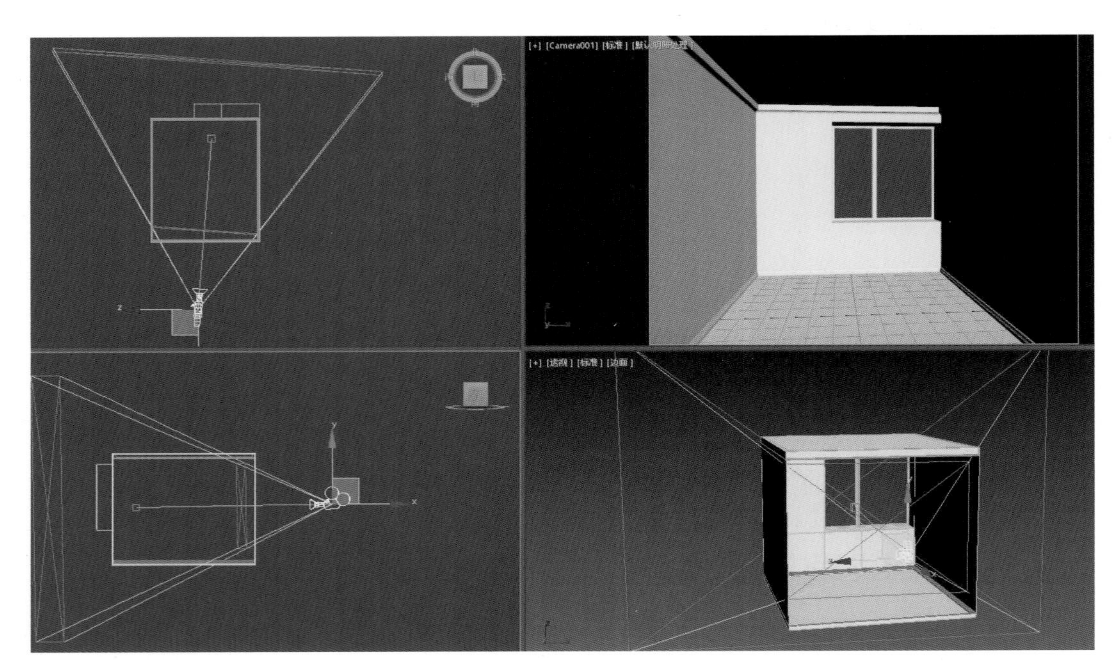

图 9-2

二、创建、添加模型与材质

室内效果图制作中常常会用到一些家具及陈设，家具可以调用以前制作并保存的模型，也可以从现有的模型库中选用，这样更节省时间。

综合实训——书房（2）

1. 创建书架

在空间中创建储物柜与书架，如图 9-3 所示。

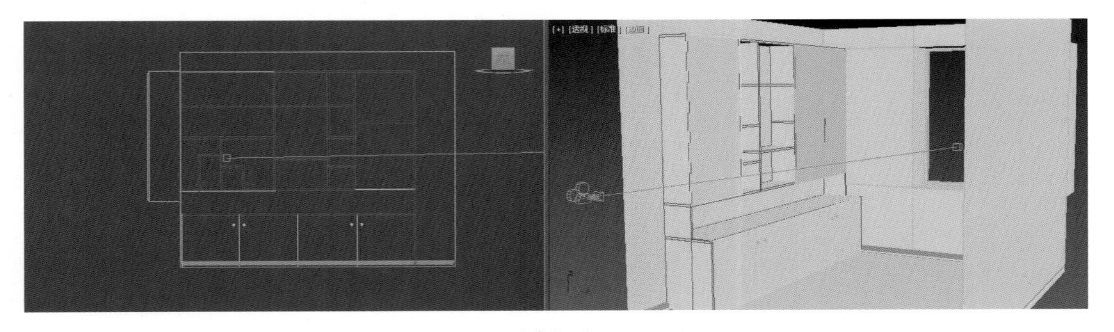

图 9-3

（1）为书架添加基础材质，如图 9-4 所示。

（2）选择带有窗户的墙壁，在“可编辑多边形”命令下，将窗户与墙壁分离，如图 9-5 所示。

（3）分别为地面、墙壁、窗户添加材质，如图 9-6 所示。

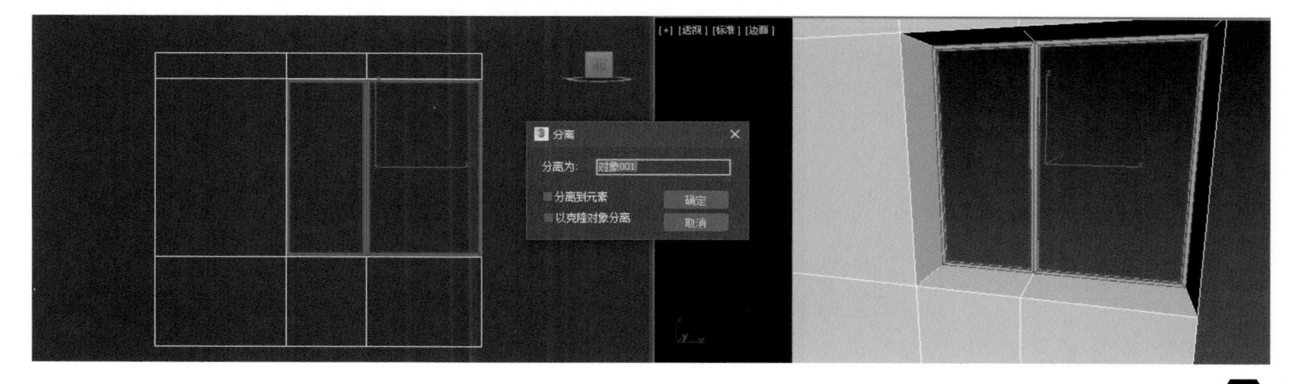

❶ 图 9-4
❷ 图 9-5
❸ 图 9-6

2. 添加模型

（1）点击工具栏“文件”按钮，选择“导入一合并”，选择需要合并的文件，为空间导入制作好的模型（如吊灯、书桌、椅子等），操作方式如图 9-7 所示。

（2）添加模型后单击“渲染”按钮，观测画面整体效果，如图 9-8 所示。

（3）为书架填满书籍与装饰物，如图 9-9 所示。

（4）为整体空间添加更多的装饰，如图 9-10 所示。

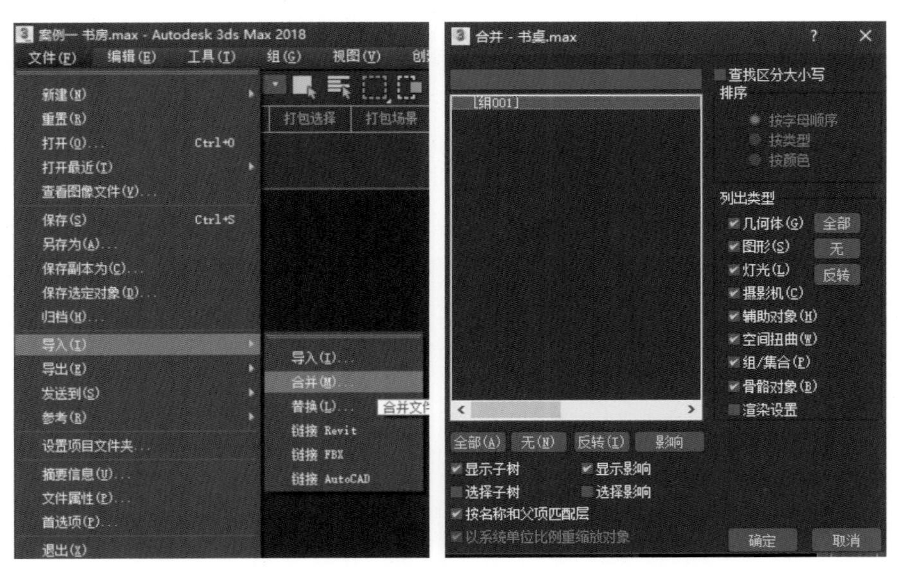

图 9-7

图 9-8

❷

❶ 图 9-9
❷ 图 9-10

3. 为书柜添加灯带

综合实训——书房（3）

在书柜中添加灯带，让空间更具氛围感，如图 9-11 所示。

图 9-11

（1）在顶视图创建 VRayLight（VR 灯光），具体参数如图 9-12 所示。

（2）在视图中调整 VRayLight（VR 灯光）的位置，如图 9-13 所示。

（3）在前视图通过复制的方式为书柜添加更多的 VRayLight（VR 灯光），如图 9-14 所示。

图 9-12

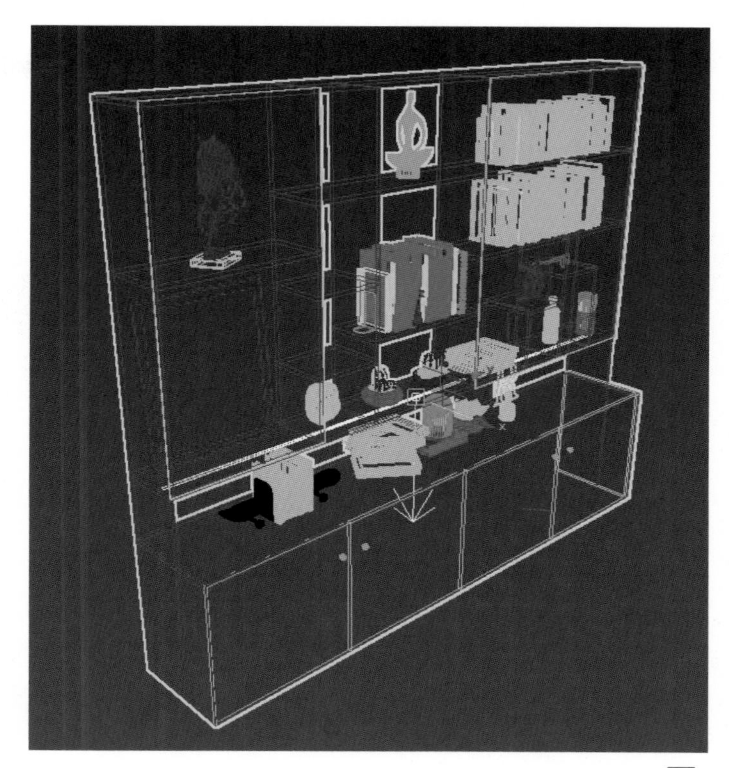

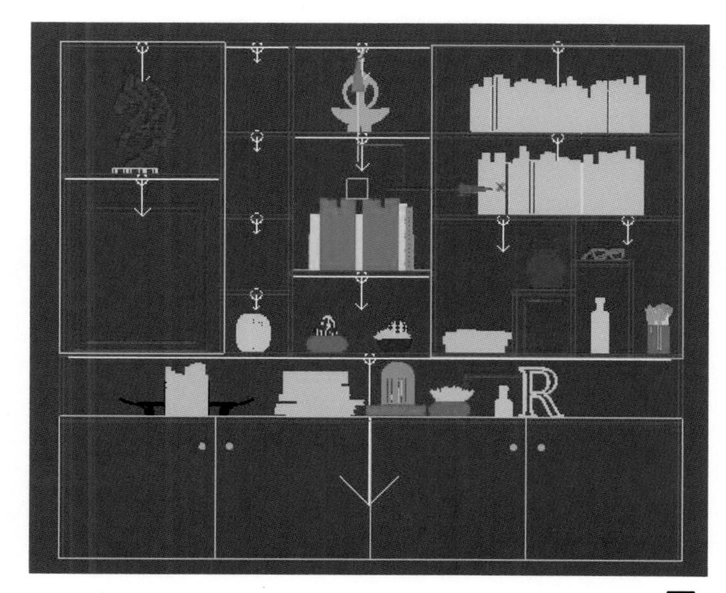

❶ 图 9-13
❷ 图 9-14

4. 创建辅助灯光

综合实训——书房（4）

通过观察，窗外需要建立虚拟的室外环境。

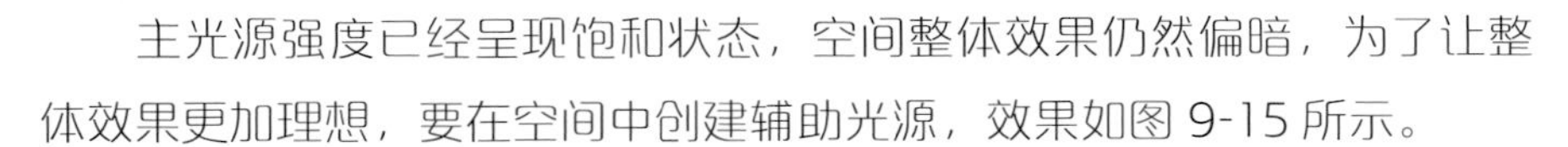

主光源强度已经呈现饱和状态，空间整体效果仍然偏暗，为了让整体效果更加理想，要在空间中创建辅助光源，效果如图 9-15 所示。

图 9-15

（1）在窗外创建稍大于窗口的平面，为平面添加 VRay 灯光材质，如图 9-16 所示。

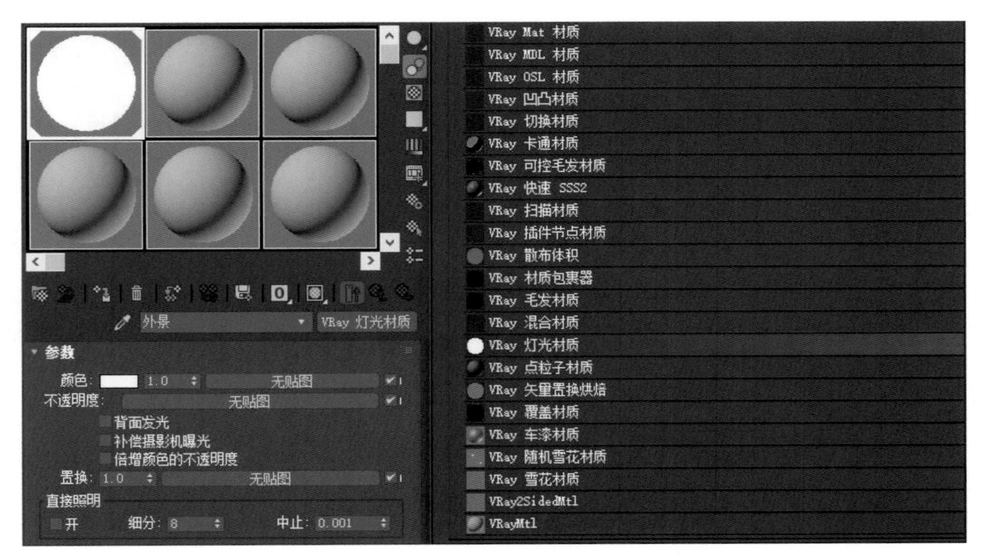

图 9-16

（2）单击“颜色”后的“无贴图”按钮，选择“位图”，找到外景贴图所在目录并单击“确定”按钮，如图 9-17 所示。

图 9-17

（3）选择窗外的平面，单击鼠标右键，在物体的弹出菜单中单击“对象属性”，取消“投影阴影”与“接收投影”两个选项，如图 9-18 所示。

（4）打开“渲染”窗口，选择渲染模式为“区域渲染”，划定窗口为渲染区域，如图 9-19 所示。

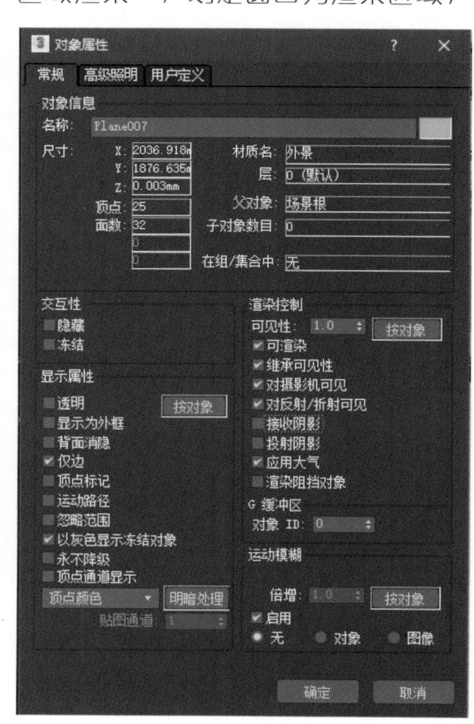

图 9-18

（5）通过渲染观察窗外贴图效果，并通过 VRay 灯光材质调节窗外平面效果，如图 9-20 所示。

（6）在空间中添加 VRayLight（VR 灯光），将灯光类型改为球体并调整 VRayLight（VR 灯光）到空间的中心位置，具体参数如图 9-21 所示，空间效果如图 9-22 所示。

（7）创建 VRayAmbientlight（VR 环境光），在“灯光参数”卷展栏中将模式改为“全局照明”，具体参数如图 9-23 所示，空间效果如图 9-24 所示。

（8）最后为空间做细微的调整，并将 VRay 渲染器参数调整至成品数值，如图 9-25 所示，最终效果如图 9-26 所示。

❶

❷

❶ 图 9-19

❷ 图 9-20

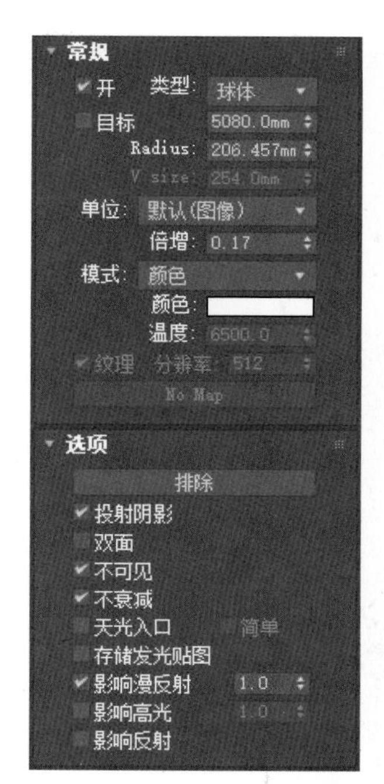

❶

❷

VRay 环境灯光参数
启用
模式 全局照明
GI 最小距离 0.0mm
颜色
强度 0.1
灯光贴图 无贴图
开启灯光贴图
灯光贴图倍增 100.0
补偿曝光
视口线框颜色
开启视口线框颜色
排除...

❸

❹

❶ 图 9-21
❷ 图 9-22
❸ 图 9-23
❹ 图 9-24

全局照明［高德汉化］
启用全局照明(GI) 默认 ?
首次引擎 发光贴图
二次引擎 灯光缓存

发光贴图
当前预设 High 默认 ?
最小比率 -3 细分 50
最大比率 0 插值采样 20
显示计算相位 插值帧数 2
44695 samples; 10000160 bytes (9.5 MB)
模式 单帧 保存 重置
A new irradiance map is created for each frame. This mode is suitable for still images and animations with moving objects.

灯光缓存
预设 静帧 默认 ?
细分 1000
采样大小 0.01 显示计算相位
折回 2.0 使用摄影机路径
模式 单帧 保存

帧缓冲区［高德汉化］
全局开关
置换 默认 ?
灯光 隐藏灯光
不渲染最终的图像
覆盖深度 5 覆盖材质 None
最大透明级别 50 包…表 排除
交互式产品级渲染选项
开始交互式产品级渲染 (IPR)
适配分辨率到虚拟帧缓冲区 强制渐进式采样
图像采样器（抗锯齿）
类型 渲染块 默认 ?
渲染遮罩 无 <无>
图像过滤器
Bucket image sampler
全局确定性蒙特卡洛
锁定噪波图案 默认 ?
使用局部细分
细分倍增 1.0
环境
颜色贴图
类型 莱因哈德 默认 ?
倍增: 1.0
加深值: 1.0

图 9-25

图 9-26

第二节 SECTION 2 卧室效果图实训

卧室是休息、睡眠的场所，在设计时尽量坚持功能简单、舒适安静的原则。卧室的家具、陈设包括舒适的床、床头柜、衣柜及隔光好的窗帘等，地面宜用木地板或地毯，灯光照明宜柔和。本实训案例的卧室房屋框架由地板、墙壁、顶棚三部分组成，然后导入合并家具至场景，再通过 VRay 渲染器渲染灯光，卧室的最终效果如图 9-27 所示。

图 9-27

一、创建卧室空间

1. 用“创建”面板中的“平面”创建地面，具体参数如图 9-28 所示。

2. 在前视图用同样的方式创建平面，宽度为 4 000 mm，长度为 2 800 mm，开启捕捉工具勾选“顶点”，将平面放到合适的位置上，如图 9-29 所示。

3. 按住键盘上的“Shift”键，移动平面坐标轴 *X*，复制平面到合适的位置上，重复上面的动作，为房间添加墙壁，如图 9-30 所示。

4. 为空间中的一处平面添加可编辑多边形，在合适的位置上通过可编辑多边形中的面级别，制作门洞的效果，如图 9-31 所示，导入模型或插件实现门的安装，如图 9-32 所示。

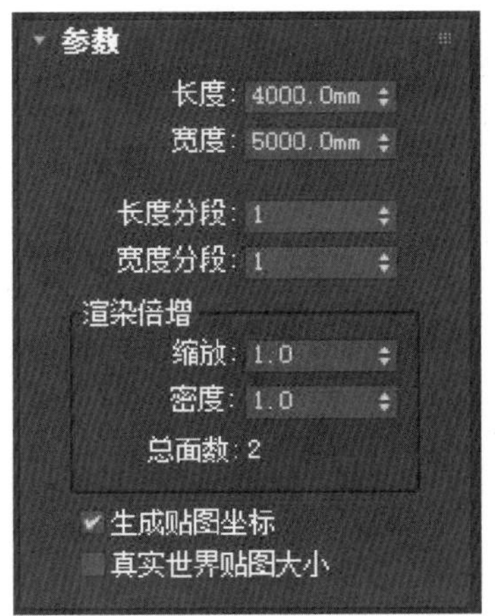

图 9-28

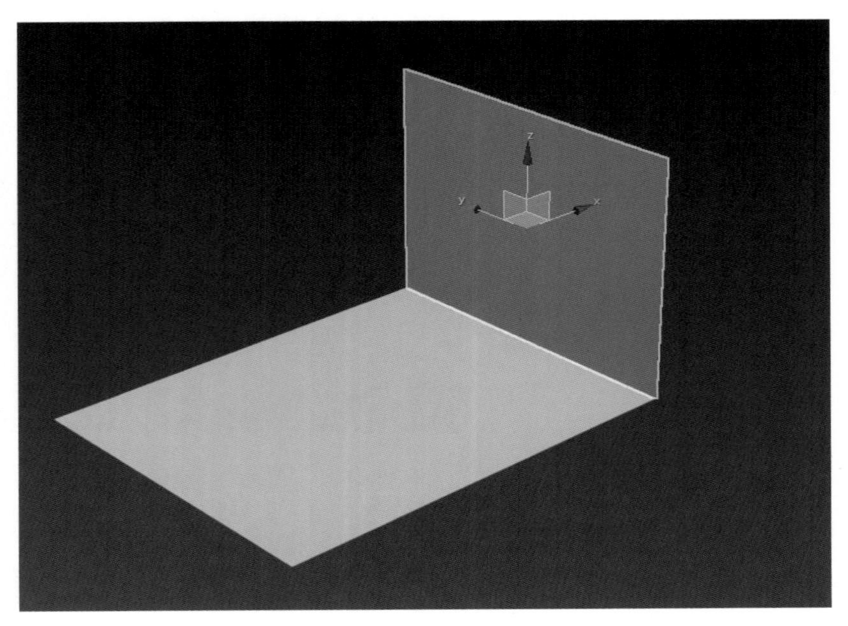

图 9-29

图 9-30

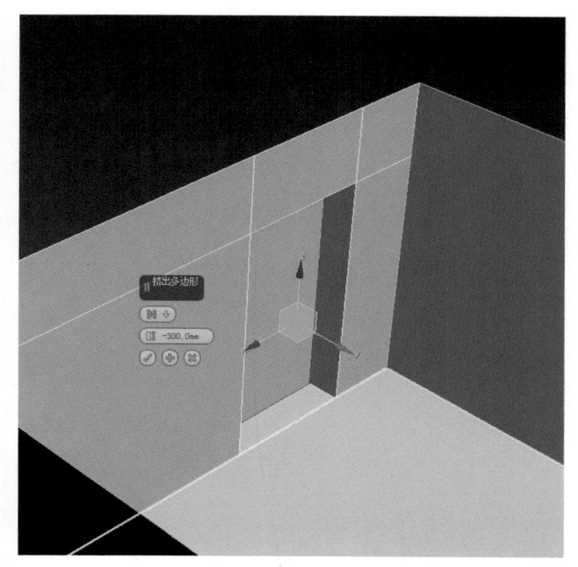

图 9-31

图 9-32

知识链接 3ds Max 插件

3ds Max 拥有大量的插件工具，根据不同的要求，插件功能也有所区别。

例如室内效果图插件，就可以辅助设计师更快地完成基础建模、材质赋予、灯光照明等基本操作。

在使用插件时，要注意插件版本与 3ds Max 版本是否一致。

5. 在空间中的合适位置，通过可编辑多边形修改墙壁，为空间添加窗户，如图 9-33 所示。

6. 为空间添加屋顶，并用扫描命令或 3ds Max 插件添加地脚线与吊顶，将吊顶与顶棚拉开少许距离，如图 9-34 所示。

7. 为空间添加整体的 VRay 材质，并开启 VRay 渲染器中“环境”下的“全局照明”，观察渲染空间并调整模型细节，如图 9-35 所示。

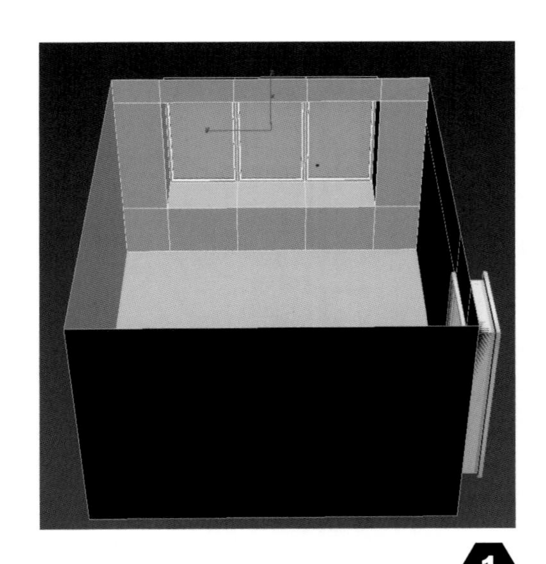

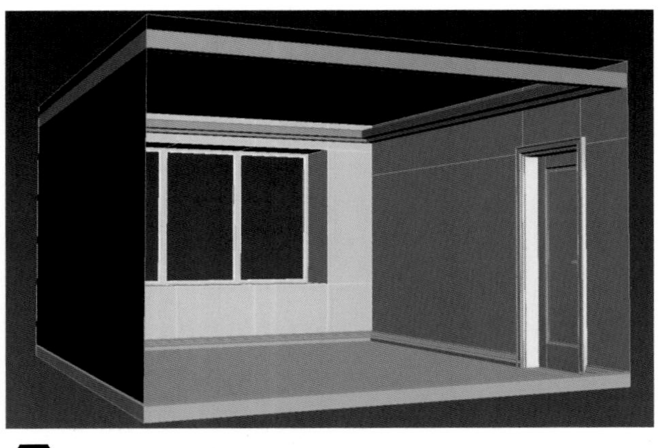

2

3

❶ 图 9-33
❷ 图 9-34
❸ 图 9-35

二、为空间添加模型与材质

1. 为地面、墙壁、门与踢脚线添加 VRay 材质，如图 9-36 所示。
2. 在空间中导入准备好的床体模型，如图 9-37 所示。

图 9-36

图 9-37

3. 在空间中导入准备好的床头柜模型，并放置在合适的位置，如图 9-38 所示。

4. 在空间中导入准备好的衣柜模型，效果如图 9-39 所示。

图 9-38

图 9-39

5. 调整吊顶形态，让其包围柜子的顶部，如图 9-40 所示。

6. 在空间中添加更多的装饰，增强空间的视觉质感，如图 9-41 所示。

图 9-40

图 9-41

三、调整灯光

将整个场景调整成以室内照明为主的灯光效果，并为吊顶添加灯带，效果如图 9-42 所示。

1. 将测试用的环境光与照明关闭，观察室内灯光效果，如图 9-43 所示。

在效果图中，可以观察到墙壁出现大范围的斑块，顶灯的照明也出现错误。

2. 打开“材质编辑器”，吸取顶灯材质，将错误的灯光参数修改至正确，具体参数如图 9-44 所示。

图 9-42

图 9-43

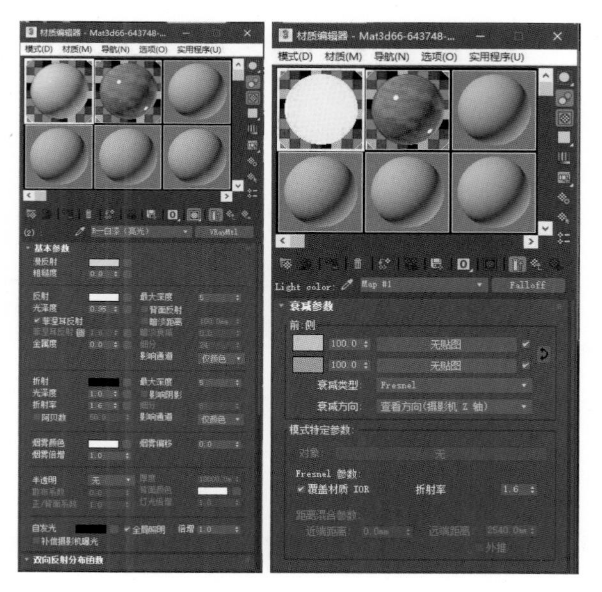

图 9-44

3. 在顶视图创建 VRayLight（VR 灯光），将 VRayLight（VR 灯光）放在合适的位置上，如图 9-45 所示。

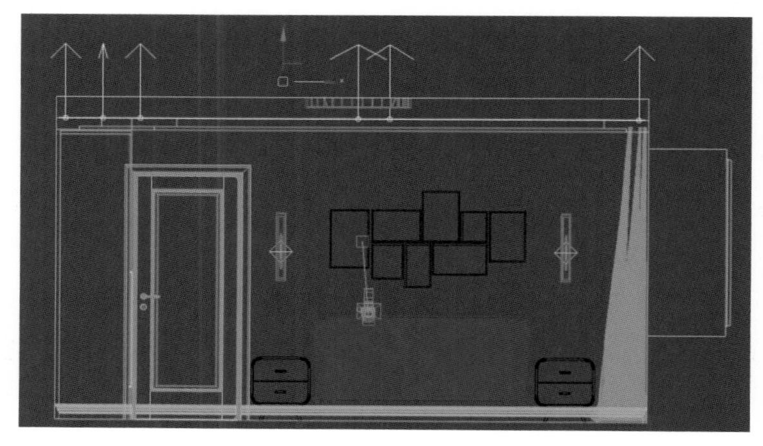

图 9-45

VRayLight（VR 灯光）灯光参数如图 9-46 所示，整体效果如图 9-47 所示。

4. 创建 VRayLight（VR 灯光），在“类型”中选择“球体”，勾选“不衰减”“不可见”两个选项，取消“影响高光”“影响反射”两个选项，为空间添加辅助光，提亮整体照明强度，具体参数如图 9-48 所示，整体效果如图 9-49 所示。

图 9-46

图 9-47

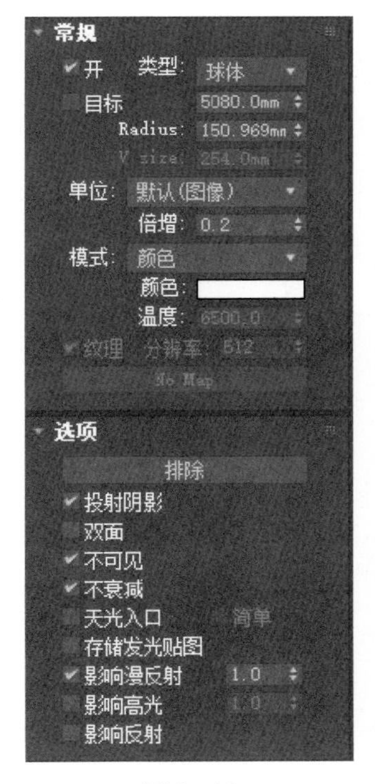

图 9-48

图 9-49

5. 在空间中创建 VRayAmbientlight（VR 环境光），在 VRayAmbientlight（VR 环境光）的“灯光参数”卷展栏中，将模式改为“全局照明”，颜色改为冷色调，为空间添加一点冷色，具体参数如图 9-50 所示，空间效果如图 9-51 所示。

图 9-50

图 9-51

四、渲染成品

1. 将现有 VRay 渲染器参数预设进行保存，以便后续修改过程中能够更快速地调节，保存方式如图 9-52 所示。

2. 调整 VRay 渲染器参数至最终渲染参数，具体参数如图 9-53 所示。

3. 渲染最终效果如图 9-54 所示。

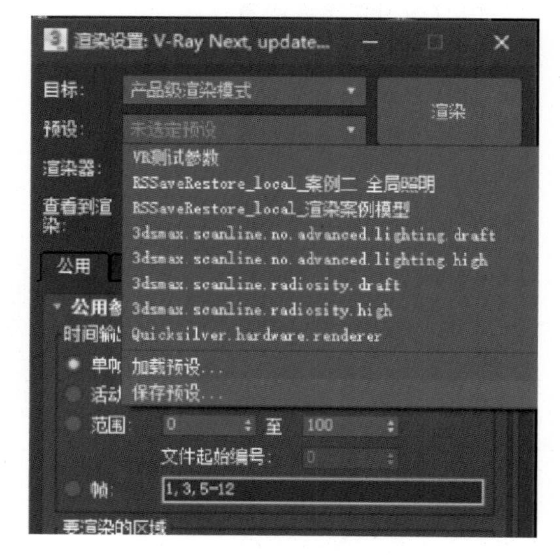

图 9-52

全局照明［高傲汉化］
启用全局照明(GI)
默认
首次引擎 发光贴图
二次引擎 灯光缓存
发光贴图
当前预设 High
默认
最小比率 -3
细分 50
最大比率 0
插值采样 20
显示计算相位
插值帧数 2
17024 samples; 8640096 bytes (6.3 MB)
模式 单帧
保存
重置
A new irradiance map is created for each frame.
This mode is suitable for still images and
animations with moving objects.
灯光缓存
预设 静帧
默认
细分 1000
采样大小 0.01
显示计算相位
折回 2.0
使用摄影机路径
模式 单帧
保存
全局开关
交互式产品级渲染选项
开始交互式产品级渲染（IPR）
适配分辨率到虚拟帧缓冲区
强制渐进式采样
图像采样器（抗锯齿）
类型 渲染块
默认
渲染遮罩 无
<无>
图像过滤器
Bucket image sampler
最小细分 1
最大细分 24
渲染块宽度 48.0
噪波阈值 0.01
渲染块高度
锁 48.0
全局确定性蒙特卡洛
环境
颜色贴图
类型 莱因哈德
默认
倍增: 1.0
加深值: 1.0
摄影机

图 9-53

图 9-54

第三节 SECTION 3 客厅效果图实训

客厅是家居活动频繁的区域，因此客厅设计应坚持宽敞、明亮的原则。客厅的家具、陈设包括沙发、电视机、电视柜、茶几、电视背景墙等。本实训案例的房屋框架由平面体创建的地板、墙壁、顶棚三部分组成，然后导入合并家具至场景，灯光以自然光为主，客厅的最终效果如图 9-55 所示。

综合实训——客厅（1）

一、房屋框架

1. 房屋框架用“创建”面板中的平面创建，在顶视图创建平面，长度为 4 500 mm，宽度为 7 000 mm，长度分段与宽度分段均为 1，如图 9-56 所示。

2. 在前视图创建平面，作为空间中的墙壁使用，平面长度为 2 800 mm，宽度为 4 500 mm，开启“捕捉”开关，将平面的顶点与地面的顶点捕捉在一起，如图 9-57 所示。

图 9-55

3. 在顶视图复制墙壁，移动到对向位置，如图 9-58 所示。

4. 重复上述步骤，完成墙壁的创建，如图 9-59 所示。

5. 在顶视图创建平面或复制地面到顶棚的位置，完成空间的基本构建，如图 9-60 所示。

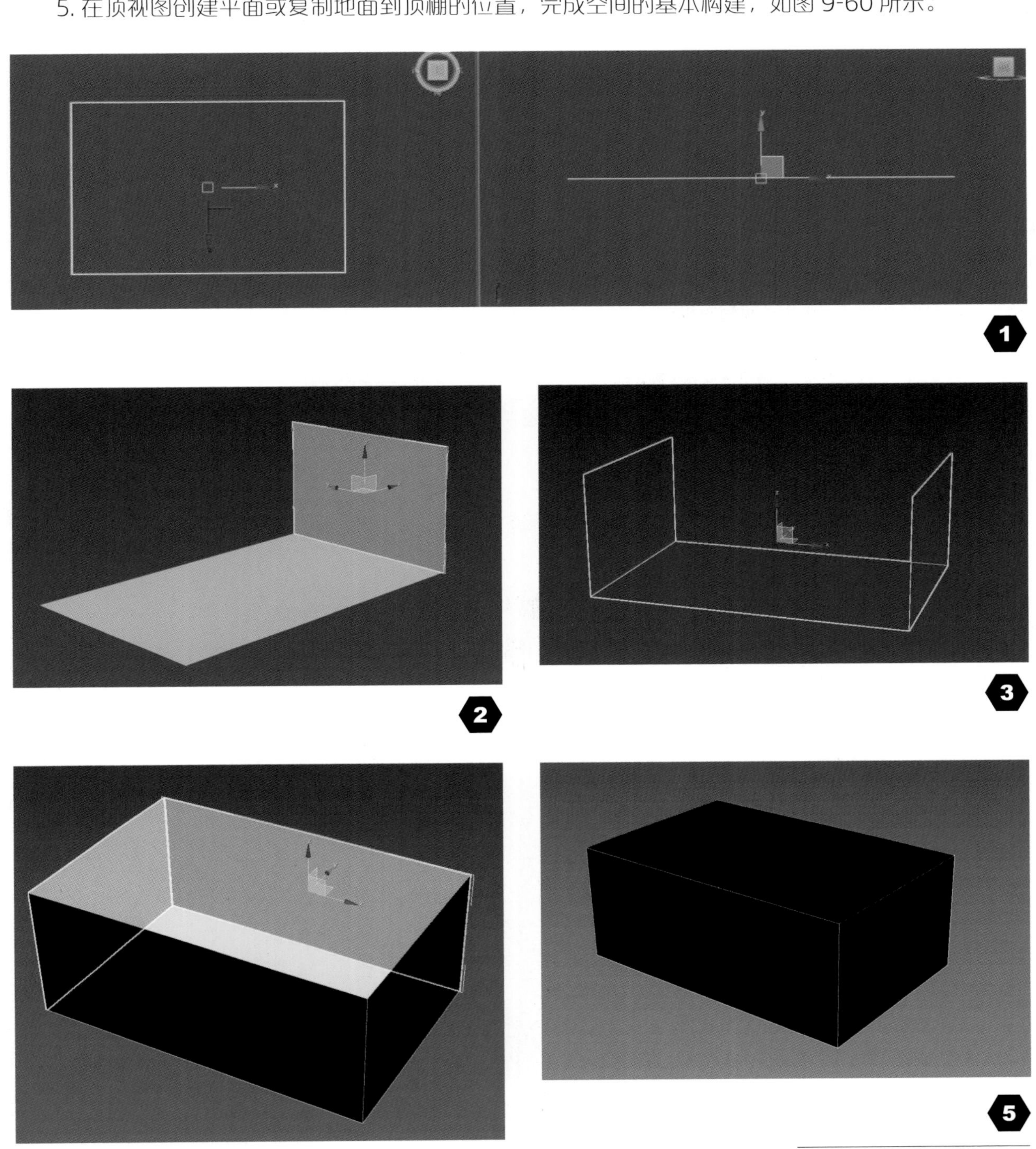

❶ 图 9-56
❷ 图 9-57
❸ 图 9-58
❹ 图 9-59
❺ 图 9-60

6. 框选所有平面，单击鼠标右键，在弹出的菜单中选择“对象属性”，勾选“背面消隐”，这样在制作过程中，背向镜头的面体就会隐藏，更易于观察与操作，菜单栏如图 9-61 所示，效果如图 9-62 所示。

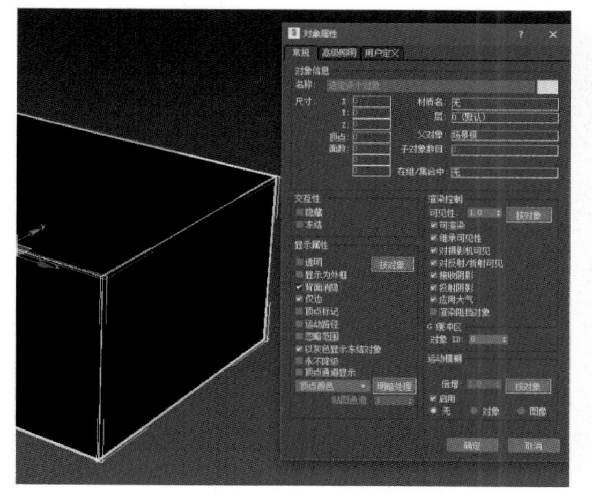

图 9-61

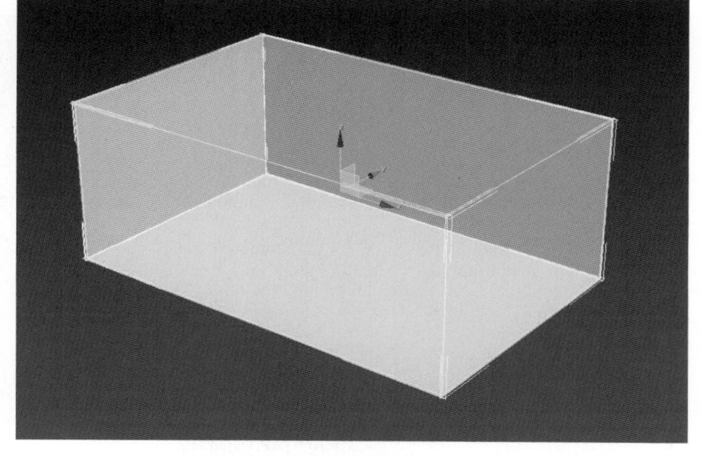

图 9-62

7. 在空间中的墙壁处添加窗户，可用多边形编辑器或插件制作，效果图中的窗户为可编辑多边形制作。

（1）选中需要添加窗户的墙壁，单击鼠标右键为模型添加“可编辑多边形”命令，如图 9-63 所示。

（2）选中横向的两条边，在“多边形编辑”命令的工具栏中选择“连接”，添加两条线段来确定窗户的宽度，如图 9-64 所示。

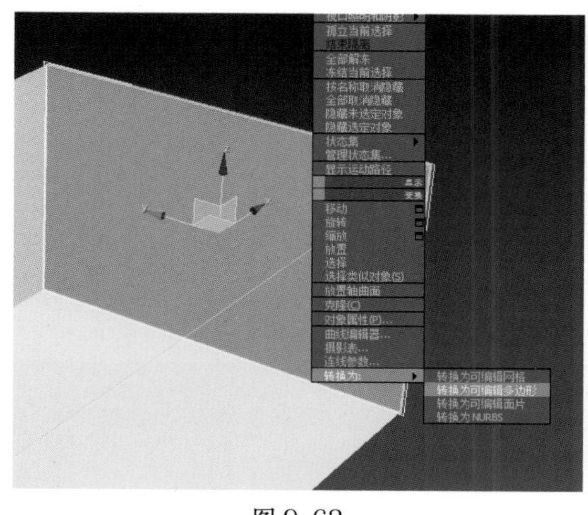

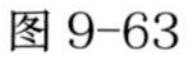

图 9-63

图 9-64

（3）再选中所有竖向的边，在“多边形编辑”命令的工具栏中选择“连接”，添加两条线段来确定窗户的高度，如图 9-65 所示。

（4）继续用可编辑多边形中的“连接”命令，绘制窗户的大体形态，如图 9-66 所示。

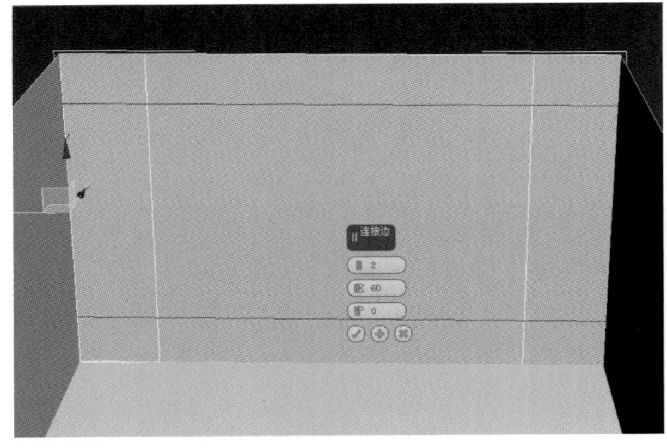

图 9-65

图 9-66

（5）选中不需要的线段，点击“可编辑多边形”命令中的“移除”，如图 9-67 所示。

（6）选择需要挤出的面，点击“挤出”命令，参数为 –250 mm，挤出模式为“组”，如图 9-68 所示。

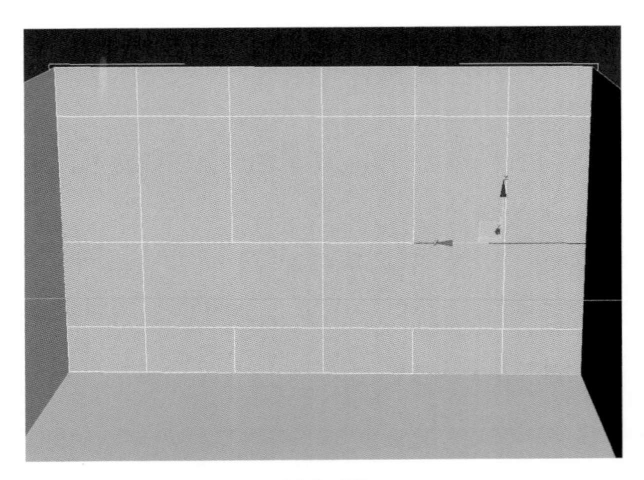

图 9-67

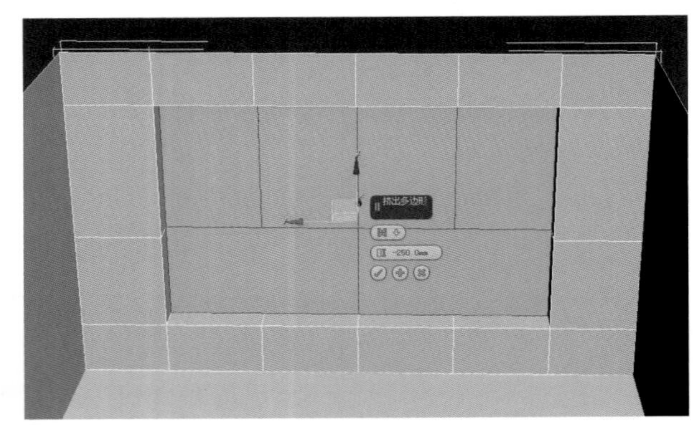

图 9-68

（7）选择“插入面”，数值为 30 mm，模式为“按多边形”，如图 9-69 所示。

（8）重复上两步的命令，数值选择要适当，并删除选中的平面，效果如图 9-70 所示。

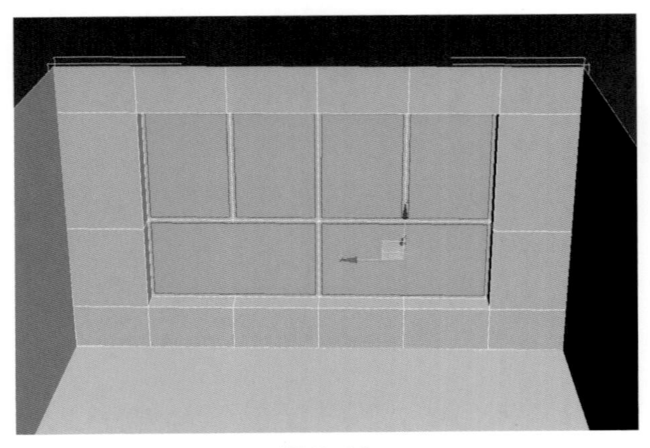

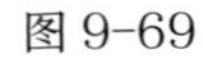

图 9-69

图 9-70

（9）窗户渲染效果如图 9-71 所示。

8. 在空间中创建吊顶，效果如图 9-72 所示。

图 9-71

图 9-72

9. 找到空间中电视墙的位置，创建长方体，效果如图 9-73 所示。

10. 创建长方体，通过拼接的方式做成简易的电视墙造型，效果如图 9-74 所示。

图 9-73

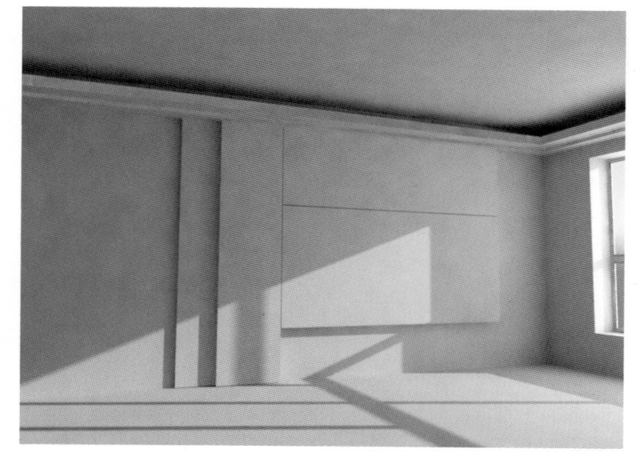

图 9-74

11. 在电视墙下方空出的位置，通过长方体拼接的方式制作电视柜，效果如图 9-75 所示。

12. 添加电视墙的造型细节，并为电视墙赋予材质，材质具体参数如图 9-76 所示，整体效果如图 9-77 所示。

图 9-75

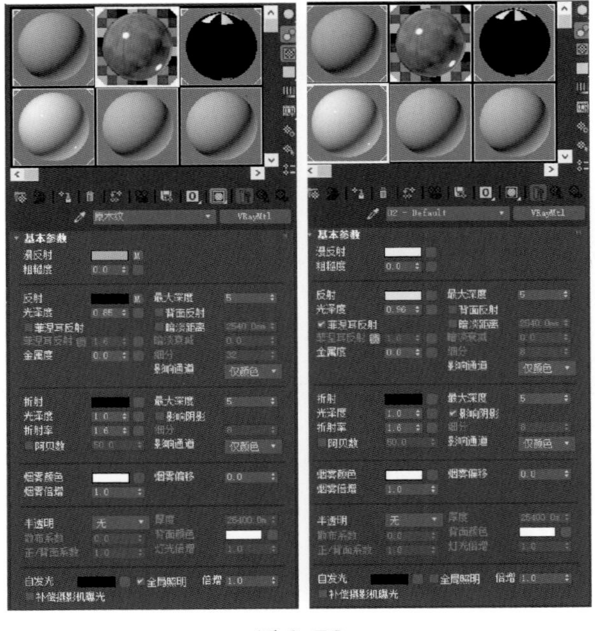

图 9-76

图 9-77

二、添加材质与模型

综合实训——客厅（2）

在模型与材质的选择上，要与设计风格进行融合统一，要保证视觉效果的和谐一致。

案例中采用简约风格的设计，所选取的模型也要保持简洁的线条，材质要更凸显质感而不是花纹。

1. 为空间中地面、墙壁与吊顶添加材质，效果如图 9-78 所示。
2. 单击工具栏“文件”按钮，选择“导入—合并”，添加准备好的沙发模型，效果如图 9-79 所示。
3. 在空间中导入准备好的茶几、窗帘、电视等模型，效果如图 9-80 所示。
4. 在空间中添加装饰品，让空间更加饱满，效果如图 9-81 所示。

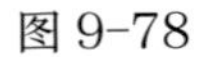

图 9-78

图 9-79

图 9-80

图 9-81

综合实训——客厅（3）

三、灯光与阴影

光线与阴影是凸显画面质感的重要因素，在制作效果图的过程中，要掌控好光影的质感。

案例中现在只有外部一个光源点，这让整个环境处于对比强度过高的状态。

现在为场景添加吊顶灯带、墙壁 VRayIES（光域网）、辅助光与环境光。

1. 选择墙壁、吊顶与天花板，按键盘上的“Alt+Q”键，开启隔离模式，效果如图 9-82 所示。
2. 在顶视图创建 VRayLight（VR 灯光），具体形态如图 9-83 所示，参数如图 9-84 所示。
3. 渲染效果图，观察灯光效果，如图 9-85 所示。
4. 在侧视图创建稍大于窗户的平面，如图 9-86 所示，添加 VRay 灯光材质，如图 9-87 所示。

图 9-82

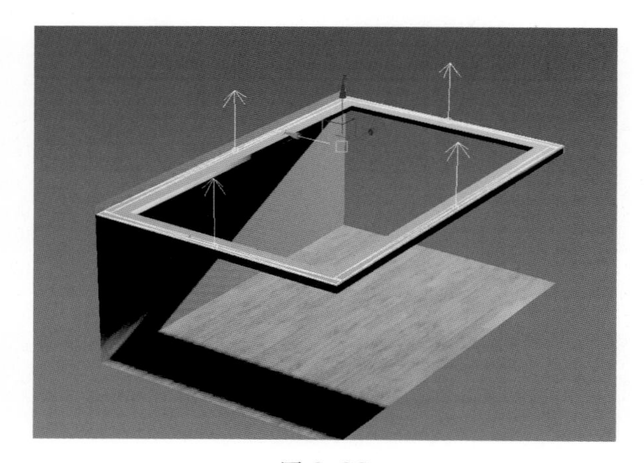
图 9-83

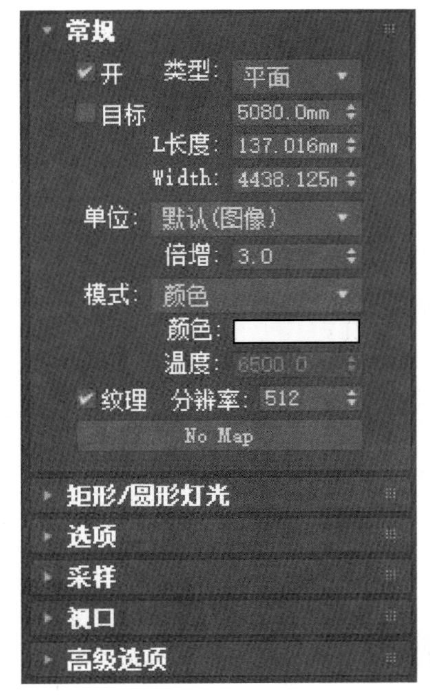

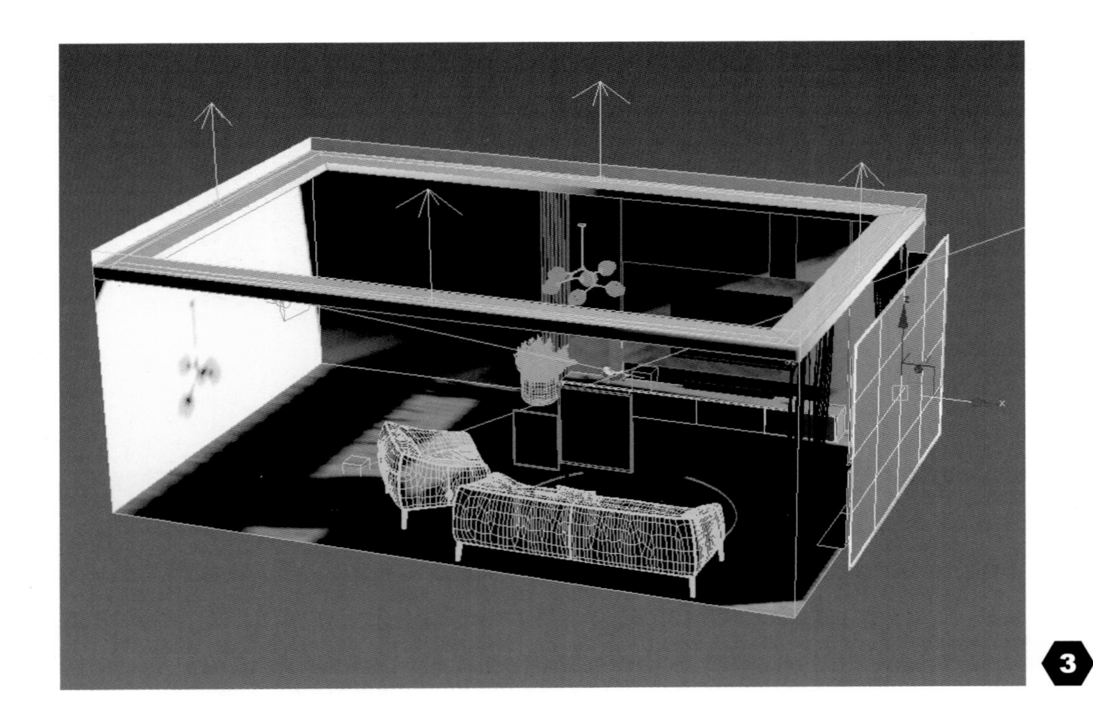

VRay 材质包裹器
VRay 毛发材质
VRay 混合材质
VRay 灯光材质
VRay 点粒子材质
VRay 矢量置换烘焙
VRay 覆盖材质
VRay 车漆材质

❶ 图 9-84
❷ 图 9-85
❸ 图 9-86
❹ 图 9-87

5. 点击颜色后的贴图按钮 颜色: 1.0 无贴图，选择“位图”，添加准备好的室外图，如图 9-88 所示。

6. 选择“平面”，单击鼠标右键选择“对象属性”，取消“接收阴影”“投影阴影”两个选项，这样平面就不会阻挡太阳光的照射，如图 9-89 所示。

7. 渲染摄影机视图，观察灯光强度，如图 9-90 所示。

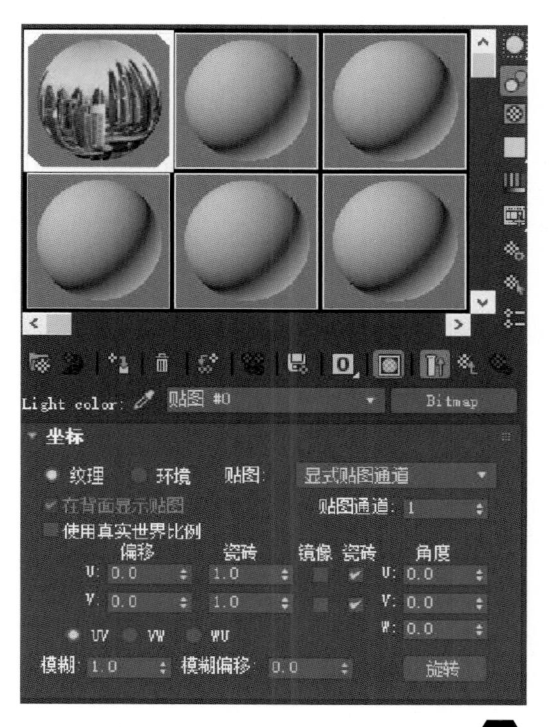

❶

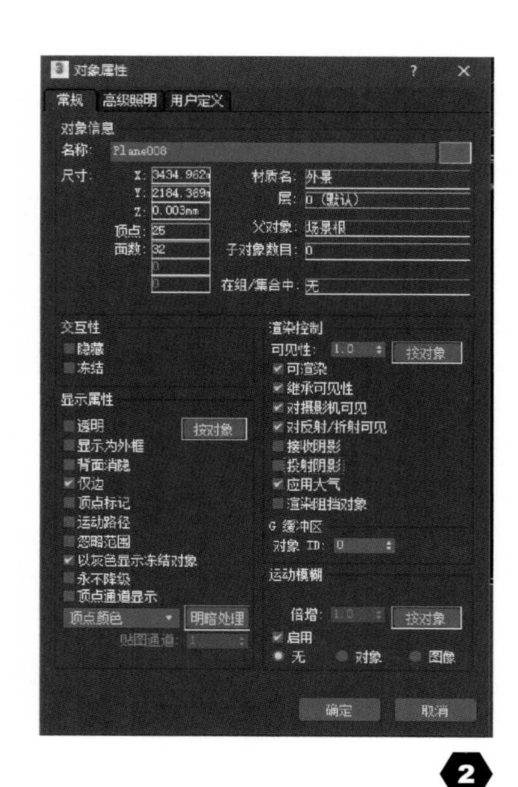

❷

❸

❶ 图 9-88
❷ 图 9-89
❸ 图 9-90

8. 调整 VRay 灯光材质照射强度，调整位图模糊值，如图 9-91 所示。

9. 渲染摄影机视图，观察整体效果，如图 9-92 所示。

10. 在空间中心位置创建 VRayLight（VR 灯光），类型选择“球体”，为整体空间添加辅助光，位置如图 9-93 所示。

11. VRayLight（VR 灯光）具体灯光参数如图 9-94 所示，整体效果如图 9-95 所示。

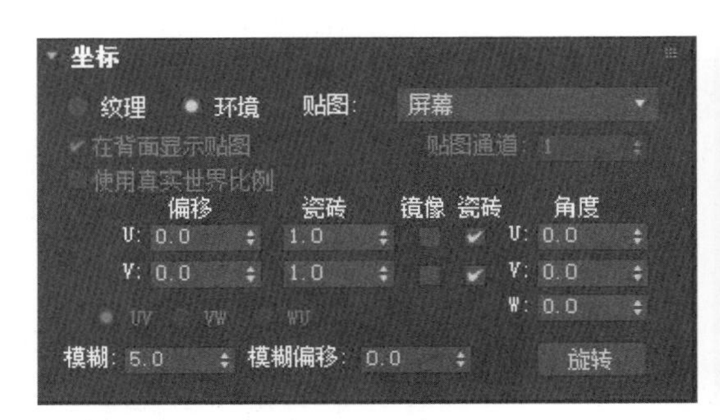

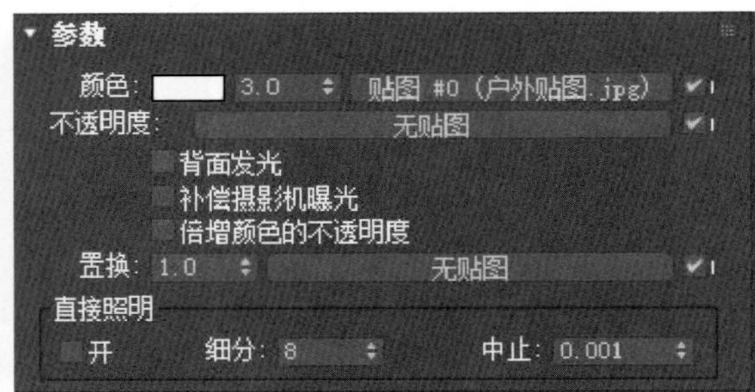

图 9-91

图 9-92

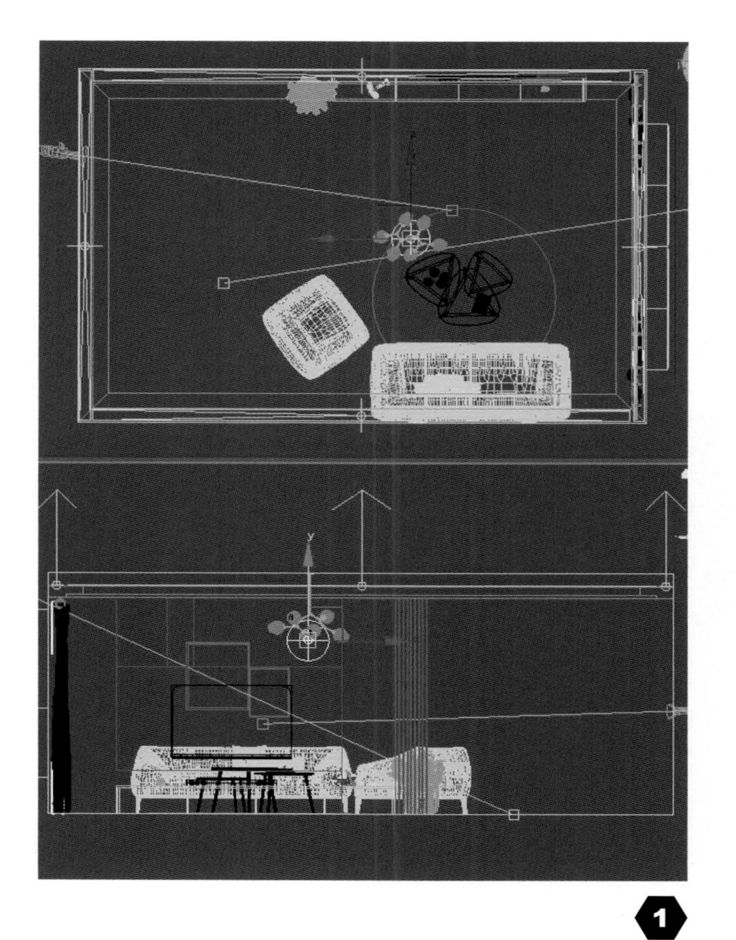

❶

❷

❸

❶ 图 9-93
❷ 图 9-94
❸ 图 9-95

12. 创建 VRayLight（VR 灯光），为电视背景墙添加氛围灯，位置如图 9-96 所示。灯光选择暖色调，渲染并调节灯光强度，效果如图 9-97 所示。

13. 创建 VRayAmbientlight（VR 环境光），为空间添加冷色调的氛围感，灯光模式选择“全局照明”，如图 9-98 所示，整体效果如图 9-99 所示。

14. 调整最终的灯光效果，如图 9-100 所示。

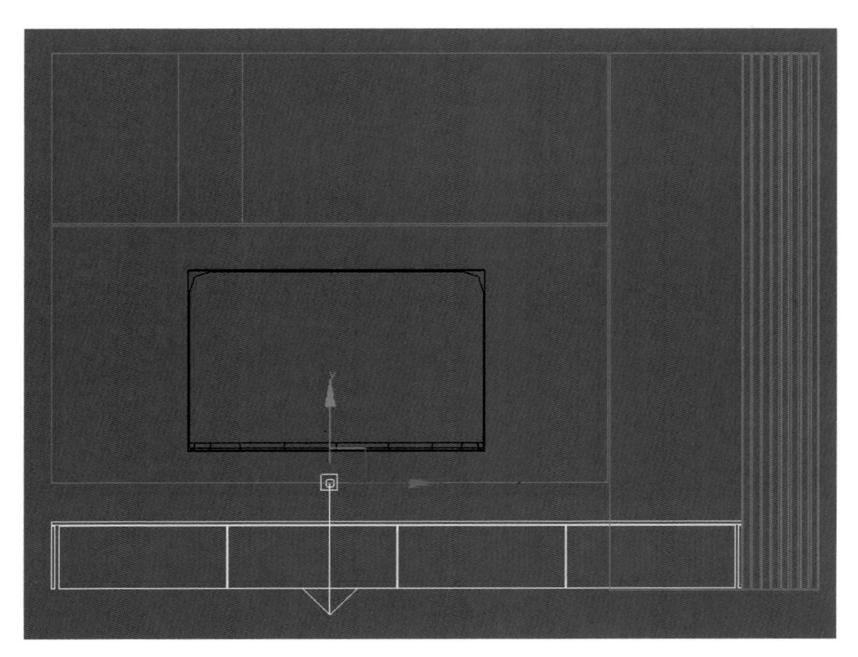

图 9-96

图 9-97

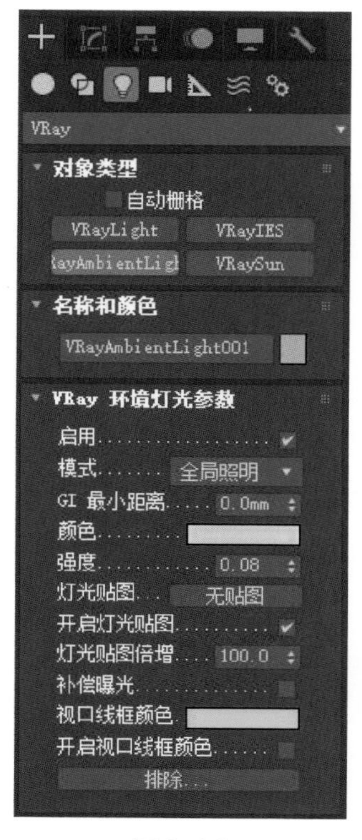

图 9-98

图 9-99

图 9-100

四、渲染

1. 加载保存好的最终 VRay 渲染器参数，具体参数如图 9-101 所示。

图 9-101

2. 最终效果如图 9-102 所示。

图 9-102

思考与练习

1. 按照前述步骤完成本章的实训。
2. 根据本章所学，绘制所在教室的三维效果图。